数控宏程序编程手册

杜军 编著

U0244031

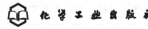

化学工业出版社

·北京·

本手册涵盖了 FANUC 数控系统、华中数控系统宏程序基础知识和 SIEMENS 数控系统参数编程基础知识、宏编程在数控车及数控铣编程中的应用、程序算法、宏编程所涉及的数学知识等内容，各章节均设置了相应程序实例，全书累计 140 余例。手册全面、系统地介绍了 FANUC、华中、SIEMENS 三大数控系统宏编程的基础知识和编程案例，全部采用模块化编写，三大系统随意切换，内容由浅入深、循序渐进，程序实例典型丰富、可操作性强，适合读者逐章自学或者随心查阅，并适于直接调用。

本书可供各数控加工、编程的工程技术人员、操作人员以及职业院校师生学习和参考。

图书在版编目（CIP）数据

数控宏程序编程手册/杜军编著 . —北京：化学工业出版社，2014.4（2024.5 重印）

ISBN 978-7-122-19877-8

Ⅰ.①数⋯　Ⅱ.①杜⋯　Ⅲ.①数控机床-程序设计　Ⅳ.①TG659

中国版本图书馆 CIP 数据核字（2014）第 035046 号

责任编辑：张兴辉　　　　　　　文字编辑：云　雷
责任校对：蒋　宇　　　　　　　装帧设计：王晓宇

出版发行：化学工业出版社（北京市东城区青年湖南街 13 号
　　　　　邮政编码 100011）
印　　装：北京建宏印刷有限公司
850mm×1168mm 1/32 印张 12¼ 字数 339 千字 2024 年 5 月北京第 1 版第 15 次印刷

购书咨询：010-64518888　　　售后服务：010-64518899
网　　址：http://www.cip.com.cn
凡购买本书，如有缺损质量问题，本社销售中心负责调换。

前言

　　数控宏程序编程（简称宏编程）是"神秘"的，它令初涉者望而却步，入门者欣喜若狂，精通者讳莫如深。同时宏编程又是"神奇"的，程序短小精悍且功能非常强大，易于定制，使用简单，合理运用它既可以提高程序本身质量，又可以提高加工质量，节约时间，提高工作效率。

　　但是，目前学习宏编程并不容易。现状是在各大工科类大学和高职院校并不进行系统、深入的学习，一些商业化的培训学校收费比较高，也仅介绍基础知识，学习效果并不太好，因此学习强大的宏编程技术主要还得靠数控编程技术人员来自学。目前的许多宏程序编程的图书大多仅罗列了相关知识，鲜有应用案例，内容枯燥，实践性较差。而编写本书的目的，就是希望为广大读者提供一本宏编程知识与技能的实用性工具书，以满足广大读者系统学习、全面掌握宏编程技术的需求。

　　本手册较全面、系统地讲解了 FANUC、华中、SIEMENS 三大数控系统宏编程的基础知识和编程案例，全部采用模块化编写，三大系统随意切换，内容由浅入深、循序渐进，程序实例典型丰富、可操作性强，非常适合读者逐章自学或者随心查阅，并适于直接调用。

　　为了保证手册内容的正确和案例程序不出错误并按预期执行，编著者做了很多细致的实践验证工作。但鉴于水平有限，疏漏之处在所难免，而使用环境的不同也会带来无法预料的后果，望读者见谅并提出宝贵修改意见。

编著者

目录

CONTENTS

第1章

FANUC 宏程序基础

1.1 概述

宏程序是数控系统制造厂家考虑所提供的指令不能满足用户需要时，而提供给用户在所用数控系统平台上进行开发的一种工具，当然这里的开放和开发都是有条件和有限制的。

(1) 宏程序概念

在一般的程序编制中，程序字为常量，一个程序只能描述一个几何形状，当工件形状没有发生改变、但是尺寸发生改变时，只能重新编程，灵活性和适用性差。另外，在编制如椭圆等没有插补指令的公式曲线加工程序时，需要逐点算出曲线上的点，然后用直线或圆弧段逼近，如果零件表面光洁度要求很高，则需要计算更多点，程序庞大且不利于修改。利用数控系统提供的宏程序编程功能，当所要加工的零件形状不变、只是尺寸发生了一定变化的情况时，只需要在程序中给要发生变化的尺寸加上几个变量（参数）和必要的计算式，例如当加工的是椭圆等非圆曲线时，只需要在程序中利用数学关系来表达曲线，实际加工时，尺寸一旦发生变化，只要改变这几个变量（参数）的赋值就可以了。这种具有变量（参数），并利用对变量（参数）的赋值和表达式来进行对程序编辑的程序叫宏程序，简言之，含有变量（参数）的程序就是宏程序。

宏程序可以较大地简化编程，扩展程序应用范围。宏程序编程适合图形类似、只是尺寸不同的系列零件的编程，适合刀具轨迹相同、只是位置参数不同的系列零件的编程，也适合抛物线、椭圆、双曲线等非圆曲线的编程。

（2）宏程序编程的基本特征

普通编程只能使用常量，常量之间不能运算，程序只能顺序执行，不能跳转。宏程序编程与普通程序编制相比有以下特征。

① 使用变量　可以在程序中使用变量，使得程序更具有通用性，当同类零件的尺寸发生变化时，只需要更改程序中变量的值即可，而不需要重新编制程序。

② 可对变量赋值　可以在宏程序中对变量进行赋值或在变量设置中对变量赋值，使用者只需要按照要求使用，而不必去理解整个程序内部的结构。

③ 变量间可进行演算　在宏程序中可以进行变量的四则运算和算术逻辑运算，从而可以加工出非圆曲线轮廓和一些简单的曲面。

④ 程序运行可以跳转　在宏程序中可以改变控制执行顺序。

（3）宏程序的优点

① 长远性　数控系统中随机携带有各种固定循环指令，这些指令是以宏程序为基础开发的通用的固定循环指令。通用循环指令有时对于工厂实际加工中某一类零件的加工并不一定能满足加工要求，对此可以根据加工零件的具体特点，量身定制出适合这类零件特征的专用程序，并固化在数控系统内部。这种专用的程序类似于使用普通固定循环指令一样调用，使数控系统增加了专用的固定循环指令，只要这一类零件继续生产，这种专用固定循环指令就可一直存在并长期应用，因此，数控系统的功能得到增强和扩大。

② 共享性　宏程序的编制确实存在相当的难度，要想编制出一个加工效率高、程序简洁、功能完善的程序更是难上加难，但是这并不影响宏程序的使用。正如设计一台电视机要涉及多方面的知识，考虑多方面的因素，是复杂的事情，但使用电视机却是一件相对简单的事情，使用者只要熟悉它的操作与使用，并不需要注重其

内部构造和结构原理。宏程序的使用也是一样，使用者只需懂其功能、各参数的具体含义和使用限制注意事项即可，不必了解其设计过程、原理、具体程序内容。使用宏程序者不是必须要懂宏程序，当然懂宏程序可以更好地应用宏程序。

③ 多功能性　宏程序的功能包含以下几个方面。

a. 相似系列零件的加工。同一类相同特征、不同尺寸的零件，给定不同的参数，使用同一个宏程序就可以加工，编程得到大幅度简化。

b. 非圆曲线的拟合处理加工。对于椭圆、双曲线、抛物线、螺旋线、正（余）弦曲线等可以用数学公式描述的非圆曲线的加工，数控系统一般没有这样的插补功能，但是应用宏程序功能，可以将这样的非圆曲线用非常微小的直线段或圆弧段拟合加工，从而得到满足精度要求的非圆曲线。

c. 曲线交点的计算功能。在复杂零件结构中，许多节点的坐标是需要计算才能得到的，例如，直线与圆弧的交点、切点，直线与直线的交点，圆弧与圆弧的交点、切点等，不用人工计算并输入，只要输入已知的条件，节点坐标可以由宏程序计算完成并直接编程加工，在很大程度上增强了数控系统的计算功能，降低了编程的难度。

④ 简练性　在质量上，自动编程生成的加工程序基本由 G00、G01、G02/G03 等简单指令组成，数据大部分是离散的小数点数据，难以分析、判别和查找错误，程序长度要比宏程序长几十倍甚至几百倍，不仅占用宝贵的存储空间，加工时间也要长得多。

以数控车削加工如图 1-1 所示含抛物曲线零件为例，图 1-2 为 G73 与宏程序相结合的方法加工该零件的仿真结果，图 1-3 为单独使用宏程序加工该零件的仿真结果，图 1-4 为采用 Master CAM 软件自动生成的该零件的加工程序。

很明显，同样一个工件，采用宏程序编制的程序短小精悍，第一种方法仅有 19 行程序段（如图 1-2），程序段最多的第二种方法也只有 30 行程序段（如图 1-3 和图 1-5），文件大小为 306B（如

图 1-6），而用自动编程编制出来的程序达到了 288 行程序段（如图 1-7），文件大小为 4.62KB（如图 1-8）。从程序段多少上来说，自动编程的程序是宏程序的 9.6 倍，而从文件大小上来说，自动编程的程序是宏程序的 15 倍。其实，如果对自动加工参数做一些修改，可能生成的程序段数比 288 行还要多得多，而用宏程序修改加工参数后，程序段数始终保持不变。

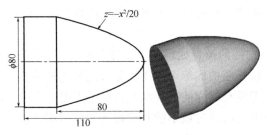

图 1-1　含抛物曲线零件

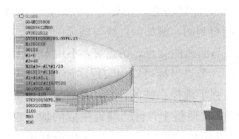

图 1-2　G73 与宏程序相结合的方法加工抛物线零件仿真结果

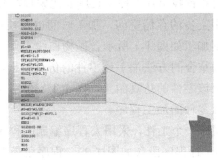

图 1-3　单独使用宏程序加工抛物线零件仿真结果

图 1-4　Master CAM 软件自动生成的加工程序

图 1-5　宏程序编程程序段数统计　图 1-6　宏程序编程程序文件大小统计

图 1-7　自动编程程序段数统计　图 1-8　自动编程程序文件大小统计

　　⑤ 智能性　宏程序是数控加工程序编制的高级阶段,程序编制的质量与编程人员的素质息息相关。高素质的编程人员在宏程序的编制过程中可以融入积累的工艺经验技巧,考虑轮廓要素之间的数学关系,应用适当的编程技巧,使程序非常精练,并且加工效果好。宏程序是由人工编制的,必然包含人的智能因素,程序中应考

虑到各种因素对加工过程及精度的影响。

（4）编制宏程序的基础要求

宏程序的功能强大，但学会编制宏程序有相当的难度，它要求编程人员具有多方面的基础知识与能力。

① 部分数学基础知识　编制宏程序必须有良好的数学基础，数学知识的作用有多方面：计算轮廓节点坐标需要频繁的数学运算；在加工规律曲线、曲面时，必须熟悉其数学公式并根据公式编制相应的宏程序拟合加工，如椭圆的加工；更重要的是，良好的数学基础可以使人的思维敏捷，具有条理性，这正是编制宏程序所需要的。

② 一定的计算机编程基础知识　宏程序是一类特殊的、实用性极强的专用计算机控制程序，其中许多基本概念、编程规则都是从通用计算机语言编程中移植过来的，所以学习 C 语言、BSAIC、FORTAN 等高级编程语言的知识，有助于快速理解并掌握宏程序。

③ 一定的英语基础　在宏程序编制过程中需要用到许多英文单词或单词的缩写，掌握一定的英语基础可以正确理解其含义，增强分析程序和编制程序的能力；再者，数控系统面板按键及显示屏幕中也有为数不少的英语单词，良好的英语基础有利于熟练操作数控系统。

④ 足够的耐心与毅力　相对于普通程序，宏程序显得枯燥且难懂。编制宏程序过程中需要灵活的逻辑思维能力，调试宏程序需要付出更多的努力，发现并修正其中的错误需要耐心与细致，更要有毅力从一次次失败中汲取经验教训并最终取得成功。

1.2 宏程序入门

为了让读者对宏程序有一个比较简单的认识，我们先看两个宏程序入门例题，它们分别属于将宏指令放在主程序体中和当作子程序来调用的两种不同应用方式。

【例1-1】 数控铣削精加工如图1-9所示矩形外轮廓，要求采用宏程序指令编制加工程序。

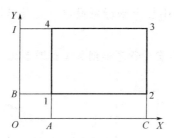

图1-9 矩形外轮廓数控铣削加工

解：假定起刀点在 O 点，如图 1-9 所示按 $0\to1\to2\to3\to4\to1$ $\to0$ 走刀轨迹加工（不考虑刀具补偿等问题），则加工程序如下：

```
G00 XA YB          （从 0 点快速点定位至 1 点）
G01 XC F100        （直线插补至 2 点）
YI                 （直线插补至 3 点）
XA                 （直线插补至 4 点）
YB                 （直线插补至 1 点）
G00 X0 Y0          （返回 0 点）
```

将程序中变量 A、B、C、I 用宏程序中的变量#i 来代替，设字母与#i 的对应关系为（即将 A、B、C、I 分别赋值给#1、#2、#3 和#4）：

```
#1=A
#2=B
#3=C
#4=I
```

则编制宏程序如下：

```
#1=A               （将 A 值赋给#1）
#2=B               （将 B 值赋给#2）
#3=C               （将 C 值赋给#3）
#4=I               （将 I 值赋给#4）
G00 X#1 Y#2        （从 0 点快速点定位至 1 点）
G01 X#3 F100       （直线插补至 2 点）
Y#4                （直线插补至 3 点）
X#1                （直线插补至 4 点）
Y#2                （直线插补至 1 点）
G00 X0 Y0          （返回 0 点）
```

当加工同一类尺寸不同的零件时，只需改变宏指令的数值即可，而不必针对每一个零件都编一个程序。当然，实际使用时一般还需要在上述程序中加上坐标系设定、刀具半径补偿和 F、S、T 等指令。

【例 1-2】 调用宏子程序车削加工如图 1-10 所示的台阶轴零件。

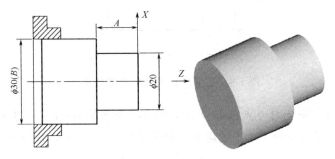

图 1-10　台阶轴零件数控车削加工

解： 图中标注 A 的轴肩通常有不同长度，采用宏程序编程可以满足加工不同 A 尺寸工件的需要。为了加工该工件，需要按照一般的格式编制主程序，在主程序中通常是刀具到达准备开始加工位置时，有一程序段调用宏子程序，宏子程序执行结束，则返回主程序中继续执行。编制加工程序如下：

主程序：

```
O1010               （主程序号）
G50 X150.0 Z50.0    （工件坐标系设定）
S550 M03            （主轴正转）
G00 X20.0 Z2.0      （刀具快速到达切削起始点）
G65 P1011 A15       （调用 1011 号用户宏程序,将轴肩长度 15 赋值给变
                     量#1）
G01 X30.0           （车削轴肩）
G00 X150.0 Z200.0   （快速返回刀具起始点）
M05                 （主轴停转）
M30                 （程序结束）
```

宏子程序：

```
O1011               （宏子程序号）
G01 Z-#1 F0.2       （车削外圆，可获得任意轴肩长度）
M99                 （返回主程序）
```

在主程序中，N40 程序段用 G65 指令调用 O1011 宏程序，A15 表示将轴肩的长度 15mm 赋值给变量#1。车削轴端外圆并保证所需长度尺寸是通过宏程序中下面程序段实现的：

```
G01 Z-#1 F0.2
```

如果用一般程序加工轴肩长度为 15 的外圆，可输入下面的程序段：

```
G01 Z-15.0 F0.2
```

然而，这只能加工这种长度的工件。宏程序允许用户加工任意所需长度的工件，这可以通过改变 G65 指令中地址 A 后的数值实现。

轴肩的长度加工完成后，执行 M99 返回到主程序，加工轴肩端面并获得所需直径。如果轴肩直径（图 1-10 中 B 尺寸）也需要变化，也可以通过宏程序实现。为此，在主程序中还需要加入地址 B，程序可修改如下：

主程序：

```
O1012                    （主程序号）
G50 X150.0 Z50.0         （工件坐标系设定）
S550 M03                 （主轴正转）
G00 X20.0 Z2.0           （刀具快速到达切削起始点）
G65 P1013 A15.0 B30.0    （调用用户宏程序）
                         （将轴肩长度 15 和轴肩直径 30 分别赋值给变量#1
                          和#2）
G00 X150.0 Z200.0        （快速返回刀具起始点）
M05                      （主轴停转）
M30                      （程序结束）
```

宏子程序：

```
O1013                    （宏子程序号）
G01 Z-#1 F0.2            （车削外圆，可获得任意轴肩长度）
X#2                      （车削轴肩可得到任意直径）
M99                      （返回主程序）
```

该程序中通过地址 B 把直径 30 赋值给变量#2，只需要修改 N40 程序段中的 A、B 值即可加工不同轴肩长度直径的工件。

从以上例子可以看出，用户宏程序中可以用变量代替具体数值，因此在加工同一类型工件时，只需对变量赋不同的值，而不必对每一个零件都编一个程序。

1.3 变量

1.3.1 变量概述

值不发生改变的量称为常量，如"G01 X100 Y200 F300"程序段中的"100"、"200"、"300"就是常量，而值可变的量称为变量，在宏程序中使用变量来代替地址后面的具体数值，如"G01 X#4 Y#5 F#6"程序段中的"#4"、"#5"、"#6"就是变量。变量可以在程序中或 MDI 方式下对其进行赋值。变量的使用可以使宏程序具有通用性，并且在宏程序中可以使用多个变量，彼此之间用变量号码进行识别。

（1）变量的表示形式

变量的表示形式为：#i，其中，"#"为变量符号，"i"为变量号，变量号可用 1、2、3……数字表示，也可以用表达式来指定变量号，但其表达式必须全部写入方括号"[]"中，例如#1 和#[#1+#2+10]均表示变量，当变量#1=10，变量#2=100 时，变量#[#1+#2+10]表示#120。

表达式是指用方括号"[]"括起来的变量与运算符的结果。表达式有算术表达式和条件表达式两种。算术表达式是使用变量、算术运算符或者函数来确定的一个数值，如[10+20]、[#10*#30]、[#10+42]和[1+SIN[30]]都是算术表达式，它们的结果均为一个具体的数值。条件表达式的结果是零（假）（FALSE）或者任何非零值（真）（TRUE），如[10GT5]表示一个"10 大于 5"的条件表达式，其结果为真。

（2）变量的类型

根据变量号，变量可分成四种类型，如表 1-1 所示。

表 1-1　变量类型表

变量号	变量类型	功能
#0	空变量	该变量总是空的,不能被赋值(只读)
#1～#33	局部变量	局部变量只能在宏程序内部使用,用于保存数据,如运算结果等。当电源关闭时,局部变量被清空,而当宏程序被调用时,参数被赋值给局部变量
#100～#149(#199) #500～#531(#999)	公共变量	公共变量在不同宏程序中的意义相同。当电源关闭时,变量#100～#149 被清空,而变量#500～#531 的数据仍保留
#1000～#9999	系统变量	系统变量可读、可写,用于保存 NC 的各种数据项,如:当前位置、刀具补偿值、机床模态等

注:变量类型注意事项:

1. 公共变量#150～#199,#532～#999 是选用变量,应根据实际系统使用。

2. 局部变量和公共变量称为用户变量。局部变量和公共变量可以有 0 值或在下述范围内的值: $-10^{47} \sim -10^{-29}$ 或 $10^{-29} \sim 10^{47}$,如计算结果无效(超出取值范围)时,发出编号 111 的错误警报。

(3)变量的引用

将跟随在地址符后的数值用变量来代替的过程称为引用变量。同样,引用变量也可以采用表达式。在程序中引用(使用)变量时,其格式为在指令字地址后面跟变量号。当用表达式表示变量时,表达式应包含在一对方括号内,如:G01 X[#1+#2] F#3;。

变量引用的注意事项:

① 被引用变量的值会自动根据指令地址的最小输入单位自动进行四舍五入,例:程序段 G00 X#1,给变量#1 赋值 12.3456,在 1/1000mm 的 CNC 上执行时,程序段实际解释为 G00 X12.346。

② 要使被引用的变量值反号,在"#"前加前缀"-"即可,如:G00 X-#1;。

③ 当引用未定义(赋值)的变量时,这样的变量称为"空"变量(变量#0 总是空变量),该变量前的指令地址被忽略,如:#1=0,#2="空"(未赋值),执行程序段 G00 X#1 Y#2;,结果为 G00 X0。

④ 当引用一个未定义的变量时,地址本身也被忽略。

⑤ 变量引用有限制,变量不能用于程序号"O"、程序段号"N"、

任选段跳跃号"/"，例如如下变量使用形式均是错误的。

```
O#1
/#2 G00 X100.0
N#3 Y200.0
```

（4）变量的赋值

赋值是指将一个数赋予一个变量。变量的赋值方式有两种。

① 直接赋值　变量可以在操作面板上用 MDI 方式直接赋值，也可在程序中以等式方式赋值，但等号左边不能用表达式。

例：#1=100（"#1"表示变量；"="表示赋值符号，起语句定义作用；"100"就是给变量#1 赋的值。）

#100=30+20（将表达式"30+20"赋值给变量#100，即#100=50）

直接赋值相关注意事项：

a. 赋值符号（=）两边内容不能随意互换，左边只能是变量，右边可以是数值、表达式或者变量。

b. 一个赋值语句只能给一个变量赋值。

c. 可以多次给一个变量赋值，但新的变量值将取代旧的变量值，即最后赋的值有效。

d. 在程序中给变量赋值时，可省略小数点。例如，当#1=123被定义时，变量#1 的实际值为 123.0。

e. 赋值语句在其形式为"变量=表达式"时具有运算功能。在运算中，表达式可以是数值之间的四则运算，也可以是变量自身与其他数据的运算结果，如：#1=#1+1，则表示新的#1 等于原来的#1+1，这点与数学等式是不同的。

需要强调的是："#1=#1+1"形式的表达式可以说是宏程序运行的"原动力"，任何宏程序几乎都离不开这种类型的赋值运算，而它偏偏与人们头脑中根深蒂固的数学上的等式概念严重偏离，因此对于初学者往往造成很大的困扰，但是如果对计算机编程语言（例如C 语言）有一定了解的话，对此应该更易理解。

f. 赋值表达式的运算顺序与数学运算的顺序相同。

【例 1-3】 执行如下程序段后，N1 程序段的常量形式是什么？

```
#1=1
#2=0.5
#3=3.7
#4=20
N1 G#1 X[#1+#2] Y#3 F#4
```

解：N1 程序段的常量形式是 G01 X1.5 Y3.7 F20。

【例 1-4】 执行如下两程序段后，N2 程序段计算的是变量(　　)的值，其值为 (　　)。

```
N1 #1=3
N2 #[#1]=3.5+#1
```

解：N1 程序段将数值 3 赋给了#1，#[#1]则表示#3，所以 N2 程序段计算的是变量#3 的值，其值为 6.5（3.5+3）。

② 自变量赋值　宏程序以子程序方式出现时，所用的变量可在宏程序调用时赋值。例如程序段 "G65 P1020 X100.0 Y30.0 Z20.0 F100"，该处的 X、Y、Z 不代表坐标字，F 也不代表进给字，而是对应于宏程序中的局部变量号，变量的具体数值由自变量后的数值决定（详见 "1.6 宏程序的调用"）。

1.3.2　系统变量

系统变量是宏程序变量中一类特殊的变量，其定义为：数控系统中所使用的有固定用途和用法的变量，它们的位址是固定对应的，它的值决定系统的状态。系统变量一般由#后跟 4 位数字来定义，它能获取包含在机床处理器或 NC 内存中的只读或读/写信息，包括与机床处理器有关的交换参数、机床状态获取参数、加工参数等系统信息。宏程序中还有许多不同功能和含义的系统变量，有些只可读，有些既可读又可写。系统变量对于系统功能二次开发至关重要，它的自动控制和通用加工程序开发的基础。系统变量的序号与系统的某种状态有严格的对应关系，在确实明白其含义和用途前，不要贸然任意应用，否则会造成难以预料的结果。

（1）接口信号

接口信号可在可编程机床控制器（PMC）和用户宏程序之间进行交换的信号。表1-2为用于接口信号的系统变量。关于接口信号系统变量的详细说明请参考说明书。

表 1-2 用于接口信号的系统变量

变量号	功能
#1000～#1015 #1032	用于从 PMC 传送 16 位的接口信号到用户宏程序。#1000～#1015 信号是逐位读取的，而#1032 信号是 16 位一次读取的
#1100～#1115 #1132	用于从用户宏程序传送 16 位的接口信号到 PMC。#1100～#1115 信号是逐位写入的，而#1132 信号是 16 位一次写入的
#1133	用于从用户宏程序一次写入 32 位的接口信号到 PMC 注意：#1133 取值范围为-99999999～+99999999

（2）刀具补偿

使用这类系统变量可以读取或者写入刀具补偿值，刀具补偿存储方式有三种类型，分别如表 1-3～表 1-5 所示。

变量号的后 3 位数对应于刀具补偿号，如#10080 或#2080 均对应补偿号 80。

可使用的变量数取决于刀具补偿号和是否区分外形补偿和磨损补偿，以及是否区分刀具长度补偿和刀具半径补偿。当刀具补偿号小于或等于 200 时，#10000 组或#2000 组都可以使用（如表 1-3、表 1-4 所示），但当刀具补偿号大于 200，采用刀具补偿存储方式 C（表 1-5）的时候请避开#2000 组的变量号码，使用#10000 组的变量号码。

类似其他的变量一样，刀具补偿数据可以带有小数点，因此小数点之后的数据输入时请加入小数点。

表 1-3 刀具补偿存储方式 A 的系统变量

补偿号	系统变量
1	#10001 （#2001）
…	…
200	#10200 （#2200）

表 1-4　刀具补偿存储方式 B 的系统变量

补偿号	半径补偿	长度补偿
1	#11001（#2201）	#10001（#2001）
…	…	…
200	#11200（#2400）	#10200（#2200）

表 1-5　刀具补偿存储方式 C 的系统变量

补偿号	刀具长度补偿（H）		刀具半径补偿（D）	
	外形补偿	磨损补偿	外形补偿	磨损补偿
1	#11001（#2201）	#10001（#2001）	#13001	#12001
…	…	…		
200	#11201（#2400）	#10201（#2200）	…	…
…	…	…		
400	#11400	#10400	#13400	#12400

注意：以上的变量可能会因机床参数不同而使磨损补偿系统变量与外形补偿系统变量相反，或者与坐标所使用的变量相冲突，所以在使用之前先要确认机床具体的刀具补偿系统变量。

（3）宏程序报警

宏程序报警系统变量号码 3000 使用时，可以强制 NC 处于报警状态，如表 1-6 所示。

表 1-6　宏程序报警的系统变量

变量号	功能
#3000	当#3000 值为 0～200 间的某一值时，CNC 停止并显示报警信息。可在表达式后指定不超过 26 个字符报警信息。CRT 屏幕上显示报警号和报警信息，其中报警号为变量#3000 的值加上 3000

例如执行程序段"#3000=1（TOOL NOT FOUND）"后，CNC 停止运行，并且报警屏幕将显示"3001 TOOL NOT FOUND"（刀具未找到），其中 3001 为报警号，"TOOL NOT FOUND"为报警信息。

（4）程序停止和信息显示

变量号码 3006 使用时，可停止程序并显示提示信息，启动后可继续运行，如表 1-7。

表 1-7　停止和信息显示系统变量

变量号	功能
#3006	在宏程序中指令"#3006=1（MESSAGE）；"时，程序在执行完前一程序段后停止，并在 CRT 上显示括号内不超过 26 个字符的提示信息

（5）时间信息

时间信息可以读和写，用于时间信息的系统变量，如表 1-8。通过对#3011 和#3012 时间信息系统变量赋值，可以调整系统的显示日期（年/月/日）和当前的时间（时/分/秒）。

表 1-8　时间信息的系统变量

变量号	功能
#3001	这个变量是一个以 1 毫秒（ms）为增量一直计数的计时器，当电源接通时或达到 2147483648（2 的 32 次方）毫秒时，该变量值复位为 0 重新开始计时
#3002	这个变量是一个以 1 小时（h）为增量、当循环启动灯亮时开始计数的计时器，电源关闭后计时器值依然保持，达到 9544.371767 小时时复位为 0（可用于刀具寿命管理）
#3011	这个变量用于读取当前日期（年/月/日），该数据以类似于十进制数显示。例如，1993 年 3 月 28 日表示成 19930328
#3012	这个变量用于读当前时间（时/分/秒），该数据以类似于十进制数显示。例如，下午 3 点 34 分 56 秒表示成 153456

（6）自动运行控制

自动运行控制可以改变自动运行的控制状态。自动运行控制系统变量见表 1-9、表 1-10。

　① #3003

表 1-9　自动运行控制的系统变量（#3003）

#3003	程序单段运行	辅助功能的完成
0	有效	等待
1	无效	等待
2	有效	不等待
3	无效	不等待

a. 当电源接通时，该变量值为 0，即缺省状态为允许程序单段运行和等待辅助功能完成后才执行下一程序段。

b. 当单段运行"无效"时，即使单段运行开关置为开（ON），单段运行操作也不执行。

c. 当指定"不等待"辅助功能（M、S 和 T 功能）完成时，则不等待本程序段辅助功能的结束信号就直接继续执行下一程序段。

② #3004

表 1-10　自动运行控制的系统变量（#3004）

#3004	进给保持	进给倍率	准确停止
0	有效	有效	有效
1	无效	有效	有效
2	有效	无效	有效
3	无效	无效	有效
4	有效	有效	无效
5	无效	有效	无效
6	有效	无效	无效
7	无效	无效	无效

a. 当电源接通时，该变量值为 0，即缺省状态为进给保持、进给倍率可调及进行准确停止检查。

b. 当进给保持无效时：进给保持按钮按下并保持时，机床以单段停止方式停止，但单段方式若因变量#3003 而无效时，不执行单程序段停止操作；进给保持按钮按下又释放时，进给保持灯亮，但机床不停止，程序继续执行，直到机床停在最先含有进给保持有效的程序段。

c. 当进给倍率无效时，倍率锁定在 100%，而忽略机床操作面板上的倍率开关。

d. 当准确停止无效时，即使是那些不执行切削的程序段，也不执行准确停止检查（位置检测）。

（7）零件数

要求加工的零件数（目标数）变量#3902 和已加工的零件数（完成数）变量#3901 可以被读和写，如表 1-11。

表 1-11　加工零件数的系统变量

变量号	功能
#3901	已加工的零件数（完成数）
#3902	要求加工的零件数（目标数）

注意：写入的零件数不能使用负数。

（8）模态信息

模态信息是只读的系统变量，正在处理的程序段之前指定的模态信息可以读出，其数值根据前一个程序段指令的不同而不同，变量号从#4001 至#4120。模态信息的系统变量见表 1-12。

表 1-12　模态信息的系统变量

变量号	功能	组别
#4001	G00，G01，G02，G03，G33，G60（依参数选项）	01 组
#4002	G17，G18，G19	02 组
#4003	G90，G91	03 组
#4004		04 组
#4005	G94，G95	05 组
#4006	G20，G21	06 组
#4007	G40，G41，G42	07 组
#4008	G43，G44，G49	08 组
#4009	G73，G74，G76，G80～G89	09 组
#4010	G98，G99	10 组
#4011	G50，G51	11 组
#4012	G65，G66，G67	12 组
#4013	G96，G97	13 组
#4014	G54～G59	14 组
#4015	G61～G64	15 组
#4016	G68，G69	16 组

变量号	功能	组别
…	…	
#4022	G50.1，G50.2	22 组
#4102	B 代码	
#4107	D 代码	
#4109	F 代码	
#4111	H 代码	
#4113	M 代码	
#4114	程序段号 N	
#4115	程序号 O	
#4119	S 代码	
#4120	T 代码	

例如当执行#1=#4002 时，在#1 中得到的值是 17、18 或 19。执行如下三个程序段后#1 的数值为 17，#2 的数值为 03。

```
N40 G17 M03 S1000
N50 #1=#4016
N60 #2=#4113
```

（9）当前位置

位置信息系统变量不能写，只能读。表 1-13 为位置信息的系统变量。

表 1-13　位置信息的系统变量

变量号	位置信息	坐标系	刀具补偿值	移动期间读操作
#5001～#5004	程序段终点	工件坐标系	不包括	有效
#5021～#5024	当前位置	机床坐标系	包括	无效
#5041～#5044	当前位置	工件坐标系		
#5061～#5064	跳转信号位置			有效
#5081～#5084	刀具补偿值			无效
#5101～#5104	伺服位置误差			

① 对于数控铣镗类机床，末位数（1～4）分别代表轴号，数 1 代表 X 轴，数 2 代表 Y 轴，数 3 代表 Z 轴，数 4 代表第四轴。如#5001

表示工件坐标系下程序段终点的 *X* 坐标值。

② #5081～5084 存储的刀具补偿值是当前执行值，不是后面程序段的处理值。

③ 在含有 G31（跳转功能）的程序段中发出跳转信号时，刀具位置保持在变量#5061～#5064 里，如果不发出跳转信号，这些变量中储存指定程序段的终点值。

④ 移动期间读变量无效时，表示由于缓冲（准备）区忙，所希望的值不能读。

⑤ 移动期间可读变量在移动指令后无缓冲读取时可能会不是希望值。

⑥ 请注意，工件坐标系当前位置#5041～#5044 和跳转信号位置#5061～#5064 的值包含了刀具补偿值#5081～#5084，而不是坐标的显示值。

（10）工件坐标系补偿（工件坐标系原点偏移值）

工件坐标系原点偏移值的系统变量可以读和写，如表 1-14 所示。

表 1-14　工件坐标系原点偏移值的系统变量

工件坐标系原点	第 1 轴	第 2 轴	第 3 轴	第 4 轴
外部工件坐标系原点补偿量	#5201	#5202	#5203	#5204
G54 工件坐标系原点补偿量	#5221	#5222	#5223	#5224
G55 工件坐标系原点补偿量	#5241	#5242	#5243	#5244
G56 工件坐标系原点补偿量	#5261	#5262	#5263	#5264
G57 工件坐标系原点补偿量	#5281	#5282	#5283	#5284
G58 工件坐标系原点补偿量	#5301	#5302	#5303	#5304
G59 工件坐标系原点补偿量	#5321	#5322	#5323	#5324

【例 1-5】　假设当前时间为 2007 年 11 月 18 日 18:17:32，则执行如下程序后，公共变量#500 和#501 的值为多少？

```
#500=#3011
#501=#3012
```

解：运行程序后查看公共变量#500 和#501，分别显示 20071118 和 181732。

【例1-6】 假设当前时间为 2007 年 11 月 18 日 18:17:32，则执行如下程序后，时间信息变量#3011 和#3012 的值分别为多少？

```
#3011=20071119
#3012=201918
```

解： 如对#3011 和#3012 赋值则可以修改系统日期和时间，程序运行后系统日期改为 2007 年 11 月 19 日，时间修改为 20:19:18（注意：某些系统可能无法通过直接赋值修改日期和时间）。

【例1-7】 执行如下程序后，工件坐标系原点位置发生了什么变化？

```
N1  G28 X0 Y0 Z0
N2  #5221=-20.0
    #5222=-20.0
    ……
N3  G90 G00 G54 X0 Y0
N10 #5221=-80.0
    #5222=-10.0
N11 G90 G00 G54 X0 Y0
```

解： 如图 1-11 所示，M 点为机床坐标系原点，$W1$ 点为以 N2 定义的 G54 工件坐标原点，$W1'$点为以 N10 定义的 G54 工件坐标系原点。

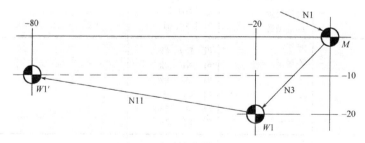

图 1-11　工件原点偏移图

1.4　算术和逻辑运算

表 1-15 列出的算术和逻辑运算可以在变量中执行。运算符右

边的表达式可用常量或变量与函数或运算符组合表示。表达式中的变量#j 和#k 可用常量替换，也可用表达式替换。

表 1-15　算术和逻辑操作

类型	功能	格式	备注
变量赋值	变量赋值 常量赋值	#i=#j #i=（具体数值）	
算术运算	加 减 乘 除	#i=#j+#k #i=#j-#k #i=#j*#k #i=#j/#k	
函数运算	正弦 反正弦 余弦 反余弦 正切 反正切	#i=SIN[#j] #i=ASIN[#j] #i=COS[#j] #i=ACOS[#j] #i=TAN[#j] #i=ATAN[#j]/[#k]	角度以度（°）为单位，如 90°30′ 表示成 90.5°
	平方根 绝对值 圆整 小数点后舍去 小数点后进位 自然对数 指数函数	#i=SQRT[#j] #i=ABS[#j] #i=ROUND[#j] #i=FIX[#j] #i=FUP[#j] #i=LN[#j] #i=EXP[#j]	
逻辑运算	等于 不等于 大于 小于 大于等于 小于等于	#j　EQ　#k #j　NE　#k #j　GT　#k #j　LT　#k #j　GE　#k #j　LE　#k	
	或 异或 与	#i=#j OR #k #i=#j XOR #k #i=#j AND #k	用二进制数按位进行逻辑操作
信号交换	将 BCD 码转换成 BIN 码 将 BIN 码转换成 BCD 码	#i=BIN[#j] #i=BCD[#j]	用于与 PMC 间信号的交换

（1）**赋值运算**

赋值运算中，右边的表达式可以是常数或变量，也可以是一个含四则混合运算的代数式。

（2）**三角函数**

三角函数 SIN、ASIN、COS、ACOS、TAN、ATAN 中所用角度单位是度，用十进制表示，如 90°30′ 表示成 90.5°，30°18′ 表示成 30.3°。在三角函数运算中常数可以代替变量#j。

在反正切函数后指定两条边的长度，并用斜线（/）隔开，其运算结果范围为 0°～360°。例如指定#1=ATAN[1]/[-1]时，#1 的值为 135.0°。

（3）**ROUND（圆整，四舍五入）函数**

① 当 ROUND 函数包含在算术或逻辑操作、IF 语句、WHILE 语句中时，在小数点后第 1 个小数位进行四舍五入。例如，#1=ROUND[#2]，若其中#2=1.2345，则#1=1.0。

② 当 ROUND 函数出现在 NC 语句地址中时，根据地址的最小输入增量四舍五入指定的值。

例如，编一个钻削加工程序，按变量#1、#2 的值进行切削，然后返回到初始点。假定最小设定单位是 1/1000mm，#1=1.2345，#2=2.3456，则：

```
N20 G00 G91 X-#1          （移动 1.235mm）
N30 G01 X-#2 F300         （移动 2.346mm）
N40 G00 X[#1+#2]          （移动 3.580mm）
```

由于 1.2345+2.3456=3.5801，则 N40 程序段实际移动距离为四舍五入后的 3.580mm，而 N20 和 N30 两程序段移动距离之和为 1.235+2.346=3.581mm，因此刀具未返回原位。刀具位移误差来源于运算时先相加后四舍五入，若先四舍五入后相加，即换成 G00 X [ROUND[#1]+ROUND[#2]]就能返回到初始点（注：G90 编程时，上述问题不一定存在。）

（4）小数点后舍去和小数点后进位

小数点后舍去和小数点后进位是指绝对值，而与正负符号无关。

例如，假设#1=1.2，#2=-1.2。

当执行#3=FUP[#1]时，运算结果为#3=2.0。

当执行#3=FIX[#1]时，运算结果为#3=1.0。

当执行#3=FUP[#2]时，运算结果为#3=-2.0。

当执行#3=FIX[#2]时，运算结果为#3=-1.0。

（5）算术与逻辑运算指令的缩写

程序中指令函数时，函数名的前两个字符可用于指定该函数。例如 ROUND 可输入为"RO"，FIX 可输入为"FI"。

（6）运算的优先顺序

运算的先后次序为：

① 方括号"[]"。方括号的嵌套深度为五层（含函数自己的方括号），由内到外一对算一层，当方括号超过五层时，则出现报警。

② 函数。

③ 乘、除、逻辑和。

④ 加、减、逻辑或、逻辑异或。

其他运算遵循相关数学运算法则。

例如，#1=#2+#3*SIN[#4-1]

```
                  1
            _____
                  2
        _____
                  3
    _____
                  4
```

例如，#1=SIN[[[#2+#3]*#4+#5]*#6]

```
            _____
                  1
        _____
                  2
    _____
                  3
_____
                  4
```

例中 1、2、3 和 4 表示运算次序。

（7）除数

在除法运算中除数为 0 或在求角度为 90°的正切值时（即 TAN[90]，函数 TAN 按 SIN/COS 执行）时，产生报警。

（8）运算误差

① 运算时可能产生误差，见表 1-16。

表 1-16　运算中的误差

运算	平均误差	最大误差	误差类型
$a=b*c$	1.55×10^{-10}	4.66×10^{-10}	相对误差 ①
$a=b/c$	4.66×10^{-10}	1.88×10^{-9}	$\left\| \dfrac{\varepsilon}{a} \right\|$
$a=\sqrt{b}$	1.24×10^{-9}	3.73×10^{-9}	
$a=b+c$ $a=b-c$	2.33×10^{-10}	5.32×10^{-10}	取小值 $\left\|\dfrac{\varepsilon}{b}\right\|,\left\|\dfrac{\varepsilon}{c}\right\|$ ②
$a=SIN[b]$ $a=COS[b]$	5.0×10^{-9}	1.0×10^{-8}	绝对误差 ③
$a=ATAN[b]/[c]$ ④	1.8×10^{-6}	3.6×10^{-6}	$\|\varepsilon\|$

① 相对误差大小与运算结果有关。

② 取两误差中较小的一个。

③ 绝对误差大小为常值，与运算结果无关。

④ 正切函数 TAN 用 SIN/COS 完成。

② 由于变量值的精度为 8 位小数（在 NC 中变量用科学计数法表示），当在加减运算中处理很大的数时，会出现意想不到的结果。

例如，当试图把下面的值赋给变量#1 和#2 时，

```
#1=9876543210123.456
#2=9876543277777.777
```

变量的实际值为：

```
#1=9876543200000.000
#2=9876543300000.000
```

此时如果计算#3=#2-#1，则结果为#3=100000.000。

运算结果的误差是因为变量是用二进制数运算引起的。（在 nc

中用于存储变量的二进制位数是有限的，为表示尽能大的数，将数转换成科学计数法表示，变量的二进制位中的后几位表示指数，其余的位存储小数部分，当数的有效位多于变量的最大有效位时，多余的部分进行四舍五入，从而引起误差。此误差相对数本身来说，误差极小，但对结果的影响就可能很大。编程时，应尽可能避免本例的情况。）

③ 因数据精度的原因，在条件表达式中用 EQ、NE、GE、GT、LE 和 LT 时，也可能出现误差。

例如，IF[#1EQ#2]的运算会受#1 和#2 误差的影响，当#1 和#2 的值近似时，就可能造成错误的判断。若将上式改写成 IF[ABS[#1-#2]LT0.001]后就可以在一定程度上避免两个变量的误差，但如果两变量的差值小于所需精度（此处为 0.001）时，则认为两个变量的值是相等的。

④ 在使用小数点后舍去指令应小心。

例如，当计算#2=#1*1000，式中#1=0.002 时，变量#2 的结果值不是准确的 2.0，而可能是 1.99999997。因此执行#3=FIX[#2]时，变量#3=1.0 而不是 2.0。此时，可先纠正误差，再执行小数点后舍去，或是用如下的四舍五入操作，即可得到正确结果。

```
#3=FIX[#2+0.001] 或#3=ROUND[#2]
```

（9）#0（空）参与运算

有"#0（空）"参与的运算结果如表 1-17 所示。

表 1-17 #0（空）参与的运算结果

表达式	运算结果
#i=#0+#0	#i=0
#i=#0-#0	#i=0
#i=#0*#0	#i=0
#i=#0/#j	#i=0（#j≠0）
#i=#j+#0	#i=#j
#i=#j-#0	#i=#j
#i=#j*#0	#i=0

【例 1-8】　令#1=a，#24=x，用变量表示 $\dfrac{a^2}{x^2}$，如下表示错误的

是（　　）。

A．#1*#1/#24*#24　　　　　　　　B．#1*#1/#24/#24

C．#1*#1/[#24*#24]　　　　　　　D．[#1*#1]/[#24*#24]

解：错误的是 A。

【例 1-9】　构造一个适用于 FANUC 系统的计算器用于计算
SIN30.0° 数值的宏程序。

解：编程如下。

```
……
#101=#5221        （把#5221 变量中的数值寄存在#101 变量中）
#5221=SIN[30]     （计算 SIN[30] 的数值并保存在#5221 中，以方便读取）
M00               （程序暂停以便读取记录计算结果）
#5221=#101        （程序再启动，#5221 变量恢复原来的数值）
……
```

　　宏程序中变量运算的结果保存在局部变量或者公用变量中，这些变量中的数值不能直接显示在屏幕上，读取很不方便，为此我们借用一个变量 G54 坐标中 X 的数值，这是一个系统变量，变量名为#5221，把计算结果保存在系统变量 G54 坐标系 X 中，可以从 OFFSET/SETTING 屏幕画面上直接读取计算结果，十分方便。编程中，预先把#5221 变量值（G54 坐标系中的 X 的数值）寄存在变量#101 中，只是借用#5221 变量显示计算结果，计算完毕会自动恢复#5221 变量中的数值。编程中编入 S500 M03 指令的目的只是提醒操作者，主轴启动，计算开始，主轴停止，程序运算完毕。它只是一个信号，并无实际切削运动产生，熟练者也可以不用。

　　计算器的使用：根据数学公式编制相应的宏程序后，把工作方式选为自动加工方式，页面调整为 OFFSET/SETTING 中的 G54 坐标系画面，启动程序，在 G54 坐标系 X 坐标处即显示计算结果，程序暂停，再次启动程序，计算结果消失，G54 坐标系 X 坐标恢复原值，计算完毕，程序结束。

　　编制宏程序计算器的过程中，只要具备相应的基础数学知识，

程序编制相对很简单，复杂运算公式的编程一般不会超过十行，并且对于复杂公式的计算要比人工用电子计算器快。计算的结果保存在局部变量和公用变量中，编程时可以直接调用变量，例如上面的例子中，把 N50 中的#5221 换为#××，编程中可以直接编入 G00 X#××，直接调用计算数值#××，精度高且不用担心重新输入数值编程可能引起的错误。

计算器宏程序虽然短小，但却涵盖了宏程序编制的基本过程：

① 程序逻辑过程构思。

② 数学基础知识的融合与运用。

③ 编程规则及指令的使用技巧。

④ 变量的种类及使用技巧等。

编制计算器宏程序可以作为学习宏程序中函数运算功能的基本练习内容，让读者初步了解宏程序变量的运用以及函数运算的基本特点，有效地激发编程人员对宏程序的兴趣，为复杂的宏程序分析与编制打下一个良好的基础。

【例 1-10】 试编制一个计算一元二次方程 $4X^2+5X+2=0$ 的两个根 $X1$ 和 $X2$ 值的计算器宏程序。

解： 一元二次方程 $aX^2+bX+c=0$ 的两个根 $X1$ 和 $X2$ 的值为

$$X = \frac{-b \pm \sqrt{b^2-4ac}}{2a}，$$ 编程如下：

```
……
#101=#5221               （把#5221 变量中的数值寄存在#101 变量中）
#1=SQRT[5*5-4*4*2]       （计算公式中的 √(b²-4ac) ）
#5221=[-5+#1]/[2*4]      （计算根 X1）
M00                      （程序暂停以便记录根 X1 的结果）
#5221=[-5-#1]/[2*4]      （计算根 X2）
M00                      （程序暂停以便记录根 X2 的结果）
#5221=#101               （程序再启动，#5221 变量恢复原来的数值）
……
```

从程序中可以看出，宏程序计算复杂公式要方便得多，可以计算多个结果，并逐个显示。如果有个别计算结果记不清楚，还可以重新运算一遍并显示结果。

【例 1-11】 编制一个用于判断某一数值为奇数还是偶数的宏程序。

解：编制部分程序如下。

```
……
#1=                        (将需要判断的数值赋值给#1)
#2=#1/2-FIX[#1/2]          (求#1 除 2 后的余数)
IF [#2EQ0.5] ……           (当余数等于 0.5 时#1 为奇数)
IF [#2EQ0] ……             (当余数等于 0 时#1 为偶数)
……
```

【例 1-12】 编制一个用于运算指数函数 $f(x) = 2.2^{3.3}$ 的计算器宏程序。

解：FANUC 用户宏程序中并没有此种指数函数运算功能，但是可以利用用户宏程序中自然对数函数 Ln[]，把此种 $f(x) = x^y$ 指数函数运算功能转化为可以运算的自然对数函数计算：设 $f(x) = x^y$，那么：

$$\ln[f(x)] = \ln[x^y] = y \times \ln[x]$$

$y \times \ln[x]$ 可以很方便地计算出来，又

$$e^{\ln[f(x)]} = f(x) = e^{y \times \ln[x]}$$

即求出 $f(x) = x^y$。其中 x 的数值要求大于 0，可以是任意小数或分数，y 的数值可以是任意值（正值、负值、零），当 $y=2$ 时，为求平方值 x^2，当 $y=3$ 时，为求立方值 x^3，当 $y=N$ 时，为求 N 次方值 x^N，当 $y=1/2$ 时，为求平方根值 $\sqrt{x}$，当 $y=1/3$ 时，为求立方根值 $\sqrt[3]{x}$，当 $y=1/N$ 时，为求 N 次方根值 $\sqrt[N]{x}$。编制宏程序如下。

```
……
#101=#5221                 (把#5221 变量中的数值寄存在#101 变量中)
#1=2.2                     (x 的数值)
#2=3.3                     (y 的数值)
#5221=EXP[#2*LN[#1]]       (计算 x^y 数值)
M00                        (程序暂停，记录 2.2³·³ 的计算结果)
#5221=#101                 (程序再启动，#5221 变量恢复原来的数值)
……
```

【例 1-13】 编制一个用于运算对数函数 $f(x) = \log_2^3$ 的计算器宏程序。

解：数学运算中常用的对数运算 $\log_a^b$，宏程序中也没有类似的

函数运算功能，但可以转化为自然对数 ln[]运算：

$$f(x) = \log_a^b = \frac{\ln[b]}{\ln[a]}$$

编制宏程序如下。

......

#101=#5221	（把#5221 变量中的数值寄存在#101 变量中）
#1=2.0	（a 的数值）
#2=3.0	（b 的数值）
#5221=LN[#2]/LN[#1]	（计算 $\log_2^3$ 的数值）
M00	（程序暂停，记录计算结果）
#5221=#101	（程序再启动，#5221 变量恢复原来的数值）

......

1.5 转移和循环语句

在程序中，使用 GOTO 语句和 IF 语句可以改变控制执行顺序。有三种转移和循环操作可供使用：

GOTO 语句（无条件转移指令）；

IF 语句（条件转移指令）；

WHILE 语句（循环指令）。

（1）无条件转移指令（GOTO 语句）

指令格式：GOTO+目标程序段号（不带 N）

无条件转移指令用于无条件转移到指定程序段号的程序段开始执行，可用表达式指定目标程序段号。

例如，GOTO10　　（转移到顺序号为 N10 的程序段）

例如，#100=50

GOTO#100　　（转移到由变量#100 指定的程序段号为 N50 的程序段）

（2）条件转移指令（IF 语句）

① 指令格式 1：IF+[条件表达式]+GOTO+目标程序段号（不带 N）

当条件满足时，转移到指定程序段号的程序段，如果条件不满足则执行下一程序段。

例如下面的程序，如果变量#1的值大于10（条件满足），转移到程序段号为N100的程序段,如果条件不满足则执行N20程序段。

```
N10 IF [#1GT10] GOTO100
N20 G00 X70.0 Y20
……
N100 G00 G91 X10.0
```

a．条件表达式。条件表达式必须包括运算符号，运算符插在两个变量或变量和常数之间，并且用方括号封闭。表达式可以替代变量。

b．运算符。运算符由2个字母组成，用于两个值的比较，以决定它们的大小或相等关系。注意不能使用不等号。表1-18为运算符含义。

表1-18　运算符含义

运算符	含义	运算符	含义
EQ	等于（=）	GE	大于或等于（≥）
NE	不等于（≠）	LT	小于（<）
GT	大于（>）	LE	小于或等于（≤）

注意：在条件表达式中，空值和零的使用结果不同，如表1-19。

表1-19　条件表达式中空值和零的使用

当#1=空（#0）时			当#1=0时		
	#1EQ#0	成立		#1EQ#0	不成立
	#1NE#0	不成立		#1NE#0	成立
	#1GE#0	成立		#1GE#0	成立
	#1GT#0	不成立		#1GT#0	不成立

② 指令格式2：IF+[条件表达式]+THEN+宏程序语句

当条件表达式满足时，执行预先决定的宏程序语句。例如执行程序段 IF[#1EQ#2]THEN#3=0，该程序段的含义是如果#1 和#2 的值相等，则将 0 赋给#3。

（3）循环指令（WHILE 语句）

循环指令格式：

WHILE [条件表达式] DOm（m=1、2、3）；

……

ENDm；

当条件满足时，就循环执行 DO 与 END 之间的程序段（称循环体），当条件不满足时，就执行 END 后的下一个程序段。DO 和 END后的数字用于指定程序执行范围的识别号，该识别号只能在1、2、3中取值，否则系统报警。

例如下面的程序，如果变量#1 的值大于 10（条件满足），执行 N20 程序段，如果条件不满足则转移到程序段号为 N100 的程序段结束循环。

```
N10 WHILE [#1GT10] DO1
N20 G00 X70.0 Y20
……
N100 END1
```

① 嵌套

a. 在 DO—END 循环中的识别号（1~3）可根据需要多次使用。

b. 不能交叉执行 DO 语句，如下的书写格式是错误的：

```
WHILE [……] DO1
……
WHILE [……] DO2
……
END1
END2
```

c. 嵌套层数最多 3 级，如下的书写格式是正确的：

```
WHILE [……] DO1
……
   WHILE [……] DO2
   ……
      WHILE [……] DO3
      ……
      END3
   ……
   END2
……
END1
```

d. 可以在循环内转跳到循环外，如下的书写格式是正确的：

```
WHILE [……]DO1
IF [……] GOTOn
……
END1
Nn ……
```

e. 不可以在循环内跳到循环内，如下的书写格式是错误的：

```
IF [……] GOTO n
……
WHILE [……] DO1
Nn ……
END1
```

② 无限循环　若指定了 DO 而没有指定 WHILE 语句时，循环将在 DO 和 END 之间无限期执行下去。

③ 执行时间　程序执行 GOTO 语句时，要进行顺序号的搜索，反向执行的时间比正向执行的时间长，因此可以用 WHILE 语句实现循环可减少处理时间。

【例1-14】　阅读如下程序，然后回答程序执行完毕后#2 的值。

```
#1=#0
#2=0
IF [#1EQ0] GOTO1        （如果#1 的值等于 0 则直接转向 N1 程序段，否则继
                         续执行下一程序段）
#2=1
N1 G00 X100.0 Y#2
```

解： 由于条件表达式不成立，所以执行完上述程序后#2=1。

【例1-15】　阅读如下程序，然后回答程序执行完毕后#2 的值。

```
#1=#0
#2=0
IF [[#1*2]EQ0] GOTO1   （如果"#1*2"的值等于 0 则直接转向 N1 程序段，
                         否则继续执行下一程序段）
#2=1
N1 G00 X100.0 Y#2
```

解： 由于#1*2=0，条件表达式成立，程序直接转向 N1 程序段，所以执行完上述程序后#2=0。

【例1-16】　运用条件转移指令编写求 1～10 各整数之和的宏程序。

解：求 1～10 各整数总和的编程思路（算法）主要有两种，分析如下。

① 最原始方法：

步骤 1：先求 1+2，得到结果 3。

步骤 2：将步骤 1 得到的和 3 再加 3，得到结果 6。

步骤 3：将步骤 2 得到的和 6 再加 4，得到结果 10。

步骤 4：依次将前一步计算得到的和加上加数，直到加到 10 得到最终结果。

这样的算法虽然正确，但太繁琐。

② 改进后的编程思路：

步骤 1：使变量#1=0。

步骤 2：使变量#2=1。

步骤 3：计算#1+#2，和仍然储存在变量#1 中，可表示为#1=#1+#2。

步骤 4：使#2 的值加 1，即#2=#2+1。

步骤 5：如果#2≤10，返回重新执行步骤 3 以及其后的步骤 4 和步骤 5，否则结束执行。

利用改进后的编程思路，求 1～100 各整数总和时，只需将第 5 步#2≤10 改成#2≤100 即可。

如果求 1×3×5×7×9×11 的乘积，编程也只需做很少的改动：

步骤 1：使变量#1=1。

步骤 2：使变量#2=3。

步骤 3：计算#1×#2，表示为#1=#1*#2。

步骤 4：使#2 的值+2，即#2=#2+2。

步骤 5：如果#2≤11，返回重新执行步骤 3 以及其后的步骤 4 和步骤 5，否则结束执行。

该编程思路不仅正确，而且是计算机较好的算法，因为计算机是高速运算的自动机器，实现循环轻而易举。采用该编程思路编程如下。

```
……
#1=0                    （存储和的变量赋初值 0）
#2=1                    （计数器赋初值 1，从 1 开始）
N1                      （程序跳转标记符）
#1=#1+#2                （求和）
#2=#2+1                 （计数器加 1，即求下一个被加的数）
IF [#2LE10] GOTO1       （如果计数器值小于等于 10，转移到 N1 程序段）
……
```

【例 1-17】 运用循环指令编写求 1 ~ 10 各整数之和的宏程序。

解： 编制求和宏程序如下。

```
……
#1=0                    （存储和的变量赋初值 0）
#2=1                    （计数器赋初值 1，从 1 开始）
WHILE [#2LE10] DO1      （如果计数器值小于或等于 10 执行循环）
#1=#1+#2                （求和）
#2=#2+1                 （计数器加 1，即求下一个被加的数）
END1                    （结束循环）
……
```

【例 1-18】 试编制计算 $1^2+2^2+3^2+...+10^2$ 值的宏程序。

解： 使用循环指令编程如下：

```
……
#1=0                    （和赋初值）
#2=1                    （计数器赋初值）
WHILE [#2LE10] DO1      （计数器累加）
#1=#1+#2*#2             （求和）
#2=#2+1                 （计数器累加）
END1                    （循环结束）
……
```

如果使用条件转移指令编程，程序如下：

```
……
N10 #1=0               （和赋初值）
N20 #2=1               （计数器赋初值）
N30 #1=#1+#2*#2        （求和）
N40 #2=#2+1           （计数器累加）
N50 IF [#2LE10] GOTO30 （计数器累加）
……
```

两个程序中变量 #1 是存储运算结果的，#2 作为自变量。

【例 1-19】 试编制计算 $1.1^2+2.2^2+3.3^2+...+9.9^2$ 值的宏程序。

解： 编制计算该总和的程序如下。

```
……
#1=0                    （和赋初值）
```

```
#2=1.1                       （加数赋初值）
WHILE [#2LE9.9] DO1          （条件判断）
#1=#1+#2*#2                  （求和）
#2=#2+1.1                    （加数递增）
END1                         （循环结束）
......
```

【例1-20】 试编制计算 1.1×1.0+2.2×1.0+3.3×1.0+⋯+9.9×1.0+ 1.1×2.0+2.2×2.0+3.3×2.0+⋯+9.9×2.0+1.1×3.0+2.2×3.0+3.3×3.0+⋯+ 9.9×3.0 值的宏程序。

解： 本程序中要用到循环的嵌套，第一层循环控制变量 1.0、 2.0、3.0 的变化，第二层循环控制变量 1.1，2.2，3.3…9.9 的变化。

```
......
#1=0                         （和赋初值）
#2=1                         （乘数1赋初值）
#3=1                         （乘数2赋初值）
WHILE [#2LE3] DO1            （条件判断）
  WHILE[#3LE9]DO2            （条件判断）
  #1=#1+#2*[#3*1.1]          （求和）
  #3=#3+1                    （乘数2递增）
  END2                       （循环体2结束）
#3=1                         （乘数2重新赋值）
#2=#2+1                      （乘数1递增）
END1                         （循环体1结束）
......
```

程序中变量#1 是存储运算结果的，#2 作为第一层循环的自变 量，#3 作为第二层循环的自变量。

【例1-21】 高等数学中有一个著名的菲波那契数列1，2，3， 5，8，13，…，即数列的每一项都是前面两项的和，现在要求编程 找出小于 360 的最大的那一项的数值。

解： 编制程序如下。

```
......
#1=1                         （所求数值赋初值）
#2=2                         （运算结果赋初值）
WHILE [#2LE360] DO1          （条件判断）
#3=#2                        （运算结果转存）
#2=#2+#1                     （计算下一数值）
#1=#3                        （所求数值赋值）
END1                         （循环结束）
......
```

程序中使用了三个变量，#2 是存储运算结果的，#3 作为中间自变量，储存#2 运算前的数值并传递给#1，#1 和#2 依次变化，当#2 大于或等于 360 时，循环结束，这时变量#1 中的数值就是所求得最大的那一项的数值（为什么不是#2，读者自行考虑）。

【例 1-22】 在宏变量#500 ~ #505 中，事先设定常数值如下，要求编制从这些值中找出最大值并赋给变量#506 的宏程序。

```
#500=30
#501=60
#502=40
#503=80
#504=20
#505=50
```

解： 求最大值宏程序变量如表 1-20。

表 1-20　变量表

变量号	作用
#500~#505	事先设定常数值，用来进行比较
#506	存放最大值
#1	保存用于比较的变量号

编制求最大值的程序如下：

```
......
#1=500                              （变量号赋给#1）
#506=0                             （存储变量置 0）
WHILE [#1LE505] DO1                （条件判断）
IF [#[#1]GT#506] THEN #506=#[#1]   （大小比较并储存较大值）
#1=#1+1                            （变量号递增）
END1                              （循环结束）
......
```

1.6　宏程序的调用

1.6.1　宏程序调用概述

（1）宏程序的调用方法

一个数控子程序只能用 M98 来调用，但是 B 类宏程序的调用方法较数控子程序丰富得多。宏程序可用下列方法调用宏程序,调用方法大致可分为 2 类:宏程序调用和子程序调用。即使在 MDI 运行中,也同样可以调用程序。

① 宏程序调用

a. 简单调用（G65）;

b. 模态调用（G66、G67）;

c. 利用 G 代码（或称 G 指令）的宏程序调用;

d. 利用 M 代码的宏程序调用。

② 子程序调用

a. 利用 M 代码的子程序调用;

b. 利用 T 代码的子程序调用;

c. 利用特定代码的子程序调用。

（2）宏程序调用和子程序调用的差别

宏程序调用（G65/G66/G 指令/M 指令）与子程序调用（M98/M 指令/T 指令）具有如下差别:

① 宏程序调用可以指定一个自变量（传递给宏程序的数据）,而子程序没有这个功能。

② 当子程序调用段含有另一个 NC 指令（如:G01 X100.0 M98 Pp）时,则执行命令之后调用子程序,而宏程序调用的程序段中含有其他的 NC 指令时,会发生报警。

③ 当子程序调用段含有另一个 NC 指令（如:G01 X100.0 M98 Pp）时,在单程序段方式下机床停止,而使用宏程序调用时机床不停止。

④ 用 G65（G66）进行宏程序调用时局部变量的级别要改变,也就是说在不同的程序中数值可能不同,而子程序调用则不改变。

1.6.2 简单宏程序调用（G65）

用户宏程序以子程序方式出现时,所用的变量可在宏程序调用时赋值。当指定 G65 时,地址 P 所指定的用户宏程序被调用,自变量（数据）能传递到宏程序中。

（1）简单宏程序调用格式

指令格式：G65 P___ L___ <自变量表>；

各地址含义：P 为要调用的宏程序号；

L 为重复调用的次数（取值范围 1～9999，缺省值为 1，即当调用 1 次为 L1 时可以省略）；

自变量为传递给被调用程序的数值，通过使用自变量表，值被分配给相应的局部变量（赋值）。

例如，G65 P1060 X100.0 Y30.0 Z20.0 F100.0;该处的 X、Y、Z 不代表坐标字，F 也不代表进给字，而是对应于宏程序中的局部变量号，变量的具体数值由自变量后的数值决定。

（2）自变量使用

自变量与局部变量的对应关系有两类。第一类可以使用的字母只能使用一次，格式：A__B__C__……X__Y__Z__，各自变量与局部变量的对用关系如表 1-21。第二类可以使用 A、B、C（一次），也可以使用 I、J、K（最多十次），格式：A__B__C__I__J__K__I__J__K__……，如表 1-22。在实际使用程序中，I、J、K 的下标不用写出来。

表 1-21　自变量指定类型 I

地址	变量号	地址	变量号	地址	变量号
A	#1	E	#8	T	#20
B	#2	F	#9	U	#21
C	#3	H	#11	V	#22
I	#4	M	#13	W	#23
J	#5	Q	#17	X	#24
K	#6	R	#18	Y	#25
D	#7	S	#19	Z	#26

表 1-22　自变量指定类型 II

地址	变量号	地址	变量号	地址	变量号
A	#1	K3	#12	J7	#23
B	#2	I4	#13	K7	#24

续表

地址	变量号	地址	变量号	地址	变量号
C	#3	J4	#14	I8	#25
I1	#4	K4	#15	J8	#26
J1	#5	I5	#16	K8	#27
K1	#6	J5	#17	I9	#28
I2	#7	K5	#18	J9	#29
J2	#8	I6	#19	K9	#30
K2	#9	J6	#20	I10	#31
I3	#10	K6	#21	J10	#32
J3	#11	I7	#22	K10	#33

① 自变量地址

a. 地址 G、L、N、O、P 不能当作自变量使用。

b. 不需要的地址可以省略，与省略的地址相应的局部变量被置成空。

c. 地址不需要按字母顺序指定，但应符合字母地址的格式。I、J 和 K 需要按字母顺序指定。

例如，B__A__D__…J__K__正确

B__A__D__…J__I__不正确

② 格式　在自变量之前一定要指定 G65。

③ 自变量指定类型 I 和 II 混合使用　如果将两类自变量混合使用，自变量使用的类别系统自己会根据使用的字母自动确定属于哪类，最后指定的那一类优先。若相同变量对应的地址指令同时指定时，仅后面的地址有效。

提示：如果只用自变量赋值 I 进行赋值，由于地址和变量是一一对应的关系，混淆和出错的机会相当小，尽管只有 21 个英文字母可以给自变量赋值，但是毫不夸张地说，绝大多数编程工作再复杂也不会出现超过 21 个变量的情况。因此，建议在实际编程时使用自变量赋值 I 进行赋值。

④ 小数点　传递的不带小数点的自变量的单位与每个地址的最小输入增量一致，其值与机床的系统结构非常一致。为了程序的

兼容性，建议使用带小数点的自变量。

⑤ 调用嵌套 调用最多可以嵌套含有简单调用（G65）和模态调用（G66）的程序4级，但不包括子程序调用（M98）。

⑥ 局部变量的级别

表 1-23　局部变量的级别

主程序（0级）	宏程序（1级）	宏程序（2级）	宏程序（3级）	宏程序（4级）
O0001; … #1=1; G65 P2 A2; … M30;	O0002; … #1=2; G65 P2 A3; … M99;	O0003; … #1=3; G65 P4 A4; … M99;	O0004; … #1=4; G65 P5 A5; … M99;	O0005; … #1=5; … M99;

	（0级）		（1级）		（2级）		（3级）		（4级）	
局部变量	变量	值	变量	值	变量	值	变量	值	变量	值
	#1	1	#1	2	#1	3	#1	4	#1	5
	…	…	…	…	…	…	…	…	…	…
	#33	…	#33	…	#33	…	#33	…	#33	…
公共变量	公共变量（#100～#199，#500～#599）可以由宏程序在不同的级别上读写									

a. 局部变量可以嵌套0～4级，如表1-23。

b. 主程序的级数是0。

c. 用G65或G66每调用一次宏，局部变量的级数就增加一次。上一级局部变量的值保存在NC中。

d. 宏程序执行到M99时，控制返回到调用的程序。这时局部变量的级数减1，恢复宏调用时存储的局部变量值。

【例1-23】 执行如下程序段后，试确定对应宏程序中的局部变量分别为何数值。

```
N10 G65 P1061 A50.0 I40.0 J100.0 K0 I20.0 J10.0 K40.0
N20 G65 P1062 A50.0 X40.0 F100.0
N30 G65 P1063 A50.0 D40.0 I100.0 K0 I20.0
```

解：N10程序段采用自变量指定类型I给30号宏程序赋值，经赋值后#1=50.0，#4=40.0，#5=100.0，#6=0，#7=20.0，#8=10.0，

#9=40.0（注意：程序中第一次出现的"I"为I1，第二次出现的"I"为I2，依次类推）。

N20 程序段采用自变量指定类型 II 给 40 号宏程序赋值，经赋值后#1=50.0，#24=40.0，#9=100.0。

N30 程序段采用自变量指定类型 I 和类型 II 混合使用方式给 50 号宏程序赋值，经赋值后，D40.0 与 I20.0 同时分配给变量#7，则后一个#7 有效，所以变量#7=20.0，其余同上。

【例 1-24】 试采用简单宏程序调用指令编写一个计时器宏程序（功能相当于 G04）。

解： 宏程序调用指令为：

```
G65 P1064 T__                    [T 后数值为等待时间，单位毫秒（ms）]
```

宏程序：

```
O1064
#3001=0                          （初始设定，#3001 为时间信息系统变量）
WHILE [#3001LE#20] DO1           （等待规定时间）
END1
M99
```

1.6.3 模态宏程序调用（G66、G67）

G65 简单宏调用可方便地向被调用的宏程序传递数据，但是用它制作诸如固定循环之类的移动到坐标后才加工的程序就无能为力了。采用模态宏程序调用 G66 指令调用宏程序，那么在以后的含有轴移动命令的程序段执行之后，地址 P 所指定的宏程序被调用，直到发出 G67 命令，该方式被取消。

（1）模态宏程序调用指令格式

指令格式：

```
G66  P___  L___  <自变量指定>
...
G67
```

各地址含义：P 为要调用的宏程序号。

L 为重复调用的次数（缺省值为 1，取值范围 1～9999）。

自变量为传递给宏程序中的数据。与 G65 调用一样，通过使用自变量，值被分配给相应的局部变量。

G67 取消模态调用。

（2）模态宏程序调用注意事项

① G66 所在程序段进行宏程序调用，但是局部变量（自变量）已被设定，即 G66 程序段仅赋值。

② 一定要在自变量前指定 G66。

③ G66 和 G67 指令在同一程序中，需成对指定。若无 G66 指令，而有 G67 指令时，会导致程序错误。

④ 如果只有诸如 M 指令这样的辅助功能字，但无轴移动指令的程序段中不能调用宏程序。

⑤ 在一对 G66 和 G67 指令之间有轴移动指令的程序段中，先执行轴移动指令，然后才执行被调用的宏程序。

⑥ 最多可以嵌套含有简单调用（G65）和模态调用（G66）的程序 4 级（不包括子程序调用）。模态调用期间可重复嵌套 G66。

⑦ 局部变量（自变量）数据只能在 G66 程序段中设定，每次模态调用执行时不能在坐标地址中设定，例如下面几个程序段中的同一地址的含义不尽相同：

```
G66 P1070 A1.0 B2.0 X100.0  （X100.0 为自变量，用于将数值 100 赋
                             给局部变量#24）
G00 G90 X200.0              （X200.0 表示 X 坐标值为 200，移动到 X200
                             后调用 1070 号宏程序执行）
Y200.0                      （移动到 Y200 后调用 1070 号宏程序执行）
X150.0 Y300.0               （移动到 X150Y300 后调用 1070 号宏程序执
                             行）
G67                         （取消模态调用）
```

【例 1-25】 阅读如下孔加工程序，试判断其执行情况。

主程序部分程序段：

```
N1 G90 G54 G00 X0 Y0 Z20.0
N2 G91 G00 X-50.0 Y-50.0
N3 G66 P1071 R2.0 Z-10.0 F100
N4 X-50.0 Y-50.0
N5 X-50.0
N6 G67
```

宏程序:

```
O1071
N10 G00 Z#18          （进刀至 R 点）
N20 G01 Z#26 F#9      （钻孔加工）
N30 G00 Z[#18+10.0]   （退刀）
N40 M99
```

解: 程序执行情况示意如图 1-12 所示。

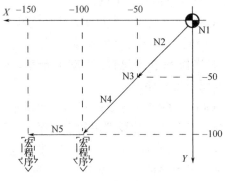

图 1-12 钻孔加工

【例 1-24】 仔细阅读如下程序,然后确定各程序段的执行顺序。

主程序部分程序段:

```
G66  P1072           （调用 O1072 宏程序）
G00  X10.0           （1-1）
  G66  P1073         （调用 O1073 宏程序）
  X15.0              （1-2）
  G67                （取消 O1073 宏程序调用）
G67                  （取消 O1072 宏程序调用）
X-25.0               （1-3）
```

宏程序 O1072:

```
O1072
Z50.0                （2-1）
M99
```

宏程序 O1073:

```
O1073
X60.0                （3-1）
Y70.0                （3-2）
M99
```

解：上述程序的执行顺序（省略不包含移动指令的程序段）为：

程序段 1-1→程序段 2-1→程序段 1-2→程序段 3-1→程序段 2-1
→程序段 3-2→程序段 2-1→程序段 1-3

注意：

① 程序段 3-1 执行后，继续调用宏程序 O1072 执行程序段 2-1，程序段 3-2 执行同样需要执行程序段 2-1。

② 程序段 1-3 之后不是宏程序调用方式，因此不能进行模态调用。

【例 1-25】 利用模态调用指令编制如图 1-13 所示切槽加工程序。

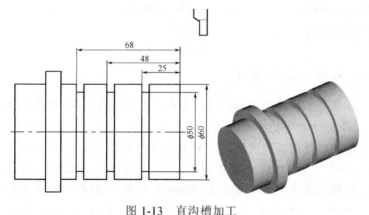

图 1-13　直沟槽加工

解：在任意位置切槽加工的 G66 调用格式：

```
G66 P1075 D____ X____ F____
```

自变量含义：

#7=D——外圆柱直径；
#24=X——槽底直径；
#9=F——切槽加工的切削速度；

主程序（调用宏程序的程序）：

```
O1074                    （主程序号）
T0101                    （换切槽刀）
G00 X100.0 Z200.0        （快进刀起刀点）
```

```
S500 M03                        （主轴启动）
G66 P1075 D60 X50 F0.08         （调用宏程序,通过变量 D 和 X 赋值外圆柱直径
                                  60mm、槽底直径 50mm 和切削速度 0.08mm/r
                                  给宏程序）
G00 X64.0 Z-25.0                （进刀至 X64.0Z-25.0 处后,调用宏程序加工
                                  第 1 槽）
Z-48.0                          （进刀至 X64.0Z-48.0 处后,调用宏程序加工
                                  第 2 槽）
Z-68.0                          （进刀至 X64.0Z-68.0 处后,调用宏程序加工
                                  第 3 槽）
G67                             （取消宏程序调用功能）
G00 X100.0 Z200.0 M05           （返回起刀点,主轴停止）
M30                             （程序结束）

   宏程序:

O1075                           （宏程序号）
G01 X#24 F#9                    （切削加工至槽底部）
G04 X2.0                        （暂停进给 2s）
G00 D[#7+4]]                    （退刀）
M99                             （返回主程序）
```

1.6.4 G 指令宏程序调用

G 指令宏程序调用也可以称为自定义 G 指令调用,使用系统提供的 G 指令调用功能可以将宏程序调用设计成自定义的 G 指令形式(也可以使用其他代码,如 M 代码或 T 代码调用)。在相应参数(No.6050～No.6059)中设置调用宏程序(O9010～O9019)的 G 指令(G 指令号从 1～9999),然后按简单宏程序调用(G65)同样的方法调用宏程序。例如要将某一宏程序定义为 G93 指令执行的固定循环,先将宏程序名改为表 1-40 中的一个,如 O9010,再将对应参数 6050 中的值改为"93"即可。

① 参数号和程序号之间的对应关系　系统用参数对应以特定的程序号命名的宏程序,参数号和程序号之间的对应关系如表 1-24 所示。

表 1-24　参数号和程序号之间的对应关系

程序号	O9010	O9011	O9012	O9013	O9014	O9015	O9016	O9017	O9018	O9019
参数号	6050	6051	6052	6053	6054	6055	6056	6057	6058	6059

② 重复调用　与简单宏程序调用一样，地址 L 中指定从 1～ 9999 的重复次数。

③ 自变量指定　与简单宏程序调用一样，可以使用两种自变量指定类型，并可根据使用的地址自动决定自变量的指定类型。

④ 使用 G 指令的宏程序调用嵌套　在 G 指令调用的程序中，不能用 G 指令调用宏程序，这种程序中的 G 指令被处理为普通 G 指令。在用 M 或 T 指令调用的子程序中，不能用 G 指令调用宏程序，这种程序中的 G 指令也处理为普通 G 指令。

【例 1-28】　O9010 宏程序如下，如何实现用 G81 调用该程序，并对宏程序赋值？

宏程序：

```
O9010
……
N9 M99
```

解：通过设置参数 No.6050=81，则可由 G81 调用宏程序 O9010，而不再需要像 G65 或 G66 指令宏程序中指定 "P9010"。参数设置好后若执行 "G81 X10.0 Y20.0 Z-10.0" 程序段就可以实现用 G81 调用 O9010 程序，并对该宏程序赋值（该宏程序调用指令中 "X10.0Y20.0Z-10.0" 与 G65 简单宏程序调用用法一致，均为自变量赋值）。

【例 1-29】　阅读如下类似 G04 暂停的程序：

G65 调用指令：

```
G65 P1080 T35.0          （指令暂停 35s）
```

宏程序：

```
O1080
#3001=0                  （计时器置 0）
WHILE [#3001LE#20] DO1   （当#3001 小于等于#20 时执行循环）
END1                     （循环结束）
M99
```

若要求将上述 G65 调用宏程序的指令改写为用 G04 指令调用宏程序，请问宏程序号需要更改吗、参数如何设置、调用宏程序的

G04 指令格式如何?

解: 需要更改宏程序号,如改为 O9010;把 6050 参数值改为 4;调用指令为 "G04 T35.0"。编制宏程序如下:

```
O9010
#3001=0
WHILE [#3001LE#20] DO1
END1
M99
```

1.6.5　M 指令宏程序调用

(1) M 指令宏程序调用方法

用 M 代码调用宏程序属于 M 指令的扩充应用。在参数中设置调用宏程序的 M 代码,即可按非模态调用(G65)同样的方法调用宏程序。

在参数(No.6080~No.6089)中设置调用用户宏程序(O9020~O9029)的 M 代码号(1~99999999),调用用户宏程序的方法与 G65 相同。参数号和程序号之间的对应关系见表 1-25,参数(No.6080~No.6089)对应用户宏程序(O9020~O9029),一共可以设计 10 个自定义的 M 指令。

表 1-25　参数号与程序号之间的对应关系

程序号	O9020	O9021	O9022	O9023	O9024	O9025	O9026	O9027	O9028	O9029
参数号	6080	6081	6082	6083	6084	6085	6086	6087	6088	6089

例如,设置参数 No.6080=50,M50 就是一个新功能的 M 指令,由 M50 调用宏程序 O9020,就可以调用由用户宏程序编制的特殊加工循环,比如执行程序段 "M50A1.0B2.0" 将调用宏程序 O9020,并用 A1.0 和 B2.0 分别赋值给宏程序中的#1 和#2。如果设置 No.6080=23,则 M23 就是调用宏程序 O9020 的特殊指令,相当于 G65 P9020。

(2) M 指令调用宏程序的注意事项:

① 有些系统支持的 M 代码最大为 M99,设置参数 6080~6089

时，其数值不要超过 99，否则会引起系统报警。

② 与非模态 G65 指令调用一样，自定义的 M 指令（如 M23）中地址 L 中指定从 1 到 9999 的重复调用次数。

③ 与非模态 G65 指令调用一样，自定义的 M 指令（如 M23）中自变量指定规则相同。

④ 调用宏程序的 M 代码必须在程序段的开头指定。

⑤ 用 G 代码调用的宏程序或用 M 代码或 T 代码调用的子程序中，不能用 M 代码调用宏程序。这种宏程序或子程序中的 M 代码被处理为普通 M 代码。

1.6.6　M 指令子程序调用

（1）M 指令子程序调用方法

子程序的调用指令是 M98 P__ L__，P 后数值代表被调用子程序的名称，L 后数值代表调用子程序的次数。利用宏程序功能，能使更多的 M 指令能像 M98 指令一样调用子程序。

在参数（No.6071～No.6079）中设置调用子程序的 M 代码号（从 1～99999999），相应的用户宏程序（O9001～O9009）按照与 M98 相同的方法调用，如表 1-26 所示。参数（No.6071～No.6079）对应调用宏程序（O9001～O9009），一共可以设计 9 个自定义的 M 指令。

表 1-26　参数号与程序号的对应关系

参数号	6071	6072	6073	6074	6075	6076	6077	6078	6079
程序号	O9001	O9002	O9003	O9004	O9005	O9006	O9007	O9008	O9009

例如，设置参数 No.6071=03，M03 就是一个新功能的 M 指令，由 M03 调用子程序 O9001。如果设置参数 No.6071=89，则 M89 就是调用子程序 O9001 的特殊指令，相当于 M98 P9001。

（2）M 指令子程序调用注意事项

① 有些系统支持的 M 代码最大为 M99，设置参数 No.6071～6079 时，其数值不要超过 99，否则会引起系统报警。

② 与 M98 指令调用子程序一样，自定义的 M 指令（如 M89）中地址 L 中指定从 1～9999 的重复调用次数。

③ 特别注意：自定义的 M 指令（如 M89）调用子程序时不允许指定自变量。

④ 用 G 代码调用的宏程序或用 M 代码或 T 代码调用的子程序中，不能用 M 代码调用宏程序。这种宏程序或子程序中的 M 代码被处理为普通 M 代码。

第2章
华中宏程序基础

2.1 变量

（1）变量的定义

值不发生改变的量称为常量，如"G01 X100 Y200 F300"程序段中的"100"、"200"、"300"就是常量（常数），而数值可变的量称为变量，在宏程序中使用变量来代替地址后面的具体数值，如"G01 X[#4] Y[#5] F[#6]"程序段中的"#4"、"#5"、"#6"就是变量。变量可以在程序中对其进行赋值。变量的使用可以使宏程序具有通用性，并且在宏程序中可以使用多个变量，彼此之间用变量号码进行识别。

（2）变量的表示形式

变量的表示形式为：#*i*，其中，"#"为变量符号，"*i*"为变量号，变量号可用 1、2、3 等 1～4 位数字表示，也可以用表达式来指定变量号，但其表达式必须全部写入方括号"[]"中，例如#1和#[#1+#2+10]均表示变量，当变量#1=10，变量#2=100 时，变量#[#1+#2+10]表示#120。

表达式是指用方括号"[]"括起来的变量与运算符的结果。表达式有算术表达式和条件表达式两种。算术表达式是使用变量、算术运算符或者函数来确定的一个数值，如[10+20]、[#10*#30]、[#10+42]和[1+SIN[30*PI/180]]都是算术表达式，它们的结果均为一个具体的数值。条件表达式的结果是零（假）（FALSE）或者任何非零值（真）（TRUE），如[10GT5]表示一个"10 大于 5"的条件表达式，其结果为真。

（3）**变量的引用**

将跟随在地址符后的数值用变量来代替的过程称为引用变量。同样，引用变量也可以采用表达式。在程序中引用（使用）变量时，其格式为在指令字地址后面跟变量号。无论是用数字还是用表达式表示变量号时，变量均应包含在一对方括号内，如："G01 X[#1+#2] F[#3]"。

变量可以用来代替程序中的数据，如尺寸、刀补号、G 指令编号……变量的使用，给程序的设计带来了极大的灵活性。

使用变量前，变量必须带有正确的值。如：

```
#1=25              （#1 的初始值为 25）
G01 X[#1]          （表示 G01 X25）
#1=-10             （运行过程中可以随时改变#1 的值）
G01 X[#1]          （表示 G01 X-10）
```

用变量不仅可以表示坐标，还可以表示 G、M、F、D、H、M、X、Y……各种代码后的数字。如：

```
#2=3               （#2 赋值）
G[#2] X30          （表示 G03 X30）
```

变量引用的注意事项：

① 要使被引用的变量值反号，在"#"前加前缀"-"即可，如："G00 X[-#1]"。

② 当引用未定义（赋值）的变量时，这样的变量称为"空"变量，其值为"0"，如：#1=0，#2="空"（未赋值），执行程序段"G00 X[#1] Y[#2]"的结果为"G00 X0 Y0"。

③ 变量引用有限制，变量不能用于程序号"O"、程序段号"N"、任选段跳跃号"/"，例如如下变量使用形式均是错误的。

```
O[#1]
/[#2] G00 X100
N[#3] Y200
```

（4）**变量的赋值**

把一个常数或表达式的值赋给一个宏变量称为赋值。变量的赋值方式有直接赋值和自变量赋值两种。

① 直接赋值 变量可以在操作面板上用 MDI 方式直接赋值，也可在程序中以等式方式赋值，但等号左边不能用表达式。变量的直接赋值种类及格式如表 2-1 所示。

表 2-1 变量的直接赋值种类及格式

种类	格式
常量赋值	#i=（具体数值）
变量赋值	#i=#j 或#i=（表达式）

例如，"#1=100"中"#1"表示变量，"="表示赋值符号，起语句定义作用，"100"就是给变量#1 赋的值。

"#100=30+20"中将表达式"30+20"赋值给变量#100，即#100=50。

直接赋值相关注意事项：

a. 赋值符号（=）两边内容不能随意互换，左边只能是变量，右边可以是数值、表达式或者变量。

b. 一个赋值语句只能给一个变量赋值。

c. 可以多次给一个变量赋值，但新的变量值将取代旧的变量值，即最后赋的值有效。

d. 赋值语句在其形式为"变量=表达式"时具有运算功能。在运算中，表达式可以是数值之间的四则运算，也可以是变量自身与其他数据的运算结果，如："#1=#1+1"表示新的#1 的值等于原来的#1 的值加 1，这点与数学等式是不同的。

需要强调的是："#1=#1+1"形式的表达式可以说是宏程序运行的"原动力"，任何宏程序几乎都离不开这种类型的赋值运算，而它偏偏与人们头脑中根深蒂固的数学上的等式概念严重偏离，因此对于初学者往往造成很大的困扰，但是如果对计算机编程语言（例如C 语言）有一定了解的话，对此应该更易理解。

e. 赋值表达式的运算顺序与数学运算的顺序相同。

② 自变量赋值 宏程序以子程序方式出现时，所用的变量可

在宏程序调用时赋值。例如，程序段 "M98 P1020 X100 Y30 Z20 F100"，该处的 X、Y、Z 不代表坐标字，F 也不代表进给字，而是对应于宏程序中的局部变量号，变量的具体数值由自变量后的数值决定。

（5）变量的类型

① 局部变量 #0～#49 变量是局部变量。局部变量的作用范围是当前程序（在同一个程序号内），如果在主程序或不同子程序里出现了相同名称（变量号）的变量，它们不会相互干扰，值也可以不同。

例如，

```
%100              （主程序号）
#3=30             （主程序中#3 为 30）
M98 P101          （进入子程序后#3 不受影响）
#4=#3             （#3 仍为 30，所以#4=30）
M30               （主程序结束）
%101              （宏子程序号）
#4=#3             （这里的#3 不是主程序中的#3，由于#3 在子程序内没有定义，
                    所以#3=0，则#4=0）
#3=18             （这里使#3 的值为 18，不会影响主程序中的#3）
M99               （子程序结束）
```

② 全局变量 编号#50～#199 的变量是全局变量（注：其中 #100～#199 也是刀补变量）。全局变量的作用范围是整个零件程序，不管是主程序还是子程序，只要名称（变量号）相同就是同一个变量，带有相同的值，在某个地方修改它的值，所有其他地方都受影响。

例如，

```
%100              （主程序号）
#50=30            （先使#50 的值为 30）
M98 P101          （进入子程序）
#4=#50            （#50 变为 18，所以#4=18）
M30               （程序结束）
%101              （宏子程序号）
#4=#50            （#50 的值在子程序里也有效，所以#4=30）
#50=18            （这里使#50=18，然后返回）
M99               （子程序结束）
```

如果只有全局变量，由于变量名不能重复，就可能造成变量名不够用；全局变量在任何地方都可以改变它的值，这是它的优点，也是它的缺点。说是优点，是因为参数传递很方便；说是缺点，是因为当一个程序较复杂的时候，一不小心就可能在某个地方用了相同的变量名或者改变了它的值，造成程序混乱。局部变量的使用，解决了同名变量冲突的问题，编写子程序时，不需要考虑其他地方是否用过某个变量名。

在一般情况下，应优先考虑选用局部变量。局部变量在不同的子程序里，可以重复使用，不会互相干扰。如果一个数据在主程序和子程序里都要用到，就要考虑用全局变量。用全局变量来保存数据，可以在不同子程序间传递、共享和反复利用。

变量#100～#199可以作为刀补变量，这些变量里存放的数据可以作为刀具半径或长度补偿值来使用。例如，

```
#100=8          （将8赋给#100）
G41 D100        （D100就是指加载#100的值8作为刀具半径补偿值）
```

注意上面的程序中，如果把D100写成了D[#100]，则相当于D8，即调用8号刀补，而不再是刀具半径补偿值为"8"。

③ 系统变量 #300以上的变量是系统变量。系统变量是具有特殊意义的变量，它们是数控系统内部定义的，不允许改变它们的用途。有时候需要判断系统的某个状态，以便程序作相应的处理，就要用到系统变量。系统变量是全局变量，使用时可以直接调用。

变量#0～#599是可读写的，#600以上的变量是只读的，不能直接修改。

系统变量中#300～#599是子程序局部变量缓存区。这些变量在一般情况下，不用关心它的存在，也不推荐使用它们。要注意同一个子程序，被调用的层级不同时，对应的系统变量也是不同的，#600～#899是与刀具相关系统变量，#1000～#1039是坐标相关系统变量，#1040～#1143是参考点相关系统变量，#1144～#1194是系统状态相关系统变量。

④ 宏常量 PI表示圆周率，TRUE 条件成立（真），FALSE 条

件不成立（假）。

【例 2-1】 下面是一个使用了变量的宏子程序。

```
%1000              （主程序号）
#50=20             （先给变量赋值）
M98 P1001          （然后调用子程序）
#50=350            （重新赋值）
M98 P1001          （再调用子程序）
M30                （主程序结束）
%1001              （宏子程序号）
G91 G01 X[#50]     （同样一段程序，#50 的值不同，X 移动的距离就不同）
M99                （子程序结束并返回主程序）
```

2.2 算术和逻辑运算

表 2-2 列出的算术和逻辑运算可以在变量中执行。运算符右边的表达式可用常量或变量与函数或运算符组合表示。表达式中的变量#j 和#k 可用常量替换，也可用表达式替换。

表 2-2 算术和逻辑运算

类型	功能	符号	格式
变量赋值	常量赋值	=	#i=（具体数值）
	变量赋值	=	#i=#j
算术运算	加	+	#j+#k
	减	−	#j-#k
	乘	*	#j*#k
	除	/	#j/#k
函数运算	正弦	SIN	SIN[#j]
	余弦	COS	COS[#j]
	正切	TAN	TAN[#j]
	反正切	ATAN	ATAN[#j]
	平方根	SQRT	SQRT[#j]
	绝对值	ABS	ABS[#j]
	取整	INT	INT[#j]
	指数	EXP	EXP[#j]
	取符号	SIGN	SIGN[#j]

类型	功能	符号	格式
条件运算	等于 不等于 大于 小于 大于等于 小于等于	EQ NE GT LT GE LE	#j EQ #k #j NE #k #j GT #k #j LT #k #j GE #k #j LE #k
逻辑运算	且 或 非	AND OR NOT	#j AND #k #j OR #k #j NOT #k

（1）赋值运算

赋值运算中，右边的表达式可以是常数或变量，也可以是一个含四则混合运算的代数式。

（2）三角函数

三角函数"SIN[#j]"、"COS[#j]"、"TAN[#j]"中的"#j"是角度，单位为弧度，如 90°30′换算成弧度表示为"90.5*PI/180"，30°18′表示成"30.3*PI/180"。

在反正切函数"ATAN[#j]"的运算结果为度，其运算结果范围为-90°～90°。

（3）取整函数

取整函数"INT"采用去尾取整，并非"四舍五入"。

（4）取符号函数

取符号函数"SIGN[#j]"中"#j"的值为正数时返回结果为"1"，为 0 时返回"0"，为负数时返回"-1"。

（5）条件运算

条件运算符用在程序流程控制 IF 和 WHILE 的条件表达式中，作为判断两个表达式大小关系的连接符。条件表达式必须包括条件运算符，条件表达式即条件运算的结果是零（假）（FALSE）或者任何非零值（真）（TRUE），如[10GT5]表示一个"10 大于 5"的条件表达式，其结果为真即条件成立。

（6）逻辑运算

在 IF 或 WHILE 语句中，如果有多个条件，用逻辑运算符来连接多个条件。

AND（且）需要多个条件同时成立条件才算成立，OR（或）多个条件中只要有一个成立即可，NOT （非）表示取反，可理解为"如果不是"。例如，"#1 LT 50 AND #1GT 20"表示"[#1<50]且[#1>20]"，"#3 EQ 8 OR #4 LE 10"表示"[#3=8]或者[#4≤10]"。

有多个逻辑运算符时，可以用方括号来表示结合顺序，如："NOT[#1 LT 50 AND #1GT 20]"表示"如果不是[#1<50]且[#1>20]"。更复杂的例子，如"[#1 LT 50] AND [#2GT 20 OR #3 EQ 8] AND [#4 LE 10]"。

（7）运算的优先顺序

运算的先后次序为：①方括号"[]"；②函数运算；③乘除运算；④加减运算；⑤条件运算；⑥逻辑运算。

其他运算遵循相关数学运算法则。

【例2-2】　构造一个计算器用于计算 SIN30° 数值的宏程序。

解：计算 SIN30° 的数值需要用到正弦函数，编制宏程序如下。

```
……
T0101 M03 S500          （主轴正转）
#1=SIN[30*PI/180]       （计算 SIN30° 的数值并保存在#1 中）
G00 X[#1]               （移动刀具到计算值位置，记录 SIN30° 的值）
……
```

计算器宏程序虽然短小，但却涵盖了宏程序编制的基本过程：

① 程序逻辑过程构思。

② 数学基础知识的融合与运用。

③ 编程规则及指令的使用技巧。

④ 变量的种类及使用技巧等。

编制计算器宏程序可以作为学习宏程序中函数运算功能的基本练习内容，让读者初步了解宏程序变量的运用以及函数运算的基本特点，有效地激发编程人员对宏程序的兴趣，为复杂的宏程序分析与编制打下一个良好的基础。

【例 2-3】 试编制一个计算一元二次方程 $4x^2 + 5x + 2 = 0$ 的两个根 x_1 和 x_2 值的计算器宏程序。

解：一元二次方程 $ax^2 + bx + c = 0$ 的两个根 x_1 和 x_2 的值为

$$x = \frac{-b \pm \sqrt{b^2 - 4ac}}{2a}$$

编程如下：

```
......
T0101 M03 S500              （主轴正转）
#1=SQRT[5*5-4*4*2]          （计算公式中的 √(b²-4ac) ）
#21=[-5+#1]/[2*4]           （计算根 x₁）
G00 X[#21]                  （刀具移动到根 x₁ 的计算值位置）
M00                         （程序暂停以便记录根 x₁ 的结果）
#21=[-5-#1]/[2*4]           （计算根 x₂）
G00 X[#21]                  （刀具移动到根 x₂ 的计算值位置）
......
```

从程序中可以看出，宏程序计算复杂公式要方便得多，可以计算多个结果，并逐个显示。如果有个别计算结果记不清楚，还可以重新运算一遍并显示结果。

2.3 程序流程控制

程序流程控制形式有多种，都是通过判断某个"条件"是否成立来决定程序走向的。所谓"条件"通常是对变量或变量表达式的值进行大小判断的式子，称为条件表达式。华中数控系统有"IF…ENDIF"和"WHILE…ENDW"两种流程控制命令。

（1）条件分支指令（IF 语句）

需要选择性地执行程序就要用 IF 语句，其指令格式有如下两种。

指令格式 1：（条件成立则执行）

`IF 条件表达式`

条件成立执行的语句组

```
ENDIF
```

该指令格式的作用是条件成立时执行 IF 与 ENDIF 之间的程序，不成立就跳过。其中"IF"和"ENDIF"称为关键词，IF 为开始标识，ENDIF 为结束标识，不区分大小写。

例如，

```
IF #1EQ10            （如果#1=10）
  M99                （若条件成立则执行本程序段，子程返回）
ENDIF                （若条件不成立则跳到此句后面）
```

又例如，

```
IF #1LT10 AND #1GT0   （如果#1 小于 10 且#1 大于 0）
  G01 X20             （若条件成立则执行直线插补）
  Z15                 （继续执行）
ENDIF                 （若条件不成立则跳到此句后面）
```

指令格式 2：（二选一，选择执行）

```
IF 条件表达式
```

条件成立执行的语句组

```
ELSE
```

条件不成立执行的语句组

```
ENDIF
```

例如，

```
IF #51LT20           （条件判断，如果#51 小于 20）
  G91 G01 X10 F250   （若条件成立则执行本程序段）
ELSE                 （否则，即条件不成立）
  G91 G01 X35 F200   （若条件不成立则执行本程序段）
ENDIF                （条件结束）
```

该指令格式的作用是条件成立则执行 IF 与 ELSE 之间的程序，不成立就执行 ELSE 与 ENDIF 之间的程序。

IF 语句的执行流程如图 2-1（a）、（b）所示。

（2）条件循环指令（WHILE 语句）

指令格式：

```
WHILE 条件表达式
```

条件成立循环执行的语句

ENDW

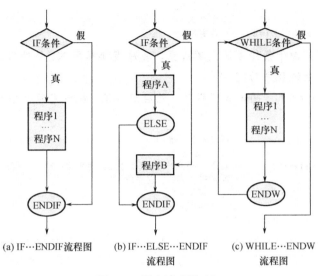

(a) IF⋯ENDIF流程图   (b) IF⋯ELSE⋯ENDIF   (c) WHILE⋯ENDW
                        流程图   流程图

图 2-1   程序流程控制

条件循环指令用于指令条件成立时执行 WHILE 与 ENDW 之间的程序，然后返回到 WHILE 再次判断条件，直到条件不成立才跳到 ENDW 后面。WHILE 语句的执行流程如图 2-1（c）所示。

例如，

```
#2=30            （#2 赋初值）
WHILE #2GT0      （如果#2 大于 0）
  G91 G01 X10    （条件成立就执行）
  #2=#2-3        （修改变量#2 的值）
ENDW             （返回）
G90 G00 Z50      （当条件不成立时跳到本程序段开始执行）
```

WHILE 语句中必须有修改条件变量值的语句，使得循环若干次后条件变为"不成立"而退出循环，否则就会成为死循环。

【例 2-4】   阅读如下程序，然后回答程序执行完毕后#2 的值为多少。

```
#1=5            （将 5 赋值给#1）
```

```
#2=0                    （#2 赋初值）
IF #1EQ0                （如果#1的值等于0则继续执行下一程序段,否则直接转
                          向N1程序段）
#2=1                    （将1赋给#2）
ENDIF                   （条件结束）
N1 G00 X100 Z[#2]       （刀具定位）
```

解： 由于条件表达式不成立，程序直接转向 N1 程序段，所以执行完上述程序后#2=0。

【例2-5】 阅读如下程序，然后回答程序执行完毕后#2的值为多少。

```
#1=5                    （将5赋值给#1）
#2=0                    （#2 赋初值）
IF [#1*2]EQ10           （如果"#1*2"的值等于10则继续执行下一程序段,否
                          则直接转向N1程序段）
#2=1                    （将1赋给#2）
ENDIF                   （条件结束）
N1 G00 X100 Z[#2]       （刀具定位）
```

解： 由于#1*2=10，条件表达式成立，所以执行完上述程序后#2=1。

【例2-6】 运用条件循环指令编写求 1~10 各整数总和的宏程序。

解： 求 1~10 各整数总和的编程思路（算法）主要有两种，分析如下。

① 最原始方法

步骤 1：先求 1+2，得到结果 3。

步骤 2：将步骤 1 得到的和 3 再加 3，得到结果 6。

步骤 3：将步骤 2 得到的和 6 再加 4，得到结果 10。

步骤 4：依次将前一步计算得到的和加上加数，直到加到 10 即得最终结果。

这种算法虽然正确，但太繁琐。

② 改进后的编程思路

步骤 1：使变量#1=0。

步骤 2：使变量#2=1。

步骤 3：计算#1+#2，和仍然储存在变量#1 中，可表示为"#1=

#1+#2"。

步骤 4：使#2 的值加 1，即 "#2=#2+1"。

步骤 5：如果#2≤10，返回重新执行步骤 3 以及其后的步骤 4 和步骤 5，否则结束执行。

利用改进后的编程思路，求 1～100 各整数总和时，只需将步骤 5 中的#2≤10 改成#2≤100 即可。

如果求 1×3×5×7×9×11 的乘积，编程也只需做很少的改动。

步骤 1：使变量#1=1。

步骤 2：使变量#2=3。

步骤 3：计算#1×#2，表示为 "#1=#1*#2"。

步骤 4：使#2 的值加 2，即 "#2=#2+2"。

步骤 5：如果#2≤11，返回重新执行步骤 3 以及其后的步骤 4 和步骤 5，否则结束执行。

该编程思路不仅正确，而且是计算机较好的算法，因为计算机是高速运算的自动机器，实现循环轻而易举。采用该编程思路编程如下。

```
……
#1=0                  （存储和的变量赋初值 0）
#2=1                  （计数器赋初值 1，从 1 开始）
WHILE #2LE10          （如果计数器值小于或等于 10 执行循环）
  #1=#1+#2            （求和）
  #2=#2+1            （计数器加 1，即求下一个被加的数）
ENDW                  （结束循环）
……
```

【例 2-7】 试编制计算数值 $1^2+2^2+3^2+...+10^2$ 的总和的程序。

解： 使用循环指令编程如下：

```
……
#1=0                  （和赋初值）
#2=1                  （计数器赋初值）
WHILE #2LE10          （循环条件判断，#2 小于等于 10 时执行循环）
  #1=#1+#2*#2        （求和）
  #2=#2+1            （计数器累加）
ENDW                  （循环结束）
……
```

程序中变量#1是存储运算结果的,#2作为自变量。

【例2-8】 在宏变量#500~#505中,事先设定常数值如下:#500=30;#501=60;#502=40;#503=80;#504=20;#505=50。要求编制从这些值中找出最大值并赋给变量#506的程序。

解:求最大值宏程序变量如表2-3。

表2-3 变量表

变量号	作用
#500~#505	事先设定常数值,用来进行比较
#506	存放最大值
#1	保存用于比较的变量号

编制求最大值的程序如下:

```
……
#1=500                  (变量号赋给#1)
#506=0                  (存储变量置0)
WHILE #1LE505           (条件判断)
  IF #[#1]GT#506        (大小比较)
  #506=#[#1]            (储存较大值在变量#506中)
  ENDIF                 (条件结束)
  #1=#1+1               (变量号递增)
ENDW                    (循环结束)
……
```

【例2-9】 若#1=32,请问执行如下3个程序段后#2的值为多少?若#1=30.1呢?若#1=20呢?

```
……
IF #1GT30               (当#1大于30时)
#2=0.1                  (#2=0.1)
ENDIF                   (条件结束)
IF #1GT30.2             (当#1大于30.2时)
#2=0.5                  (#2=0.5)
ENDIF                   (条件结束)
IF #1GT31               (当#1大于31时)
#2=1.5                  (#2=1.5)
ENDIF                   (条件结束)
……
```

解:当#1=32时#2=1.5,当#1=30.1时#2=0.1,当#1=20时#2为0(没有赋值)。

【例 2-10】　任意给定一个 5 位以内的数，要求在宏程序中自动判断并用变量分别表示出其个位、十位、百位、千位和万位的具体数值。

解：将任意 5 位以内的数值赋给变量#20，通过宏程序自动判断其各位数上的值并分别用#1 ~ #5 来表示从万位到个位上的具体数值。

```
……
#20=123                    （任意 5 位以内数值赋值）
#1=0                       （万位数赋初值）
#2=0                       （千位数赋初值）
#3=0                       （百位数赋初值）
#4=0                       （十位数赋初值）
#5=0                       （个位数赋初值）
#10=0                      （计数器置零）
WHILE #10LT#20             （确定各位数值循环）
  IF #1EQ10                （如果个位数满 10）
  #1=0                     （个位置零）
  #2=#2+1                  （十位递增 1）
  ENDIF                    （条件结束）
  IF #2EQ10                （如果十位数满 10）
  #2=0                     （十位置 0）
  #3=#3+1                  （百位递增 1）
  ENDIF                    （条件结束）
  IF #3EQ10                （如果百位数满 10）
  #3=0                     （百位置 0）
  #4=#4+1                  （千位递增 1）
  ENDIF                    （条件结束）
  IF #4EQ10                （如果千位数满 10）
  #4=0                     （千位置 0）
  #5=#5+1                  （万位递增 1）
  ENDIF                    （条件结束）
  #1=#1+1                  （个位递增）
  #10=#10+1                （计数器递增）
ENDW                       （循环结束）
……
```

上述程序采用从 "0" 依次数到给定数值的方法编程，虽然程序正确但执行时间较长，下面是改进后的宏程序。

```
……
#20=123                    （任意 5 位以内数值赋值）
#1=INT[#20/10000]          （万位数值计算）
#2=INT[[#20-10000*#1]/1000]  （千位数值计算）
```

```
#3=INT[[#20-10000*#1-1000*#2]/100]        (百位数值计算)
#4=INT[[#20-10000*#1-1000*#2-#100*#3]/10]  (十位数值计算)
#5=#20-10000*#1-1000*#2-100*#3-10*#4       (个位数值计算)
……
```

2.4 子程序及参数传递

（1）普通子程序

普通子程序指没有宏变量的子程序，程序中各种加工的数据是固定的，子程序编好后，子程序的工作流程就固定了，程序内部的数据不能在调用时"动态"地改变，只能通过"镜像"、"旋转"、"缩放"、"平移"来有限地改变子程序的用途。

例如：

```
%4001              (子程序号)
G01 X80 F100       (直线插补，数据固定不变)
M99                (子程序结束)
```

子程序中数据固定，普通子程序的效能有限。

（2）宏子程序

宏子程序可以包含变量，不但可以反复调用简化代码，而且通过改变变量的值就能实现加工数据的灵活变化或改变程序的流程，实现复杂的加工过程处理。

例如，

```
%4002              (宏程序号)
G01 Z[#1] F[#50]   (Z 坐标是变量；进给速度也是变量，可通过不同赋
                    值适应粗、精加工)
M99                (宏子程序结束)
```

例如，对圆弧往复切削时，需要圆弧插补指令 G02、G03 交替使用，下面程序用变量#51 来改变程序流程，自动选择圆弧插补指令。

```
%4003              (宏子程序号)
IF #51GE1          (条件判断)
G02 X[#50] R[#50]  (条件满足执行 G02)
ELSE               (否则)
```

```
G03 X[-#50] R[#50]      (条件不满足执行 G03)
ENDIF                   (条件结束)
#51=#51*[-1]            (改变条件, 为下次做准备)
M99                     (宏子程序结束)
```

　　子程序中的变量, 如果不是在子程序内部赋值的, 则在调用时就必须要给变量一个值, 这就是参数传递, 变量类型不同, 传值的方法也不同。

(3) 全局变量传参数

　　如果子程序中用的变量是全局变量, 调用子程序前, 先给变量赋值, 再调用子程序。

　　例如,

```
%4004                   (程序号)
#51=40                  (赋值给#51, #51 为全局变量)
M98 P4005               (进入子程序后#51 的值是 40)
#51=25                  (第二次给#51 赋值)
M98 P4005               (再次调用子程序, 进入子程序后#51 的值是 25)
M30                     (程序结束)
%4005                   (宏子程序号)
G91 G01 X[#51] F150     (#51 的值由主程序决定)
M99                     (宏子程序结束)
```

(4) 局部变量传参数

　　下面是局部变量传参数的示例。

```
%4006                   (程序号)
N1 #1=40                (局部变量#1 赋值)
N2 M98 P4007            (主程序中#1 的值对子程序中的#1 无影响)
M30                     (程序结束)
%4007                   (宏子程序)
N4 G91 G01 X[#1]        (子程序中用的是局部变量#1)
M99                     (宏子程序结束)
```

　　主程序中 N1 行的#1 与子程序中 N4 行的#1 不是同一个变量, 子程序不会接收到 40 这个值。对于这样的问题是通过局部变量的参数传递来实现的, 具体是在宏调用指令后面添加参数的方法来传递的。例如上面的程序中, 把 N1 行去掉, 把 N2 行改成如下形式即可:

```
N2 M98 P4007 B40        (调用子程序, 并给子程序中的#1 赋值)
```

比较一下，可发现 N2 程序段中多了个 B40，其中 B 代表#1，紧跟的数字 40 代表#1 的值是 40。这样就把参数 40 传给了子程序 4007 中的#1。

更一般地，我们用 G65 指令来调用宏子程序（称宏调用）。G65 指令是专门用来进行宏子程序调用的，但在华中数控系统里面，G65 和 M98 功能相同，可以互换。

宏子程序调用指令 G65 的格式：

```
G65 P__ L__ A__ B__ … Z__
```

其中，P 为调用的子程序号，L 为调用次数，A～Z 是参数，每个字母与一个局部变量号对应。A 对应#0，B 对应#1，C 对应#2，D 对应#3，……如 A20，即#0=20；B6.5，即#1=6.5；其余类推。换句话说，如果要把数 50 传给变量#17，则写 R50。

G65 代码在调用宏子程序时，系统会将当前程序段各字母（A～Z 共 26 个，如果没有定义则为零）后跟的数值对应传到宏子程序中的局部变量#0～#25 中。表 2-4 列出了宏调用时，参数字母与变量号的对应关系。

表 2-4　宏程序调用参数字母与变量号对应关系

子程序中的变量	#0	#1	#2	#3	#4	#5	#6	#7	#8	#9	#10	#11	#12
传参数用的字母	A	B	C	D	E	F	G	H	I	J	K	L	M
子程序中的变量	#13	#14	#15	#16	#17	#18	#19	#20	#21	#22	#23	#24	#25
传参数用的字母	N	O	P	Q	R	S	T	U	V	W	X	Y	Z

注意，由于字母 G、P、L 等已被宏调用命令、子程序号和调用次数占用，所以不能再用来传递其他任意数据。传进去的是，G65 即#6=65，P401 即#15=401（子程序号），L2 即#11=2。为了便于参数传递，编写子程序时要避免用#6、#15、#11 等变量号来接收数据，但这些变量号可以用在子程序中作为内部计算的中间变量暂存数据。

另外，G65 指令在调用宏子程序时，还会把当前九个轴的绝对位置（工件绝对坐标）传入局部变量#30～#38。#30～#38 与轴名的对应关系由机床制造厂家规定，通常#30 为 X 轴，#31 为 Y 轴，#32

为 Z 轴。固定循环指令初始平面 Z 模态值也会传给变量#26。通过变量#30～#38 可以轻易得到进入子程序时的轴坐标位置,这在程序流程控制中是很有用的。

（5）**高级参考**

在子程序中,可能会改变系统模态值。例如,主程序中的是绝对编程（G90）,而子程序中用的是相对编程（G91）,如果调用了这个子程序,主程序的模态就会受到影响。当然,对于简单的程序,你可以在子程序返回后再加一条 G90 指令变回绝对编程。但是,如果编写的子程序不是你自己用,别人又不知道你改变了系统模态值,直接调用就有可能出问题。为了使子程序不影响主程序的模态值的一种简单办法就是,进入子程序后首先把子程序会影响到的所有模态用局部变量保存起来,然后再往后执行,并且在子程序返回时恢复保存的模态值。

例如,

```
%4008
#45=#1162        (记录第 12 组模态码#1162 是 G61 或 G64,不管原来是
                  什么状态先记录下来)
#46=#1163        (记录第 13 组模态码#1163 是 G90 或 G91)
G91 G64          (用相对编程 G91 及连续插补方式 G64,现在可以改变已
                  记录过的模态)
……             (其他程序段)
G[#45] G[#46]    (恢复第 12 组和 13 组模态,子程序结束前恢复记录值)
M99              (子程序结束)
```

由此可见,系统变量虽然是不能直接改写的,但并不是不能改变的。系统模态值是可以被指令改变的。

固定循环也是用宏程序实现的,而且固定循环中改变了系统模态值,只是在固定循环子程序中采用了保护措施,在固定循环宏子程序返回时,恢复了它影响过的系统模态,所以外表看它对系统模态没有影响,这可以通过分析系统提供的固定循环宏程序看出来。

对于每个局部变量,还可用系统宏 AR[] 来判别该变量是否被定义,是被定义为增量或绝对方式。该系统宏的调用格式如下:

AR [#变量号]

返回值为"0"表示该变量没有被定义，返回值为"90"表示该变量被定义为绝对方式 G90，返回值为"91"表示该变量被定义为相对方式 G91。

例如下面的主程序 4009 在调用子程序 4010 时设置了 I、J、K 值，子程序 4010 可分别通过当前局部变量#8、#9、#10 来访问主程序的 I、J、K 的值。

```
%4009                          （程序号）
G92 X0 Y0 Z0                   （坐标设定）
M98 P4010 I20 J30 K40          （宏程序调用并传递参数值）
M30                            （程序结束）
%4010                          （子程序号）
IF [AR[#8]EQ0] OR [AR[#9]EQ0] OR [AR[#10]EQ0]    （条件判断）
M99                            （如果没有定义 I、J、K 值，则返回主程序）
ENDIF                          （条件结束）
N10 G91                        （用增量方式编写宏程序）
IF AR[#8]EQ90                  （如果 I 值是绝对方式 G90）
#8=#8-#30                      （将 I 值转换为增量方式,#30 为 X 的绝对坐标）
ENDIF                          （条件结束）
M99                            （子程序结束）
```

HNC-21M 系统子程序嵌套调用的深度最多可以有七层，每一层子程序都有自己独立的局部变量，变量个数为 50。当前局部变量为#0～#49，第一层局部变量为#200～#249，第二层局部变量为#250～#299，第三层局部变量#300～#349，依此类推。在子程序中如何确定上层的局部变量要依上层的层数而定。由于通过系统变量来直接访问局部变量容易引起混乱，因此不提倡用这种方法。

例如：

```
%4011                （主程序号）
G92 X0 Y0 Z0         （坐标设定）
N10 #10=98           （#10 赋值）
M98 P4012            （子程序调用）
M30                  （程序结束）
%4012                （子程序号）
N20 #10=222          （此时 N10 所在程序段的局部变量#10 为第 0 层#210）
M98 P4013            （调用子程序）
M99                  （子程序结束）
%4013                （子程序号）
```

N30 #10=333   （此时 N20 所在程序段的局部变量#10 为第 1 层#260，即
                      #260=222）
                      （此时 N10 所在程序段的局部变量#10 为第 0 层#210，即
                      #210=98）
M99   （子程序结束）

第 3 章
SIEMENS 参数编程基础

3.1 R 参数

一般意义上所讲的数控指令是指 ISO 代码指令编程，即每个代码功能是固定的，使用者只需按照规定编程即可。但有时候这些指令满足不了用户的需要，系统因此提供了用户自定义程序功能，使用户可以对数控系统进行一定的功能扩展，也可视为用户利用数控系统提供的工具，在数控系统上的二次开发。

一般程序编制中的程序字为一常量，一个程序段只能描述一个动作，所以缺乏灵活性和适用性。有些情况下，机床需要按一定规律动作，用户应能根据工件确定切削参数，在通常的程序编写中很难达到也不能处理。针对这种情况，现代数控机床提供了另一种编程方式即参数（变量）编程。

参数（变量）编程是指在程序中使用参数，通过对参数进行赋值及处理的方式达到程序功能。

SIEMENS 系统中的参数编程与 FANUC 系统中的"用户宏程序"编程功能相似，SIEMENS 系统中的 R 参数就相当于 FANUC 系统用户宏程序中的变量。同样，在 SIEMENS 系统中可以通过对 R 参数进行赋值、运算等处理，从而使程序实现一些有规律变化的动作，进而提高程序的灵活性和适用性。

（1）R 参数的表示

R 参数由地址 R 与若干（通常为 3 位）数字组成。

即：Rn=……，如：R1，R16，R105。

其中：R 为参数符；n 为算术参数号，n 值从 0 到最大，最大数见机床数据或机床生产厂家的设置。默认设置：最大为 99。R 参数号在机床数据中设置，或者见机床生产厂家的技术要求。

（2）R 参数的功能

使用算术参数，例如，如果 NC 程序对分配的值有效，或如果需要计算值，所需值在程序执行期间可由控制系统设置或计算。其他可能性包括通过操作设置算术参数值，如果值已分配给算术参数，那么它们也可分配给程序中其他的 NC 地址。这些地址值应该是可变的。

（3）R 参数的引用

除地址 N、G、L 外，R 参数可以用来代替其他任何地址后面的数值。但是使用参数编程时，地址与参数间必须通过"="连接，这一点与宏程序编程不同。

例如：

G01 X=R10 Y=-R11 F=100-R12

当 R10=100、R11=50、R12=20 时，上式即表示为"G01 X100 Y-50 F80"。

（4）R 参数的赋值

使用 R 参数前，参数必须带有正确的值。如：

```
R1=25          （R1 的初始值为 25）
G01 X=R1       （表示 G01 X25）
R1=-10         （运行过程中可以随时改变 R1 的值）
G01 X=R1       （表示 G01 X-10）
```

把一个常数或表达式的值赋给一个 R 参数称为赋值。

R 参数可以在数控系统操作面板上直接输入数值赋值，也可在程序中以等式方式赋值，但等号左边不能用表达式。

① R 参数在程序中赋值 R 参数在程序中赋值种类及格式如表 3-1 所示。

表 3-1　R 参数在程序中赋值种类及格式

种类	格式
常量赋值	Ri=（具体数值）
变量赋值	Ri=Rj 或 Ri=（表达式）

例如，"R1=100"中"R1"表示参数，"="表示赋值符号，起语句定义作用，"100"就是给参数 R1 赋的值。

"R100=30+20"中将表达式"30+20"赋值给参数 R100，即 R100=50。

参数赋值相关注意事项：

a. 赋值符号（＝）两边内容不能随意互换，左边只能是参数，右边可以是数值、表达式或者参数。

b. 一个赋值语句只能给一个参数赋值，如"R0=12"是正确的，但如"R1=R2=10"期望把 10 同时赋值给参数 R1 和 R2 是错误的。

c. 在一个程序段内可以有多个赋值或多个表达式赋值，且必须在一个单独的程序段内赋值。例如：

```
N10  R1=10 R2=20 R3=10*2 R4=R2-R1
```

d. 可以多次给一个参数赋值，但新的参数值将取代旧的参数值，即最后赋的值有效。

e. 给轴地址字（移动指令）赋值必须在一个单独的程序段内。例如：

```
N10  G01 G91 X=R1 Z=R2 F300    [单独的程序段（移动指令）]
N20  Z=R3
N30  X=-R4
N40  Z=SIN(25.3)-R5            （带运算操作的赋值）
```

f. 可以给 R 参数间接赋值。例如：

```
N10  R1=5                      [直接将数值 5（整数）赋值给 R1]
……
N100  R[R1]=27.123             （间接将数值 27.123 赋值给 R5）
```

g. 赋值语句在其形式为"R 参数=表达式"时具有运算功能。在运算中，表达式可以是数值之间的四则运算，也可以是参数自身与其他数据的运算结果，如："R1=R1+1"表示把原来的 R1 的值加

1 后的数值结果赋给新的 R1，这点与数学等式是不同的。

需要强调的是："R1=R1+1"形式的表达式可以说是参数编程运行的"原动力"，任何参数程序几乎都离不开这种类型的赋值运算，而它偏偏与人们头脑中根深蒂固的数学上的等式概念严重偏离，因此对于初学者往往造成很大的困扰，但是如果对计算机编程语言（例如 C 语言）有一定了解的话，对此应该更易理解。

h. 赋值表达式的运算顺序与数学运算的顺序相同。

i. 算术参数赋值范围±（0.0000001～99999999），同时，也可根据机床进行具体赋值，整数值的小数点可以省略，正号也可以省略，例如：$R1=3.987$，$R2=91.8$，$R3=3$，$R4=-7$。

通过指数符号可以扩展的数值范围来赋值，例如：±（10^{-300}～10^{+300}）。

指数值书写在 EX 字符的后面；总的字符个数最多 10（包括符号和小数点）。EX 的取值范围为-300～＋300。

例如：R1=-0.1EX-5　为　R1=-0.000001；

R2=-1.872EX8　为　R2=187200000。

② 在数控系统操作面板中赋值　R 参数在数控系统操作面板中赋值步骤如下。

a. 使系统处于手动状态；

b. 按下 OFFSERPARAM 软键；

c. 按下 R 参数软键；

d. 在 R 参数中输入数值。

（5）R 参数的种类

R 参数分成三类，即自由参数、加工循环传递参数和加工循环内部计算参数。

R0～R99 为自由参数，可以在程序中自由使用。

R100～R249 为加工循环传递参数。如果在程序中没有使用固定循环，则这部分参数也可以自由使用。

R250～R299 为加工循环内部计算参数。同样，如果在程序中没有使用固定循环，则这部分参数也可以自由使用。

【例 3-1】 下面是一个使用了 R 参数的主程序和相应子程序。

```
ZCX1000.MPF        （主程序名）
R50=20             （先给参数 R50 赋值）
L1001              （然后调用子程序）
R50=350            （重新赋值）
L1001              （再调用子程序）
G90                （恢复绝对方式）
M30                （主程序结束）

L1001.SPF          （子程序名）
G91 G01 X=R50      （同样一段程序，R50 的值不同，X 移动的距离就不同）
M17                （子程序结束并返回主程序）
```

3.2 参数数学运算

参数化编程的一个重要特征是能够实现参数的数学运算，表 3-2 是常用的运算形式。

表 3-2　常用的运算形式

运算类型	运算功能	运算符号	编程示例	说明（括号内为运算结果）
算术运算	加法	+	R1=20+32.5	R1 等于 20 与 32.5 之和（52.5）
	减法	−	R3=R2-R1	R3 等于 R2 的数值与 R1 的数值之差
	乘法	*	R4=0.5*R3	R4 等于 0.5 乘以 R3 数值之积
	除法	/	R5=10/20	R5 等于 10 除以 20（0.5）
函数运算	正弦	SIN()	R3=SIN(R1)*30	R3 等于 R1 数值的正弦值再乘以 30
	余弦	COS()	R4=COS(R1)*30	R4 等于 R1 数值的余弦值再乘以 30
	正切	TAN()	R5=TAN(R2)*90	R5 等于 R2 数值的正切值再乘以 90
	反正弦	ASIN()	R6=ASIN(1/2)	R6 等于 1/2 的反正弦，单位为"°"（30）
	反余弦	ACOS()	R7=ACOS(0.5)	R7 等于 0.5 的反余弦，单位为"°"（60）
	反正切	ATAN2(,)	R10=ATAN2(30, 80)	R10 等于 30 除以 80 反正切，单位为"°"（20.556）
	平方值	POT()	R12=POT(3)	R12 等于 3 的平方值（9）

运算类型	运算功能	运算符号	编程示例	说明（括号内为运算结果）
函数运算	平方根	SQRT()	R13=SQRT(20*30)	R13 等于 20 与 30 的积，再开平方（25.495）
	绝对值	ABS()	R14=ABS(10-35)	R14 等于 10 与 35 的差并取绝对值（25）
	对数	LN()	R15=LN(R2)	R15 等于 R2 取自然对数
	指数	EXP()	R16=EXP(R3)	R16 等于 R3 取自然指数
	取整	TRUNC()	R20=TRUNC(8.49)	R20 等于将 8.49 进行小数点后舍去后取整（8）
	四舍五入	ROUND()	R22=ROUND(8.59)	R22 等于将 8.59 进行四舍五入后圆整（9）
比较运算	等于	==	1==2	比较 1 是否等于 2（条件不满足，假）
	不等于	<>	R2<>3	比较 R2 是否不等于 3
	大于	>	R1+1>R2-R3	比较"R1+1"的值是否大于"R2-R3"的值
	小于	<	2<5	比较 2 是否小于 5（条件满足，真）
	大于等于	>=	R4>=15	比较 R4 是否大于等于 15
	小于等于	<=	10<=R2	比较 10 是否小于等于 R2

（1）三角函数

在参数运算过程中，三角函数 SIN、COS、TAN 其"（）" 中是角度，单位为"°"，分和秒要换算成到小数点的度，如 90°30′表示为 90.5°，30°18′ 表示成 30.3°。

反三角函数 ASIN、ACOS 其"（）"中是数值，范围-1～1，运算结果为角度，单位"°"，如 ACOS(0.5)的运算结果为 60°。

反正切函数 ATAN2 其"（）" 中是两矢量，运算结果为角度，单位"°"。R3=ATAN2（30.5,80.1）如图 3-1（a）所示，运算结果为 20.8455°。R3=ATAN2（30,-80）如图 3-1（b）所示，运算结果为 159.444°。

（2）圆括号

在 R 参数的运算过程中，允许使用括号，以改变运算次序，且括号允许嵌套使用。例如：R1=SIN(((R2+R3)*R4+R5)/R6)

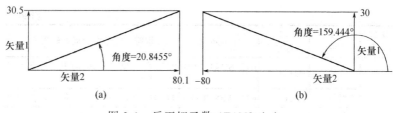

图 3-1　反正切函数 ATAN2（，）

（3）运算的优先顺序

运算的先后次序为：①圆括号"（）"；②函数运算；③乘除运算；④加减运算；⑤比较运算。

其他运算遵循相关数学运算法则。

例如，R1=R2+R3*SIN(R4-1)

$$
\begin{array}{c}
\underline{\hspace{3em}1\hspace{3em}} \\
\underline{\hspace{4em}2\hspace{4em}} \\
\underline{\hspace{5em}3\hspace{5em}} \\
4
\end{array}
$$

例如，R1=COS(((R2+R3)*R4+R5)*R6)

$$
\begin{array}{c}
\underline{\hspace{3em}1\hspace{3em}} \\
\underline{\hspace{4em}2\hspace{4em}} \\
\underline{\hspace{5em}3\hspace{5em}} \\
4
\end{array}
$$

例中 1、2、3 和 4 表示运算次序。

（4）比较运算

比较运算符用在程序条件跳转的条件表达式中，作为判断两个表达式大小关系的连接符。条件表达式必须包括比较运算符，条件表达式即比较运算的结果有两种，一种为"满足"（真），另一种为"不满足"（假）。条件表达式"不满足"时，该运算结果值为零。如 10>5 表示一个"10 大于 5"的条件表达式，其结果为真即条件成立。

【例 3-2】　构造一个计算器用于计算 SIN30° 数值的程序。

解：计算 SIN30° 的数值需要用到正弦函数，编制程序如下。

```
CX1040.MPF
M03 S500              (主轴正转)
R1=SIN(30)           (计算 SIN30° 的数值并保存在 R1 中)
G00 X=R1             (移动刀具到计算值位置，记录 SIN30° 的值)
M30                  (程序结束)
```

计算器参数化程序虽然短小，但却涵盖了参数编程的基本过程：

① 程序逻辑过程构思。

② 数学基础知识的融合与运用。

③ 编程规则及指令的使用技巧。

④ 参数的种类及使用技巧等。

编制计算器参数化程序可以作为学习参数编程中函数运算功能的基本练习内容，让读者初步了解参数编程中 R 参数的运用以及函数运算的基本特点，有效地激发编程人员对参数编程的兴趣，为复杂的参数化程序分析与编制打下一个良好的基础。

【例 3-3】 计算 $100+67 \times 3$，在程序中如何输入？计算 $(35+R3 \times 2) \times 10$？计算 $\sin 45°$？计算 $(R1+4)^2$？计算 $\sqrt{3}$ 呢？

解：分别为 100+67*3; (35+R3*2)*10; SIN(45); (R1+4)*(R1+4); SQRT(3)。

【例 3-4】 试编制一个计算一元二次方程 $4x^2+5x+2=0$ 的两个根 x_1 和 x_2 值的计算器参数化程序。

解：一元二次方程 $ax^2+bx+c=0$ 的两个根 x_1 和 x_2 的值为

$$x = \frac{-b \pm \sqrt{b^2-4ac}}{2a}$$

编程如下：

```
CX1041.MPF
M03 S500              (主轴正转)
R1=SQRT(5*5-4*4*2)   (计算公式中的 √b²-4ac)
R21=(-5+R1)/(2*4)    (计算根 x₁)
G00 X=R21            (刀具移动到根 x₁ 的计算值位置)
M00                  (程序暂停以便记录根 x₁ 的结果)
R21=(-5-R1)/(2*4)    (计算根 x₂)
G00 X=R21            (刀具移动到根 x₂ 的计算值位置)
M30                  (程序结束)
```

从程序中可以看出，参数化程序计算复杂公式要方便得多，可以计算多个结果，并逐个显示。如果有个别计算结果记不清楚，还可以重新运算一遍并显示结果。

3.3 程序跳转

3.3.1 程序跳转目标

程序跳转功能可以实现程序运行分支，标记符或程序段号用于标记程序中所跳转的目标程序段，标记符可以自由选取，在一个程序中，标记符不能有其他意义。在使用中必须注意以下四点：

① 标记符或程序段号用于标记程序中所跳转的目标程序段，用跳转功能可以实现程序运行分支。

② 标记符可以自由选择，但必须由 2～8 个字母或数字组成，其中开始两个符号必须是字母或下划线。但要注意的是：标记符应避免与 SINUMERIK 802D 中已有固定功能（已经定义）的字或词相同，如 MIRROR、X 等。

③ 跳转目标程序中标记符后面必须为冒号，且标记符应位于程序段段首。如果程序段有段号，则标记符紧跟着段号。

④ SINUMERIK 802D 数控系统具有程序段号整理功能，所以不推荐使用程序段号作为程序跳转目标。

编程示例：

```
N10  LABEL1: G01 X20   （LABEL1 为标记符，跳转目标程序段有段号）
……
TR789: G00 X10 Z20     （TR789 为标记符，跳转目标程序段没有段号）
……
N100 ……                （程序段号也可以是跳转目标）
```

3.3.2 绝对跳转

机床在执行加工程序时，是按照程序段的输入顺序来运行的，与所写的程序段号的大小无关，有时零件的加工程序比较复杂，涉及一些逻辑关系，程序在运行时可以通过插入程序跳转指令改变执行顺序，来实现程序的分支运行。跳转目标只能是有标记符或程序段号的程序段，该程序段必须在此程序之内。

程序跳转指令有两种：一种为绝对跳转（又称为无条件跳转），另一种为有条件跳转，经常用到的是条件跳转指令。绝对跳转指令必须占用一个独立的程序段。

（1）绝对跳转编程指令格式

① GOTOF 跳转标记

表示向前跳转，即向程序结束的方向跳转。

② GOTOB 跳转标记

表示向后跳转，即向程序开始的方向跳转。

跳转方向如图 3-2 所示。

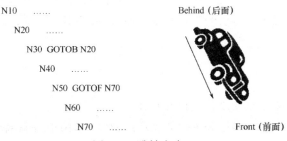

图 3-2　跳转方向

（2）绝对跳转指令功能

通过缺省、主程序、子程序、循环以及中断程序依次执行被编程的程序段，程序跳转可修改此顺序。

（3）操作顺序

带用户指定名的跳转目的可以在程序中编程，GOTOF 与 GOTOB 命令可用于在同一程序内从其他点分出跳转目的点，然后程序随着跳转目的而立即恢复执行。

（4）绝对跳转示例

跳转所选的字符串用于标记符（跳转标记）或程序段号。因为

SINUMERIK 802D 数控系统具有程序段号整理功能，所以不推荐使用程序段号跳转。

```
N10   G90 G54 G00 X20 Y30
……
N40   GOTOF AAA              （向前跳转到标记符为 AAA 的程序段）
……
N90   AAA:R2=R2+1            （标记符为 AAA 的程序段）
N100  GOTOF BBB             （向前跳转到标记符为 BBB 的程序段）
……
N160  CCC:IF R5==100 GOTOF BBB （标记符为 CCC 的程序段，条件满足时
                                跳转向标记符 BBB 的程序段）
N170  M30
N180  BBB:R5=50             （标记符为 BBB 的程序段）
……
N240  GOTOB N160            （向后跳转到 N160 程序段）
```

注意：无条件跳转必须在独立的程序段中编程。在带无条件跳转的程序中，程序结束指令 M02/M30 不一定出现在程序结尾。

【例 3-5】 阅读如下部分程序后回答：N10 程序段将被执行多少次？

```
GOTOF AAA
N10   ……
AAA:
```

解：N10 程序段将被执行 0 次。

【例 3-6】 阅读如下部分程序后回答：N10 程序段将被执行多少次？

```
AAA:
N10   ……
GOTOB AAA
```

解：N10 程序段将被执行无限次（死循环）。

3.3.3 有条件跳转

用 IF 条件语句表示有条件跳转。如果满足跳转条件（条件表达式成立，条件在设定范围），则进行跳转。跳转目标只能是有标记符或程序段号的程序段。该程序段必须在此程序之内。使用了条件跳转后有时会使程序得到明显的简化，程序语句执行的流向变得更清晰。

有条件跳转指令要求一个独立的程序段，在一个程序段中可以有许多条件跳转指令。

（1）编程指令格式

① IF 判断条件 GOTOF 跳转标记；

② IF 判断条件 GOTOB 跳转标记。

（2）指令说明

IF 为引入跳转条件导入符，后面的条件是计算参数变量，用于条件表述的计算表达式比较运算；GOTOF 为跳转方向，表示向前（向程序结束的方向）跳转；GOTOB 为跳转方向，表示向后（向程序开始的方向）跳转；跳转标记所选的字符串用于标记符或程序段号。

（3）比较运算

在 SINUMERIK 802D 数控系统中，比较运算经常出现在程序分支的程序语句判断中。常用的比较运算符见表 3-3。

表 3-3　常用的比较运算符号

运算符号	意义	运算符号	意义
<>	不等于	==	等于
>	大于	>=	大于等于
<	小于	<=	小于等于

用比较运算表示跳转条件，计算表达式也可用于比较运算。比较运算的结果有两种，一种为"满足"，另一种为"不满足"。当比较运算的结果为"不满足"时，该运算结果值为零。

跳转条件示例如下：

```
IF R1>R2 GOTOF MARKE1              （如果R1大于R2,则跳转到MARKE1）
IF R7<=(R8+R9)*743 GOTOB MARKE1    （作为条件的复合表达式）
IF R10 GOTOF MARKE1                （允许确定一个变量。如果变量值为
                                    0（假），条件就不能满足；对于
                                    所有其他值，条件为真）
IF R1==0 GOTOF MARKE1 IF R1==1 GOTOF MARKE2   （同意程序段中的
                                               几个条件）
```

程序举例如下：

```
N10  G90 G54 G00 X20 Y30
```

```
......
N40  R1=10 R2=15                          （R参数赋初值）
N50  AAA:                                 （跳转标记）
......
N90  R1=R1+R2                             （参数值变化）
N100 IF R1<=100 GOTOB AAA                 （跳转条件判断）
......
N170 M30                                  （程序结束）
```

下面是另外一个示例：

```
N10  R1=30 R2=60 R3=10 R4=11 R5=50 R6=20   （初始值的分配）
N20  MA1: G00 X=R2*COS(R1)+R5 Y=R2*SIN(R1)+R6  （计算并分配给轴
                                               地址）
N30  R1=R1+R3 R4=R4-1                      （变量确定）
N40  IF R4>0 GOTOB MA1                      （跳转语句）
N50  M30                                    （程序结束）
```

【例3-7】 阅读如下程序，然后回答程序执行完毕后R2的值为多少。

```
R1=5                  （将5赋值给R1）
R2=0                  （R2赋初值）
IF R1<>0 GOTOF N1     （如果R1的值不等于0则直接转向N1程序段，否则
                        继续执行下一程序段）
R2=1                  （将1赋给R2）
N1 G00 X100 Z=R2      （刀具定位）
```

解： 由于条件表达式成立，程序直接转向N1程序段，所以执行完上述程序后R2=0。

【例3-8】 阅读如下程序，然后回答程序执行完毕后R2的值为多少。

```
R1=5                    （将5赋值给R1）
R2=0                    （R2赋初值）
IF R1*2<>10 GOTOF N1    （如果"R1*2"的值不等于10则直接转向N1程序
                          段，否则继续执行下一程序段）
R2=1                    （将1赋给R2）
N1 G00 X100 Z=R2        （刀具定位）
```

解： 由于R1*2=10，条件表达式不成立，所以执行完上述程序后R2=1。

【例3-9】 运用有条件跳转指令编写求1~10各整数总和的程序。

解： 求1~10各整数总和的编程思路（算法）主要有两种，分

析如下。

① 最原始方法

步骤 1：先求 1+2，得到结果 3。

步骤 2：将步骤 1 得到的和 3 再加 3，得到结果 6。

步骤 3：将步骤 2 得到的和 6 再加 4，得到结果 10。

步骤 4：依次将前一步计算得到的和加上加数，直到加到 10 即得最终结果。

这种算法虽然正确，但太繁琐。

② 改进后的编程思路

步骤 1：使变量 R1=0。

步骤 2：使变量 R2=1。

步骤 3：计算 R1+R2，和仍然储存在变量 R1 中，可表示为 "R1=R1+R2"。

步骤 4：使 R2 的值加 1，即 "R2=R2+1"。

步骤 5：如果 R2≤10，返回重新执行步骤 3 以及其后的步骤 4 和步骤 5，否则结束执行。

利用改进后的编程思路，求 1～100 各整数总和时，只需将步骤 5 中的 R2≤10 改成 R2≤100 即可。

如果求 1×3×5×7×9×11 的乘积，编程也只需做很少的改动。

步骤 1：使变量 R1=1。

步骤 2：使变量 R2=3。

步骤 3：计算 R1×R2，表示为 "R1=R1*R2"。

步骤 4：使 R2 的值加 2，即 "R2=R2+2"。

步骤 5：如果 R2≤11，返回重新执行步骤 3 以及其后的步骤 4 和步骤 5，否则结束执行。

该编程思路不仅正确，而且是计算机较好的算法，因为计算机是高速运算的自动机器，实现循环轻而易举。采用该编程思路编程如下。

CX1050.MPF　　　　　（程序号）

R1=0　　　　　　　　（存储和的变量赋初值 0）

```
R2=1                          （计数器赋初值 1，从 1 开始）
N1 R1=R1+R2                    （求和）
   R2=R2+1                     （计数器加 1，即求下一个被加的数）
IF R2<=10 GOTOB N1            （如果计数器值小于或等于 10 执行循环，否则转移到
                               N2 程序段）
N2 M30                        （程序结束）
```

显然，有条件跳转可以实现循环计算，但程序中必须有修改条件变量值的语句，使得循环若干次后条件变为"不成立"而退出循环，否则就会成为死循环。

【例 3-10】 试编制计算数值 $1^2+2^2+3^2+...+10^2$ 的总和的程序。

解：使用跳转指令编程如下：

```
CX1051.MPF
R1=0                          （和赋初值）
R2=1                          （计数器赋初值）
AAA:                          （跳转标记符）
   R1=R1+R2*R2                （求和）
   R2=R2+1                    （计数器累加）
IF R2<=10 GOTOB AAA          （条件判断，如果计数器值小于或等于 10 执行循环）
M30                          （程序结束）
```

程序中变量 R1 是存储运算结果的，R2 作为自变量。

【例 3-11】 在 R 参数 R50～R55 中，事先设定常数值如下：R50=30；R51=60；R52=40；R53=80；R54=20；R55=50。要求编制从这些值中找出最大值并赋给变量 R56 的程序。

解：求最大值参数程序参数如表 3-4。

表 3-4　参数表

R 参数	作用
R50～R55	事先设定常数值，用来进行比较
R56	存放最大值
R1	保存用于比较的变量号

编制求最大值的程序如下：

```
R50=30
R51=60
R52=40
R53=80
R54=20
```

```
R55=50
R1=50                              （变量号赋给 R1）
R56=0                              （存储变量置 0）
AAA:                               （跳转标记符）
  IF R[R1]<R56 GOTOF BBB           （大小比较）
  R56=R[R1]                        （储存较大值在变量 R56 中）
  BBB:                             （跳转标记符）
  R1=R1+1                          （变量号递增）
IF R1<=55 GOTOB AAA                （条件判断，如果计数器值小于或等于 55 执行
                                    循环）
```

3.3.4　程序跳转综合应用

　　程序跳转指令的基本功能很明确。绝对跳转指令的基本功能是无条件执行跳转，如程序 CX1060 中 N100 程序段会始终被跳过（不执行，无意义），而在程序 CX1061 中 N100 和 N200 程序段将被无限次执行（程序陷入死循环）。有条件跳转的基本功能是条件成立则跳转，如程序 CX1062 中若 R1>0 条件成立，程序将跳过 N100 程序段，直接执行 N200 程序段，否则从 N100 开始顺序执行（N200 仍然要被执行）。

```
CX1060.MPF                         （程序 CX1060）
……
GOTOF N200
N100 ……
N200 ……
……
CX1061.MPF                         （程序 CX1061）
……
N100 ……
N200 ……
GOTOB N100
……
CX1062.MPF                         （程序 CX1062）
……
IF R1>0 GOTOF N200
N100 ……
N200 ……
……
```

　　利用程序跳转指令的位置不同和指令的组合可形成两种典型的流程控制：条件循环流程和条件分支流程。

（1）条件循环流程

如图 3-3（a）所示为条件循环流程，由一个有条件跳转指令构成，合适的修改条件表达式中的参数值，使条件成立，则"程序 1～程序 N"部分的程序会被有限次的循环执行。

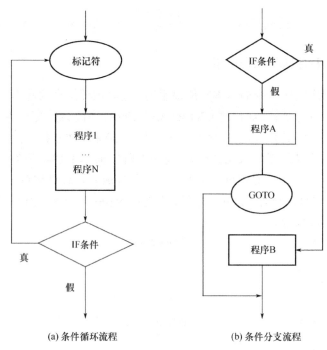

(a) 条件循环流程　　　　(b) 条件分支流程

图 3-3　程序流程控制

【例 3-12】　阅读 CX1063 程序，试判断标记符 AAA 后的两个程序段将被执行多少次？

```
CX1063.MPF
R1=0
R2=1
AAA:
  R1=R1+R2
  R2=R2+1
IF R2<=10 GOTOB AAA
M30
```

解： 条件判断之前 AAA 后的两个程序段被执行 1 次；条件判断时 R2=2，满足条件再执行 1 次；再进行条件判断时 R2=3，满足条件再执行 1 次……直至 R2=10 时执行最后 1 次，所以总共被执行了 10 次。

【**例 3-13**】 试编制计算数值 1.1×1+2.2×1+3.3×1+...+9.9×1+1.1×2+2.2×2+3.3×2+...+9.9×2+1.1×3+2.2×3+3.3×3+...+9.9×3 的总和的程序。

解： 本程序中要用到循环的嵌套，第一层循环控制变量 1，2，3 的变化，第二层循环控制变量 1.1，2.2，3.3...9.9 的变化。编制程序如下。

```
CX1064.MPF
R1=0                        （和赋初值）
R2=1                        （乘数 1 赋初值）
R3=1                        （乘数 2 赋初值）
AAA:                        （跳转标记）
  BBB:                      （跳转标记）
  R1=R1+R2*(R3*1.1)         （求和）
  R3=R3+1                   （乘数 2 递增）
  IF R3<=9 GOTOB BBB        （条件判断）
R3=1                        （乘数 2 重新赋值）
R2=R2+1                     （乘数 1 递增）
IF R2<=3 GOTOB AAA          （条件判断）
M30                         （程序结束）
```

程序中变量 R1 是存储运算结果的，R2 作为第一层循环的自变量，R3 作为第二层循环的自变量。

本例用到两层循环，根据需要还可以实现更多层的循环嵌套。由本例可得出，条件循环的嵌套关系如下：

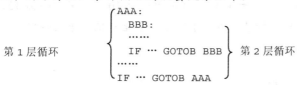

（2）**条件分支流程**

如图 3-3（b）所示为条件分支流程，由一个有条件跳转指令和一个无条件跳转指令构成，它可以实现选择执行（二选一），条件成立时仅执行程序 B，条件不成立则仅执行程序 A。

【例 3-14】 试编制一个当 R1>6 时参数 R10 的值取为 1，R1<=6 时 R10 的值取为 0 的程序。

解：根据题意，要求二选一，可以采用条件循环指令编程。

```
CX1065.MPF
IF R1>6 GOTOF AAA          （条件判断）
R10=0                      （若条件不成立执行本程序段）
GOTOF BBB                  （无条件跳转）
AAA:R10=1                  （若条件成立执行本程序段）
BBB:                       （跳转标记）
M30                        （程序结束）
```

【例 3-15】 如图 3-4 为一分段函数示意图，试编制一个根据具体的 X 值得出该函数 Y 值的程序。

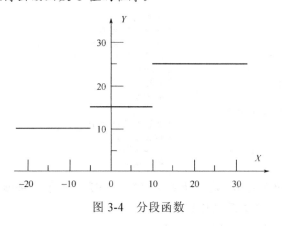

图 3-4　分段函数

解：如图所示，当 X 大于 10 时，Y 的值为 25，当 X 小于-5 时，Y 的值为 10，X 大于等于-5 且小于等于 10 时，Y 的值为 15。令参数 R1 表示 X 坐标值，参数 R2 表示 Y 坐标值，采用条件分支流程控制方式编程如下。

```
CX1066.MPF
IF R1>=-5 GOTOF AAA        （若 R1 大于等于-5）
R2=10                      （R2 赋值 10）
GOTOF CCC                  （无条件跳转）
AAA:                       （跳转标记符）
  IF R1>10 GOTOF BBB       （若 R1 大于 10）
```

```
  R2=15                          （R2 赋值 15）
  GOTOF CCC                      （无条件跳转）
  BBB:                           （跳转标记符）
  R2=25                          （R2 赋值 25）
CCC:                             （跳转标记）
M30                              （程序结束）
```

本例用了两个条件分支流程，实现了三选一的选择执行，其流程控制关系如下。

条件分支流程 1
```
   ⎧ IF … GOTOF AAA
   ⎪ ……
   ⎪ GOTOF CCC
   ⎪ AAA:
   ⎪    IF … GOTOF BBB        条件分支流程 2
   ⎨    ……
   ⎪    GOTOF CCC
   ⎪    BBB:
   ⎪    ……
   ⎩ CCC:
```

另外，从流程关系中可以看出：条件分支流程 2 属于条件分支流程 1 条件满足后执行的内容。也即是说，条件分支流程 2 是在条件分支流程 1 条件成立范围内，再次划分 2 份，进行二选一，其关系如图 3-5 所示。

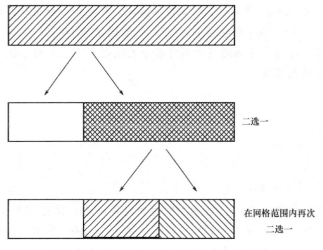

二选一

在网格范围内再次
二选一

图 3-5　三选一流程控制条件关系示意图

如例 3-15 中程序段"IF R1>10 GOTOF BBB"的判断条件"R1>10"是在程序段"IF R1>=-5 GOTOF AAA"中"R1>=-5"范围内的再划分。将该程序进行如下修改也是正确的。

```
CX1067.MPF
IF R1>=-5 GOTOF AAA        （若 R1 大于等于-5）
R2=10                      （R2 赋值 10）
GOTOF CCC                  （无条件跳转）
AAA:                       （跳转标记符）
  IF R1<=10 GOTOF BBB      （若 R1 小于等于 10）
  R2=25                    （R2 赋值 25）
  GOTOF CCC                （无条件跳转）
  BBB:                     （跳转标记符）
  R2=15                    （R2 赋值 15）
CCC:                       （跳转标记）
M30                        （程序结束）
```

【例 3-16】 下面程序中循环指令共执行多少次？程序执行完毕后 X 的值为多少？

```
R1=0  R2=30   R3=0
AAA:G00 X=R1
R1=R1+R2   R3=R3+1
IF R3<3 GOTOB AAA
```

解：共执行 3 次。当 R3=0 时执行第一次，执行 G00 指令时 R1=0，即 X=0；当 R3=1 时执行第二次，R1=30；当 R3=2 时执行第三次，执行 G00 指令时 R1=60，即 X 的值为 60。

【例 3-17】 下面程序中循环指令共执行多少次？程序执行完毕后 X 的值为多少？

```
R1=10
R2=0
AAA:
R3=90*R2
R4=R1*SIN(R3)
G00 X=R4
R2=R2+1
IF R2<3 GOTOB AAA
```

解：共执行 3 次。当 R2=0 时执行第一次，执行 G00 指令时 R4=0，即 X=0；当 R2=1 时执行第二次，R4=10；当 R2=2 时执行第三次，执行 G00 指令时 R4=0，即 X 的值为 0。

【例 3-18】 编制一个用于判断数值 Y 能否被 X 整除的程序。

解：编制程序如下，若参数 R10 返回值为 0 则能被整除，返回值为 1 则不能被整除。

```
CX1068.MPF
R1=234                                （将数值 Y 赋给 R1）
R2=6                                  （将数值 X 赋给 R2）
IF R1/R2==TRUNC(R1/R2) GOTOF AAA      （条件判断）
R10=1                                 （将 1 赋值给 R10）
GOTOF BBB                             （无条件跳转至程序段 BBB）
AAA:R10=0                             （将 0 赋值给 R10）
BBB:                                  （跳转标记符 BBB）
M30                                   （程序结束）
```

【例 3-19】 编制一个用于判断某一数值为奇数或是偶数的参数程序。

解：编制程序如下，若参数 R10 返回值为 0 则是偶数，返回值为 1 则是奇数。

```
CX1069.MPF
R1=234                                （将需要判断是奇数或偶数的数值
                                       （应为正整数）赋给 R1）
R2=2                                  （将数值 2 赋给 R2）
IF R1/R2==TRUNC(R1/R2) GOTOF AAA      （条件判断）
R10=1                                 （将 1 赋值给 R10）
GOTOF BBB                             （无条件跳转至程序段 BBB）
AAA:R10=0                             （将 0 赋值给 R10）
BBB:                                  （跳转标记符 BBB）
M30                                   （程序结束）
```

【例 3-20】 某商店卖西瓜，一个西瓜的重量若在 4kg 以下，则销售价格为 0.6 元/kg；若在 4kg 或 4kg 以上，则售价为 0.8 元/kg，试编制一个根据西瓜重量确定具体售价的程序。

解：采用条件分支流程编制程序如下。

```
CX1070.MPF
R1=···                                （将西瓜的实际重量赋值给 R1）
IF R1<4 GOTOF AAA                     （条件判断）
R2=0.8                                （将销售价格 0.8 赋值给 R2）
GOTOF BBB                             （无条件跳转）
AAA:                                  （跳转标记符）
R2=0.6                                （将销售价格 0.6 赋值给 R2）
BBB:                                  （跳转标记符）
M30                                   （程序结束）
```

【例 3-21】 要求若加工余量大于等于 4mm，背吃刀量取 3mm，若加工余量介于 4mm 和 1mm 之间，背吃刀量取 2mm，若加工余量小于等于 1mm，则背吃刀量取等于加工余量，试编制根据加工余量确定背吃刀量的参数程序。

解： 根据题意，应采用条件分支流程实现三选一的选择执行，编制程序如下。

```
CX1071.MPF
IF R1>1 GOTOF AAA          （若加工余量 R1 大于 1）
R2=R1                      （R2 赋值 R1）
GOTOF CCC                  （无条件跳转）
AAA:                       （跳转标记符）
  IF R1>=4 GOTOF BBB       （若加工余量 R1 大于大于 4）
  R2=2                     （R2 赋值 2）
  GOTOF CCC                （无条件跳转）
  BBB:                     （跳转标记符）
  R2=3                     （R2 赋值 3）
CCC:                       （跳转标记）
M30                        （程序结束）
```

第 4 章
系列零件车削

4.1 外圆柱面

　　固定循环是为简化编程将多个程序段指令按约定的执行次序综合为一个程序段来表示。如在数控车床上进行外圆面或外螺纹等加工时，往往需要重复执行一系列的加工动作，且动作循环已典型化，这些典型的动作可以预先编好宏程序并存储在内存中，需要时可用类似于系统自带的切削循环指令方式进行宏程序调用。

　　【例4-1】 数控车削加工如图 4-1 所示 $\phi28$mm×40mm 外圆柱面，试用变量编制其精加工程序。

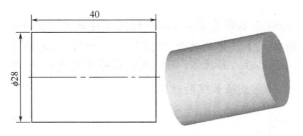

图 4-1　$\phi28×40$圆柱体

　　FANUC 宏程序

　　解： 圆柱体几何模型如图 4-2 所示，圆柱直径设为#1，长度设为#2，设工件原点在工件轴线与右端面的交点上，表 4-1 是分别用普通程序（常量）和宏程序（变量）编制的该外圆柱面精加工程序。

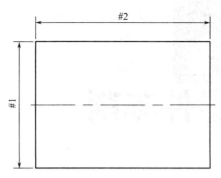

图 4-2　圆柱体几何模型

表 4-1　外圆柱面精车程序（FANUC）

普通程序		宏程序	
		#1=28	（将直径值 φ28 赋给#1）
		#2=40	（将长度值 40 赋给#2）
G00 X100 Z50	（快进到起刀点）	G00 X100 Z50	（快进到起刀点）
X28 Z2	（快进到切削起点）	X#1 Z2	（快进到切削起点）
G01 Z-40 F0.1	（精车外圆柱面）	G01 Z-#2 F0.1	（车削加工）
G00 X38	（退刀）	G00 X[#1+10]	（退刀）
X100 Z50	（返回）	X100 Z50	（返回）

　　注：为简化程序，例题程序中省略了主轴旋转、停止及程序结束等相关程序内容，下同。

　　比较两程序不难看出，宏程序仅用了特殊的变量符号"#1"和"#2"分别替代了具体的数值"28"和"40"，但是普通程序只适用于加工 φ28×40 的圆柱体，而修改宏程序中变量#1和#2的赋值可以用于加工任意直径长度的外圆柱面。

　　华中宏程序

　　解： 圆柱直径设为#1，长度设为#2，设工件原点在工件轴线与右端面的交点上，表 4-2 是分别用普通程序（常量）和宏程序（变量）编制的该外圆柱面精加工程序。

表 4-2　外圆柱面精车程序（华中）

普通程序		宏程序	
		#1=28	（将直径值 φ28 赋给#1）
		#2=40	（将长度值 40 赋给#2）
G00 X100 Z50	（快进到起刀点）	G00 X100 Z50	（快进到起刀点）
X28 Z2	（快进到切削起点）	X[#1] Z2	（快进到切削起点）
G01 Z-40 F50	（精车外圆柱面）	G01 Z[-#2] F50	（车削加工）
G00 X38	（退刀）	G00 X[#1+10]	（退刀）
X100 Z50	（返回）	X100 Z50	（返回）

SIEMENS 参数程序

解： 圆柱直径设为 R1，长度设为 R2，设工件原点在工件轴线与右端面的交点上，表 4-3 是分别用普通程序（常量）和参数程序（变量）编制的该外圆柱面精加工程序。

表 4-3　外圆柱面精车程序（SIEMENS）

普通程序		参数程序	
		R1=28	（将直径值 φ28 赋给 R1）
		R2=40	（将长度值 40 赋给 R2）
G00 X100 Z50	（快进到起刀点）	G00 X100 Z50	（快进到起刀点）
X28 Z2	（快进到切削起点）	X=R1 Z2	（快进到切削起点）
G01 Z-40 F50	（精车外圆柱面）	G01 Z=-R2 F50	（车削加工）
G00 X38	（退刀）	G00 X=R1+10	（退刀）
X100 Z50	（返回）	X100 Z50	（返回）

【例 4-2】 设毛坯直径尺寸为 φ30 mm，试用宏程序编制粗精加工如图 4-1 所示的 φ28mm×40mm 外圆柱面。

FANUC 宏程序

解： 将例 4-1 中宏程序略作修改，编制外圆柱面粗精加工程序如下。

……

```
#1=28               （将圆柱直径值赋给#1）
#2=40               （将圆柱长度值赋给#2）
#10=30              （将毛坯直径值赋给#10）
```

```
G00 X100 Z50            （刀具快进到起刀点）
WHILE [#10GE#1] DO1     （若#10 大于等于#1 则继续执行"WHILE…END"之
                          间的程序）
 X#10 Z2               （刀具定位到各层切削起点位置）
 G01 Z-#2 F0.1         （直线插补加工）
 G00 X100              （退刀）
 Z50                   （返回）
 #10=#10-0.5           （#10 递减 0.5）
END1                    （循环结束）
……
```

　　仔细分析上述程序，变量#10 的变化范围是[30，28]，即从$\phi 30$加工到$\phi 28$，粗精加工每层切削厚度是 0.5mm，共加工 5 次，第一次 X30(本次走了空刀)，第二次 X29.5，第三次 X29，第四次 X28.5，第五次 X28。

　　若要将每层切削厚度修改为 0.8mm，则将程序段"#10=#10-0.5"改为"#10=#10-0.8"即可。但是若直接将例题程序中每层切削厚度修改为 0.8 不行，因为若将切削厚度修改为 0.8 后，第一次加工的 X 坐标值为 X30，第二次 X29.2，第三次 X28.4，下一次加工值为 X27.6 不满足循环条件，因此只会加工到 X28.4 就停止加工，未完成零件的精加工。

　　综上，加工程序需要改进的地方主要有第一刀不能走空刀、必须保证能进行最后一刀精加工并且从粗加工到精加工切削厚度递减三个方面。

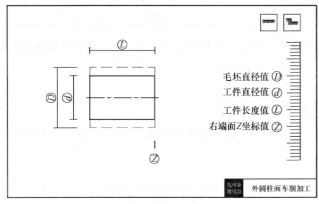

图 4-3　外圆柱面车削加工几何参数模型

外圆柱面车削加工几何参数模型如图 4-3 所示，改进后的宏程序如下。

```
......
#1=28                                  （将工件直径 d 值赋给#1）
#2=40                                  （将工件长度 L 值赋给#2）
#3=0                                   （将工件右端面 Z 坐标值赋给#3）
#10=30                                 （将毛坯直径 D 值赋给#10）
G00 X[#10+10] Z[#3+2]                  （刀具快进）
WHILE [#10GT#1] DO1                    （循环条件判断）
  IF [[#10-#1]GT0.5] THEN #20=0.5      （若#10-#1 大于 0.5，将 0.5
                                         赋给#20）
                                      （即加工余量大于 0.5mm 时切削厚度取
                                         0.5mm）
  IF [[#10-#1]GT1] THEN #20=1         （若#10-#1 大于 1 将 1 赋给#20）
  IF [[#10-#1]GT2] THEN #20=2         （若#10-#1 大于 2 将 2 赋给#20）
  #10=#10-#20                         （#10 递减#20）
  IF [[#10+#20-#1]LE0.5] THEN #10=#1  （若加工余量小于等于 0.5mm，
                                         将#1 赋给#10 执行精加工）
  G00 X#10 Z[#3+2]                    （刀具定位到各层切削起点位置）
  G01 Z[-#2+#3]                       （直线插补加工）
  G00 U10                             （退刀）
  Z[#3+2]                             （返回）
END1                                  （循环结束）
......
```

改进后只需要加工 3 次即可（第一次 X29，第二次 X28.5，第三次 X28）；若将#10 赋值为 30.2 则只需要加工 2 次即可（第一次 X28.2，第二次 X28）。

华中宏程序

```
......
#1=28                                  （将工件直径 d 值赋给#1）
#2=40                                  （将工件长度 L 值赋给#2）
#3=0                                   （将工件右端面 Z 坐标值赋给#3）
#10=30                                 （将毛坯直径 D 值赋给#10）
G00 X[#10+10] Z[#3+2]                  （刀具快进）
WHILE #10GT#1                          （循环条件判断）
  IF [#10-#1]GT0.5                     （若#10-#1 大于 0.5）
  #20=0.5                              （将 0.5 赋给#20，即加工余量大于 0.5mm
                                         时切削厚度取 0.5mm）
  ENDIF                                （条件结束）
  IF [#10-#1]GT1                       （若#10-#1 大于 1）
```

```
#20=1                            （将 1 赋给#20）
ENDIF                            （条件结束）
IF [#10-#1]GT2                   （若#10-#1 大于 2）
#20=2                            （将 2 赋给#20）
ENDIF                            （条件结束）
#10=#10-#20                      （#10 递减#20）
IF [#10+#20-#1]LE0.5             （若加工余量小于等于 0.5mm）
#10=#1                           （将#1 赋给#10，执行精加工）
ENDIF                            （条件结束）
G00 X[#10] Z[#3+2]               （刀具定位到各层切削起点位置）
G01 Z[-#2+#3]                    （直线插补加工）
G00 X[#10+10]                    （退刀）
Z[#3+2]                          （返回）
ENDW                             （循环结束）
……
```

SIEMENS 参数程序

```
……
R1=28                            （将工件直径 d 值赋给 R1）
R2=40                            （将工件长度 L 值赋给 R2）
R3=0                             （将工件右端面 Z 坐标值赋给 R3）
R10=30                           （将毛坯直径 D 值赋给 R10）
G00 X=R10+10 Z=R3+2              （刀具快进）
MAR:                             （跳转标记符）
  IF R10-R1>2 GOTOF AA1          （若 R10-R1 大于 2）
  IF R10-R1>1 GOTOF AA2          （若 R10-R1 大于 1）
  IF R10-R1>0.5 GOTOF AA3        （若 R10-R1 大于 0.5）
  AA1:                           （跳转标记符）
  R20=2                          （将 2 赋给 R20，即加工余量大于 2mm 时切削
                                   厚度取 2mm）
  GOTOF LAR0                     （无条件跳转）
  AA2:                           （跳转标记符）
  R20=1                          （将 1 赋给 R20）
  GOTOF LAR0                     （无条件跳转）
  AA3:                           （跳转标记符）
  R20=0.5                        （将 0.5 赋给 R20）
  LAR0:                          （跳转标记符）
  R10=R10-R20                    （R10 递减 R20）
  IF R10+R20-R1<=0.5 GOTOF LAR1  （若加工余量小于等于 0.5mm）
  GOTOF LAR2                     （无条件跳转）
  LAR1:                          （跳转标记符）
  R10=R1                         （将 R1 赋给 R10，执行精加工）
  LAR2:                          （跳转标记符）
  G00 X=R10 Z=R3+2               （刀具定位到各层切削起点位置）
  G01 Z=-R2+R3                   （直线插补加工）
```

```
G00 X=R10+10              （退刀）
   Z=R3+2                 （返回）
IF R10>R1 GOTOB MAR       （加工循环条件判断）
……
```

4.2 半球面

【例 4-3】　如图 4-4 所示半球面，球半径为 $SR15$mm，试编制其数控精加工宏程序。

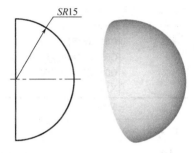

图 4-4　$SR15$ 半球面

FANUC 宏程序

解：采用变量#10 表示球半径，设工件原点在球心，表 4-4 是分别用普通程序（常量）和宏程序（变量）编制的其半球面精加工程序。

表 4-4　半球面精车程序（FANUC）

普通程序		宏程序	
		#10=15	（将半径值 15 赋给#10）
G00 X100 Z50	（刀具快进到起刀点）	G00 X100 Z50	（刀具快进到起刀点）
X0 Z17	（快进到切削起点）	X0 Z[#10+2]	（快进到切削起点）
G01 Z15	（车削到球顶）	G01 Z#10	（车削到球顶）
G03 X30 Z0 R15	（精车半球）	G03 X[2*#10] Z0 R#10	（精车半球）
G00 X40	（退刀）	G00 X[2*#10+10]	（退刀）
X100 Z50	（返回）	X100 Z50	（返回）

华中宏程序

解： 采用变量#10 表示球半径，设工件原点在球心，表 4-5 是分别用普通程序（常量）和宏程序（变量）编制的其半球面精加工程序。

表 4-5　半球面精车程序（华中）

普通程序		宏程序	
		#10=15	（将半径值 15 赋给#10）
G00 X100 Z50	（刀具快进到起刀点）	G00 X100 Z50	（刀具快进到起刀点）
X0 Z17	（快进到切削起点）	X0 Z[#10+2]	（快进到切削起点）
G01 Z15	（车削到球顶）	G01 Z[#10]	（车削到球顶）
G03 X30 Z0 R15	（精车半球）	G03 X[2*#10] Z0 R[#10]	（精车半球）
G00 X40	（退刀）	G00 X[2*#10+10]	（退刀）
X100 Z50	（返回）	X100 Z50	（返回）

SIEMENS 参数程序

解： 采用参数 R10（注意此处不是半径 10mm）表示球半径，设工件原点在球心，表 4-6 是分别用普通程序（常量）和参数程序（变量）编制的其半球面精加工程序。

表 4-6　半球面精车程序（SIEMENS）

普通程序		参数程序	
		R10=15	（将半径值 15 赋给 R10）
G00 X100 Z50	（刀具快进到起刀点）	G00 X100 Z50	（刀具快进到起刀点）
X0 Z17	（快进到切削起点）	X0 Z=R10+2	（快进到切削起点）
G01 Z15	（车削到球顶）	G01 Z=R10	（车削到球顶）
G03 X30 Z0 CR=15	（精车半球）	G03 X=2*R10 Z0 CR=R10	（精车半球）
G00 X40	（退刀）	G00 X=2*R10+10	（退刀）
X100 Z50	（返回）	X100 Z50	（返回）

【例 4-4】　设毛坯直径为 $\phi30\,mm$，试用宏程序编制粗、精加工如图 4-4 所示的 SR15 半球面。

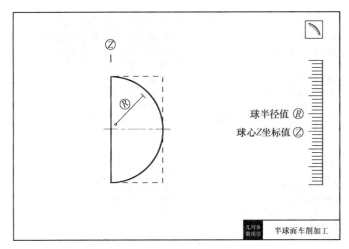

图 4-5　半球面车削加工几何参数模型

半球面车削加工几何参数模型如图 4-5 所示，采用同心圆法编制粗、精加工宏程序如下。

......

```
#1=0                        （将球心 Z 坐标值赋给#1）
#10=15                      （将球半径 R 的值 15 赋给#10）
#11=SQRT[2]*#10             （计算总背吃刀量√2R 的值）
#20=#11-1.5                 （第一刀加工半径值赋值）
WHILE [#20GT#10] DO1        （粗加工循环条件判断）
  G00 X0 Z[#20+#1+2]        （粗加工刀具定位）
  G01 Z[#20+#1]            （直线插补）
  G03 X[2*#20] Z#1 R#20     （粗加工，注意 X 坐标值应为直径值）
  G00 X[2*#20+10]           （退刀）
  Z[#20+#1+2]              （返回）
  #20=#20-1.5              （加工半径递减 1.5mm）
END1                        （循环结束）
G00 X0 Z[#10+#1+2]          （精加工刀具定位）
G01 Z[#10+#1]              （进刀到球顶点）
G03 X[2*#10] Z#1 R#10       （精加工半球面）
G00 X[2*#10+10]             （退刀）
Z[#10+#1+2]                （返回）
```

......

华中宏程序

……

```
#1=0                          （将球心 Z 坐标值赋给#1）
#10=15                        （将球半径 R 的值 15 赋给#10）
#11=SQRT[2]*#10               （计算总背吃刀量 √2R 的值）
#20=#11-1.5                   （第一刀加工半径值赋值）
WHILE #20GT#10                （粗加工循环条件判断）
  G00 X0 Z[#20+#1+2]          （粗加工刀具定位）
  G01 Z[#20+#1]              （直线插补）
  G03 X[2*#20] Z[#1] R[#20]   （粗加工，注意 X 坐标值应为直径值）
  G00 X[2*#20+10]             （退刀）
  Z[#20+#1+2]                 （返回）
  #20=#20-1.5                 （加工半径递减 1.5mm）
ENDW                          （循环结束）
G00 X0 Z[#10+#1+2]            （精加工刀具定位）
G01 Z[#10+#1]                 （进刀到球顶点）
G03 X[2*#10] Z[#1] R[#10]     （精加工半球面）
G00 X[2*#10+10]               （退刀）
Z[#10+#1+2]                   （返回）
```

……

SIEMENS 参数程序

……

```
R1=0                          （将球心 Z 坐标值赋给 R1）
R10=15                        （将球半径 R 的值 15 赋给 R10）
R11=SQRT(2)*R10               （计算总背吃刀量 √2R 的值）
R20=R11-1.5                   （第一刀加工半径值赋值）
AAA：                         （跳转标记符）
  G00 X0 Z=R20+R1+2           （粗加工刀具定位）
  G01 Z=R20+R1               （直线插补）
  G03 X=2*R20 Z=R1 CR=R20     （粗加工，注意 X 坐标值应为直径值）
  G00 X=2*R20+10             （退刀）
  Z=R20+R1+2                 （返回）
  R20=R20-1.5                 （加工半径递减 1.5mm）
IF R20>R10 GOTOB AAA          （粗加工循环条件判断）
G00 X0 Z=R10+R1+2            （精加工刀具定位）
G01 Z=R10+R1                 （进刀到球顶点）
G03 X=2*R10 Z=R1 CR=R10       （精加工半球面）
G00 X=2*R10+10               （退刀）
Z=R10+R1+2                   （返回）
```

……

4.3 轴类零件外轮廓

【例 4-5】 如图 4-6 所示含球头轴类零件，已知 D、R 和 L 尺寸，试编制其加工宏程序。

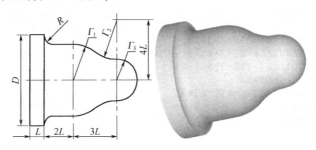

图 4-6 含球头轴类零件

FANUC 宏程序

解： 如图所示，由 $r_1 = D/2 - R$、$r_2 + r_3 = 4L$ 和 $r_1 + r_2 = 5L$ 可得 $r_2 = 5L - r_1$、$r_3 = 4L - r_2$。编制其加工宏程序如下。

```
……
#1=50                                      （D 赋值）
#2=3                                       （R 赋值）
#3=10                                      （L 赋值）
#11=#1/2-#2                                 （计算 r₁ 的值）
#12=5*#3-#11                               （计算 r₂ 的值）
#13=4*#3-#12                               （计算 r₃ 的值）
G00 G42 X0 Z2                              （进刀到切削起点）
G01 Z0                                     （直线插补）
G03 X[2*#13] Z-#13 R#13                    （圆弧插补）
G02 X[2*4*#11/5] Z[-3*#12/5-#13] R#12      （圆弧插补）
G03 X[2*#11] Z[-#13-3*#3] R#11             （圆弧插补）
G01 Z[-#13-5*#3+#2]                        （直线插补）
G02 X#1 Z[-#13-5*#3] R#2                   （圆弧插补）
G01 W-#3                                   （直线插补）
G00 G40 X100                               （退刀）
……
```

华中宏程序

```
……
#1=50                                    （D 赋值）
#2=3                                     （R 赋值）
#3=10                                    （L 赋值）
#11=#1/2-#2                              （计算 r₁ 的值）
#12=5*#3-#11                             （计算 r₂ 的值）
#13=4*#3-#12                             （计算 r₃ 的值）
G00 G42 X0 Z2                            （进刀到切削起点）
G01 Z0                                   （直线插补）
G03 X[2*#13] Z[-#13] R[#13]              （圆弧插补）
G02 X[2*4*#11/5] Z[-3*#12/5-#13] R[#12]  （圆弧插补）
G03 X[2*#11] Z[-#13-3*#3] R[#11]         （圆弧插补）
G01 Z[-#13-5*#3+#2]                      （直线插补）
G02 X[#1] Z[-#13-5*#3] R[#2]             （圆弧插补）
G01 W[-#3]                               （直线插补）
G00 G40 X100                             （退刀）
……
```

SIEMENS 参数程序

```
……
R1=50                                    （D 赋值）
R2=3                                     （R 赋值）
R3=10                                    （L 赋值）
R11=R1/2-R2                              （计算 r₁ 的值）
R12=5*R3-R11                             （计算 r₂ 的值）
R13=4*R3-R12                             （计算 r₃ 的值）
G00 G42 X0 Z2                            （进刀到切削起点）
G01 Z0                                   （直线插补）
G03 X=2*R13 Z=-R13 CR=R13                （圆弧插补）
G02 X=2*4*R11/5 Z=-3*R12/5-R13 CR=R12    （圆弧插补）
G03 X=2*R11 Z=-R13-3*R3 CR=R11           （圆弧插补）
G01 Z=-R13-5*R3+R2                       （直线插补）
G02 X=R1 Z=-R13-5*R3 CR=R2               （圆弧插补）
G91 G01 Z=-R3                            （直线插补）
G90 G00 G40 X100                         （退刀）
……
```

【例 4-6】   数控车削加工如图 4-7 所示零件外轮廓，该零件具有如表 4-7 所示的 4 种不同尺寸规格，试编制其加工宏程序。

表 4-7　4 种不同尺寸规格

几何参数	A	B	C	D	R
尺寸 1	30	50	40	60	3
尺寸 2	25	46	28	48	2
尺寸 3	19	45	21	47	4
尺寸 4	24	55	32	52	3

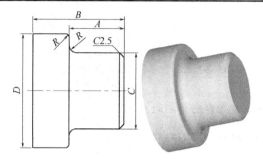

图 4-7　零件外圆面的加工

FANUC 宏程序

解：设工件坐标原点在右端面与工件轴线的交点上，下面是数控车削加工该系列零件的宏程序，仅需要对#10 赋值 "1"、"2"、"3" 或 "4" 即可选择相应 4 种不同尺寸规格的零件进行加工。

......

```
#10=1                     （零件尺寸规格选择）
IF #10EQ1 GOTO1           （尺寸规格判断）
IF #10EQ2 GOTO2           （尺寸规格判断）
IF #10EQ3 GOTO3           （尺寸规格判断）
IF #10EQ4 GOTO4           （尺寸规格判断）
M30                       （若#10 赋值错误则程序直接结束）
  N1 #1=30                （尺寸参数 A 赋值）
  #2=50                   （尺寸参数 B 赋值）
  #3=40                   （尺寸参数 C 赋值）
  #4=60                   （尺寸参数 D 赋值）
  #18=3                   （尺寸参数 R 赋值）
GOTO100                   （无条件跳转）
  N2 #1=25                （尺寸参数 A 赋值）
  #2=46                   （尺寸参数 B 赋值）
  #3=28                   （尺寸参数 C 赋值）
```

```
#4=48                         （尺寸参数 D 赋值）
#18=2                         （尺寸参数 R 赋值）
GOTO100                       （无条件跳转）
  N3 #1=19                    （尺寸参数 A 赋值）
  #2=45                       （尺寸参数 B 赋值）
  #3=21                       （尺寸参数 C 赋值）
  #4=47                       （尺寸参数 D 赋值）
  #18=4                       （尺寸参数 R 赋值）
GOTO100                       （无条件跳转）
  N4 #1=24                    （尺寸参数 A 赋值）
  #2=55                       （尺寸参数 B 赋值）
  #3=32                       （尺寸参数 C 赋值）
  #4=52                       （尺寸参数 D 赋值）
  #18=3                       （尺寸参数 R 赋值）
N100 G00 G42 X[#3-9] Z2       （快进到切削起点）
G01 X[#3] Z-2.5              （直线插补）
Z[-#1+#18]                    （直线插补）
G02 X[#3+2*#18] Z[-#1] R[#18] （圆弧插补）
G01 X[#4-2*#18]              （直线插补）
G03 X[#4] Z[-#1-#18] R[#18]   （圆弧插补）
G01 Z[-#2]                    （直线插补）
G00 G40 X[#4+10]              （退刀）
……
```

华中宏程序

……

```
#10=1                         （零件尺寸规格选择）
IF#10EQ1                      （尺寸规格判断）
  #0=30                       （尺寸参数 A 赋值）
  #1=50                       （尺寸参数 B 赋值）
  #2=40                       （尺寸参数 C 赋值）
  #3=60                       （尺寸参数 D 赋值）
  #17=3                       （尺寸参数 R 赋值）
ENDIF                         （条件结束）
IF#10EQ2                      （尺寸规格判断）
  #0=25                       （尺寸参数 A 赋值）
  #1=46                       （尺寸参数 B 赋值）
  #2=28                       （尺寸参数 C 赋值）
  #3=48                       （尺寸参数 D 赋值）
  #17=2                       （尺寸参数 R 赋值）
ENDIF                         （条件结束）
IF#10EQ3                      （尺寸规格判断）
  #0=19                       （尺寸参数 A 赋值）
  #1=45                       （尺寸参数 B 赋值）
  #2=21                       （尺寸参数 C 赋值）
```

```
  #3=47                             （尺寸参数 D 赋值）
  #17=4                             （尺寸参数 R 赋值）
ENDIF                               （条件结束）
IF#10EQ4                            （尺寸规格判断）
  #0=24                             （尺寸参数 A 赋值）
  #1=55                             （尺寸参数 B 赋值）
  #2=32                             （尺寸参数 C 赋值）
  #3=52                             （尺寸参数 D 赋值）
  #17=3                             （尺寸参数 R 赋值）
ENDIF                               （条件结束）
M03 S1000 T0101 F120                （加工参数设定）
G00 X100 Z100                       （刀具快进到起刀点）
G00 G42 X[#2-9] Z2                  （快进到切削起点）
G01 X[#2] Z-2.5                     （直线插补）
Z[-#0+#17]                          （直线插补）
G02 X[#2+2*#17] Z[-#0] R[#17]       （圆弧插补）
G01 X[#3-2*#17]                     （直线插补）
G03 X[#3] Z[-#0-#17] R[#17]         （圆弧插补）
G01 Z[-#1]                          （直线插补）
G00 G40 X[#3+10]                    （退刀）
……
```

SIEMENS 参数程序

```
……
R10=1                               （零件尺寸规格选择）
IF R10==1 GOTOF AAA                 （尺寸规格判断）
IF R10==2 GOTOF BBB                 （尺寸规格判断）
IF R10==3 GOTOF CCC                 （尺寸规格判断）
IF R10==4 GOTOF DDD                 （尺寸规格判断）
GOTOF LAB                           （若 R10 赋值错误,无条件跳转到程序结束）
AAA:                                （标记符 AAA）
  R0=30                             （尺寸参数 A 赋值）
  R1=50                             （尺寸参数 B 赋值）
  R2=40                             （尺寸参数 C 赋值）
  R3=60                             （尺寸参数 D 赋值）
  R17=3                             （尺寸参数 R 赋值）
GOTOF MAR                           （无条件跳转,不再执行后续赋值程序）
BBB:                                （标记符 BBB）
  R0=25                             （尺寸参数 A 赋值）
  R1=46                             （尺寸参数 B 赋值）
  R2=28                             （尺寸参数 C 赋值）
  R3=48                             （尺寸参数 D 赋值）
  R17=2                             （尺寸参数 R 赋值）
GOTOF MAR                           （无条件跳转）
CCC:                                （标记符 CCC）
```

```
    R0=19                                    （尺寸参数 A 赋值）
    R1=45                                    （尺寸参数 B 赋值）
    R2=21                                    （尺寸参数 C 赋值）
    R3=47                                    （尺寸参数 D 赋值）
    R17=4                                    （尺寸参数 R 赋值）
GOTOF MAR                                    （无条件跳转）
DDD:                                         （标记符 DDD）
    R0=24                                    （尺寸参数 A 赋值）
    R1=55                                    （尺寸参数 B 赋值）
    R2=32                                    （尺寸参数 C 赋值）
    R3=52                                    （尺寸参数 D 赋值）
    R17=3                                    （尺寸参数 R 赋值）
MAR:                                         （标记符 MAR）
    M03 S1000 T1 F120                        （加工参数设定）
    G00 X100 Z100                            （刀具快进到起刀点）
    G00 G42 X=R2-9 Z2                        （快进到切削起点）
    G01 X=R2 Z-2.5                           （直线插补）
    Z=-R0+R17                                （直线插补）
    G02 X=R2+2*R17 Z=-R0 CR=R17              （圆弧插补）
    G01 X=R3-2*R17                           （直线插补）
    G03 X=R3 Z=-R0-R17 CR=R17                （圆弧插补）
    G01 Z=-R1                                （直线插补）
    G00 G40 X=R3+10                          （退刀）
    G00 X100 Z100                            （返回起刀点）
LAB:                                         （标记符 LAB）
......
```

4.4 直沟槽

【例 4-7】 如图 4-8 所示，采用宽度为 3mm 的切槽刀切削零件中的直沟槽，试编制其加工宏程序。

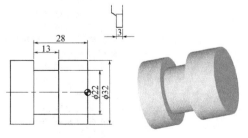

图 4-8 直沟槽

FANUC 宏程序

解：直沟槽车削加工几何参数模型如图 4-9 所示，编制其加工宏程序如下。

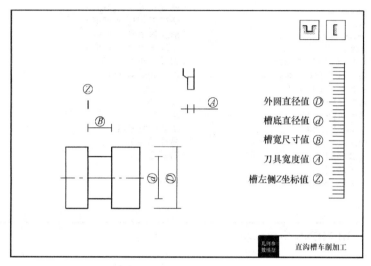

图 4-9　直沟槽车削加工几何参数模型

```
……
#1=32                        （外圆直径 D 赋值）
#2=22                        （槽底直径 d 赋值）
#3=13                        （槽宽尺寸 B 赋值）
#4=3                         （切槽刀宽度 A 赋值）
#5=-28                       （槽左侧 Z 坐标值赋值）
#10=#5+#3                    （计算加工 Z 坐标值）
G00 X[#1+4] Z#10            （刀具快进）
  WHILE [#10GT[#5+#4]] DO1  （加工条件判断）
  G00 Z[#10-#4]            （Z 向定位）
  G01 X#2                  （直线插补切槽）
  G00 X[#1+4]             （退刀）
  #10=#10-#4              （Z 坐标值递减）
  END1                    （循环结束）
G00 Z#5                     （刀具定位）
G01 X#2                     （切最后一刀）
G00 X[#1+10]               （退刀）
……
```

华中宏程序

......
```
#1=32                        （外圆直径 D 赋值）
#2=22                        （槽底直径 d 赋值）
#3=13                        （槽宽尺寸 B 赋值）
#4=3                         （切槽刀宽度 A 赋值）
#5=-28                       （槽左侧 Z 坐标值赋值）
#10=#5+#3                    （计算加工 Z 坐标值）
G00 X[#1+4] Z[#10]           （刀具快进）
  WHILE #10GT[#5+#4]         （加工条件判断）
  G00 Z[#10-#4]             （Z 向定位）
  G01 X[#2]                 （直线插补切槽）
  G00 X[#1+4]               （退刀）
  #10=#10-#4                （Z 坐标值递减）
  ENDW                      （循环结束）
G00 Z[#5]                    （刀具定位）
G01 X[#2]                    （切最后一刀）
G00 X[#1+10]                 （退刀）
......
```

SIEMENS 参数程序

......
```
R1=32                        （外圆直径 D 赋值）
R2=22                        （槽底直径 d 赋值）
R3=13                        （槽宽尺寸 B 赋值）
R4=3                         （切槽刀宽度 A 赋值）
R5=-28                       （槽左侧 Z 坐标值赋值）
R10=R5+R3                    （计算加工 Z 坐标值）
G00 X=R1+4 Z=R10             （刀具快进）
AAA:                         （跳转标记符）
  G00 Z=R10-R4              （Z 向定位）
  G01 X=R2                  （直线插补切槽）
  G00 X=R1+4               （退刀）
  R10=R10-R4               （Z 坐标值递减）
  IF R10>R5 GOTOB AAA       （加工条件判断）
G00 Z=R5                     （刀具定位）
G01 X=R2                     （切最后一刀）
G00 X=R1+10                  （退刀）
......
```

【例 4-8】   如图 4-10 所示，在圆柱面上切槽，要求加工不同槽的组合时以#20 的值作选择，当#20 的值为 "1" 时仅切槽 1，值

为"12"时切槽 1 和 2，值为"1234"时切槽 1、2、3 和 4，值为
"35"时切槽 3 和 5，依此类推，试编制该零件的切槽加工宏程序。

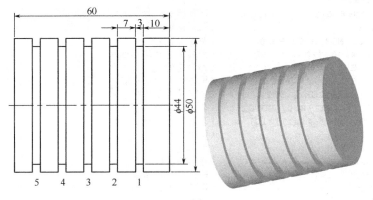

图 4-10　切槽加工

FANUC 宏程序

```
……
#20=123                    （加工槽赋值，赋值"123"则表示要求加工槽
                            1、槽 2 和槽 3）
#1=0                       （个位数赋初值）
#2=0                       （十位数赋初值）
#3=0                       （百位数赋初值）
#4=0                       （千位数赋初值）
#5=0                       （万位数赋初值）
#10=0                      （计数器置零）
WHILE [#10LT#20] DO1       （确定各位数值循环）
  IF [#1NE10] GOTO1        （如果个位数不满 10 程序跳转）
  #1=0                     （个位置零）
  #2=#2+1                  （十位递增 1）
  N1                       （程序跳转标记符）
  IF [#2NE10] GOTO2        （如果十位数不满 10 程序跳转）
  #2=0                     （十位置 0）
  #3=#3+1                  （百位递增 1）
  N2                       （程序跳转标记符）
  IF [#3NE10] GOTO3        （如果百位数不满 10 程序跳转）
  #3=0                     （百位置 0）
  #4=#4+1                  （千位递增 1）
  N3                       （程序跳转标记符）
  IF [#4NE10] GOTO4        （如果千位数不满 10 程序跳转）
```

```
  #4=0                              （千位置 0）
  #5=#5+1                           （万位递增 1）
  N4                                （程序跳转标记符）
  #1=#1+1                           （个位递增）
  #10=#10+1                         （计数器递增）
END1                                （循环结束）
T0101 M03 S800 F0.08                （加工参数）
G00 X100 Z100                       （刀具快进到起刀点）
X60 Z-3                             （刀具定位）
#11=5                               （槽位计数器赋初值）
WHILE [#11GE1] DO2                  （加工循环条件判断）
  IF [#[#11]EQ0] GOTO100            （若各位数为 0 程序跳转）
  G00 Z[-3-#[#11]*10]               （刀具定位到槽上方）
  G01 X44                           （切槽）
  G00 X60                           （退刀）
  N100                              （程序跳转标记符）
  #11=#11-1                         （槽位计数器递减）
END2                                （循环结束）
G00 X100 Z100                       （返回起刀点）
……
```

上述程序虽然正确，但是执行效率太低，修改后的宏程序如下。

```
……
#20=123                            （加工槽赋值，赋值"123"则表示要求加工槽
                                    1、槽 2 和槽 3）
#10=#20/10000                      （除以 10000）
#1=0                               （万位计数器置 0）
N1                                 （跳转标记符）
IF [#10LT1] GOTO2                   （条件判断）
#10=#10-1                          （#10 递减）
#1=#1+1                            （万位计数器递增）
GOTO1                              （无条件跳转）
  N2                               （跳转标记符）
  #10=[#20-#1*10000]/1000          （计算万位以下的数值）
  #2=0                             （千位计数器置 0）
  N3                               （跳转标记符）
  IF [#10LT1] GOTO4                 （条件判断）
  #10=#10-1                        （#10 递减）
  #2=#2+1                          （千位计数器递增）
  GOTO3                            （无条件跳转）
    N4                             （跳转标记符）
    #10=#10*10                     （计算千位以下的数值）
    #3=0                           （百位计数器置 0）
    N5                             （跳转标记符）
    IF [#10LT1] GOTO6               （条件判断）
    #10=#10-1                      （#10 递减）
```

```
  #3=#3+1                    （百位计数器递增）
  GOTO5                      （无条件跳转）
    N6                       （跳转标记符）
    #10=#10*10               （计算百位以下的数值）
    #4=0                     （十位计数器置0）
    N7                       （跳转标记符）
    IF [#10LT1] GOTO8        （条件判断）
    #10=#10-1                （#10递减）
    #4=#4+1                  （十位计数器递增）
    GOTO7                    （无条件跳转）
N8                           （跳转标记符）
#5=#10*10                    （个位赋值）
T0101 M03 S800 F0.08         （加工参数）
G00 X100 Z100                （刀具快进到起刀点）
X60 Z-3                      （刀具定位）
#11=5                        （槽位计数器赋初值）
WHILE [#11GE1] DO1           （加工循环条件判断）
  IF [#[#11]EQ0] GOTO100     （若各位数为0程序跳转）
  G00 Z[-3-#[#11]*10]        （刀具定位到槽上方）
  G01 X44                    （切槽）
  G00 X60                    （退刀）
  N100                       （程序跳转标记符）
  #11=#11-1                  （槽位计数器递减）
END1                         （循环结束）
G00 X100 Z100                （返回起刀点）
……
```

华中宏程序

```
……
#20=123                      （加工槽赋值，赋值"123"则表示要求加工槽
                              1、槽2和槽3）
#1=0                         （个位数赋初值）
#2=0                         （十位数赋初值）
#3=0                         （百位数赋初值）
#4=0                         （千位数赋初值）
#5=0                         （万位数赋初值）
#10=0                        （计数器置零）
WHILE #10LT#20               （确定各位数值循环）
  IF #1EQ10                  （如果个位数满10）
  #1=0                       （个位置零）
  #2=#2+1                    （十位递增1）
  ENDIF                      （条件结束）
  IF #2EQ10                  （如果十位数满10）
  #2=0                       （十位置0）
  #3=#3+1                    （百位递增1）
```

```
  ENDIF                        （条件结束）
  IF #3EQ10                    （如果百位数满 10）
  #3=0                         （百位置 0）
  #4=#4+1                      （千位递增 1）
  ENDIF                        （条件结束）
  IF #4EQ10                    （如果千位数满 10）
  #4=0                         （千位置 0）
  #5=#5+1                      （万位递增 1）
  ENDIF                        （条件结束）
  #1=#1+1                      （个位递增）
  #10=#10+1                    （计数器递增）
ENDW                           （循环结束）
T0101 M03 S800 F120            （加工参数）
G00 X100 Z100                  （刀具快进到起刀点）
X60 Z-3                        （刀具定位）
#11=5                          （槽位计数器赋初值）
WHILE #11GE1                   （加工循环条件判断）
  IF #[#11]NE0                 （若各位数不为 0）
  G00 Z[-3-#[#11]*10]          （刀具定位到槽上方）
  G01 X44                      （切槽）
  G00 X60                      （退刀）
  ENDIF                        （条件结束）
  #11=#11-1                    （槽位计数器递减）
ENDW                           （循环结束）
G00 X100 Z100                  （返回起刀点）
……
```

SIEMENS 参数程序

```
……
R20=123                        （加工槽赋值，如赋值"123"表示要求加工槽
                                 1、槽 2 和槽 3）
R1=0                           （个位数赋初值）
R2=0                           （十位数赋初值）
R3=0                           （百位数赋初值）
R4=0                           （千位数赋初值）
R5=0                           （万位数赋初值）
R10=0                          （计数器置零）
AAA：                          （跳转标记）
  IF R1<>10 GOTOF BBB          （如果个位数满 10）
  R1=0                         （个位置零）
  R2=R2+1                      （十位递增 1）
  BBB：                        （跳转标记）
  IF R2<>10 GOTOF CCC          （如果十位数满 10）
  R2=0                         （十位置 0）
  R3=R3+1                      （百位递增 1）
```

```
   CCC:                        （跳转标记）
   IF R3<>10 GOTOF DDD         （如果百位数满 10）
   R3=0                        （百位置 0）
   R4=R4+1                     （千位递增 1）
   DDD:                        （跳转标记）
   IF R4<>10 GOTOF EEE         （如果千位数满 10）
   R4=0                        （千位置 0）
   R5=R5+1                     （万位递增 1）
   EEE:                        （跳转标记）
   R1=R1+1                     （个位递增）
   R10=R10+1                   （计数器递增）
IF R10<R20 GOTOB AAA           （条件判断）
T1 M03 S800 F120               （加工参数设置）
G00 X100 Z100                  （刀具快进到起刀点）
X60 Z-3                        （刀具定位）
R11=5                          （槽位计数器赋初值）
LAB:                           （跳转标记符）
   IF R[R11]==0 GOTOF MAR      （若各位数为 0）
   G00 Z=-3-R[R11]*10          （刀具定位到槽上方）
   G01 X44                     （切槽）
   G00 X60                     （退刀）
   MAR:                        （跳转标记符）
   R11=R11-1                   （槽位计数器递减）
IF R11<=1 GOTOB LAB            （加工条件判断）
G00 X100 Z100                  （返回起刀点）
……
```

[4.5] 内孔

【例 4-9】　在数控车床上用麻花钻钻削加工如图 4-11 所示的 $\phi12mm \times 35mm$ 的孔，试编制其加工宏程序。

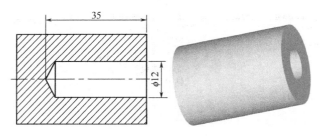

图 4-11　钻孔加工

解： 钻孔几何参数模型如图 4-12 所示，设钻头定位到 R 点后，每次钻孔深度 Q 后适当退刀，直至加工到孔底，孔底坐标值为 Z。

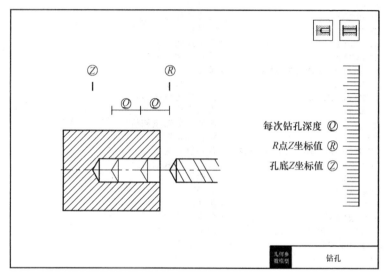

图 4-12　钻孔几何参数模型

```
……
#1=15                        （每次钻孔深度 Q 赋值）
#2=2                         （R 点 Z 坐标值赋值）
#3=-35                       （孔底 Z 坐标值赋值）
#10=#2-#1                    （加工 Z 坐标值赋值）
G00 X0 Z#2                   （刀具定位）
WHILE [#10GT#3] DO1          （加工条件判断）
G01 Z#10                     （钻孔）
G00 Z[#10+5]                 （退刀）
#10=#10-#1                   （加工 Z 坐标值递减）
END1                         （循环结束）
G01 Z#3                      （钻孔）
G00 Z[#2+10]                 （退刀）
……
```

华中宏程序

......

```
#1=15              （每次钻孔深度 Q 赋值）
#2=2               （R 点 Z 坐标值赋值）
#3=-35             （孔底 Z 坐标值赋值）
#10=#2-#1          （加工 Z 坐标值赋值）
G00 X0 Z[#2]       （刀具定位）
WHILE #10GT#3      （加工条件判断）
G01 Z[#10]         （钻孔）
G00 Z[#10+5]       （退刀）
#10=#10-#1         （加工 Z 坐标值递减）
ENDW               （循环结束）
G01 Z[#3]          （钻孔）
G00 Z[#2+10]       （退刀）
```

......

SIEMENS 参数程序

......

```
R1=15              （每次钻孔深度 Q 赋值）
R2=2               （R 点 Z 坐标值赋值）
R3=-35             （孔底 Z 坐标值赋值）
R10=R2-R1          （加工 Z 坐标值赋值）
G00 X0 Z=R2        （刀具定位）
AAA:               （程序跳转标记符）
G01 Z=R10          （钻孔）
G00 Z=R10+5        （退刀）
R10=R10-R1         （加工 Z 坐标值递减）
IF R10>R3 GOTOB AAA （加工条件判断）
G01 Z=R3           （钻孔）
G00 Z=R2+10        （退刀）
```

......

4.6 外圆柱螺纹

【例 4-10】 如图 4-13 所示，外圆柱螺纹尺寸为 M24×2，螺纹长度 30mm，试编制其加工宏程序。

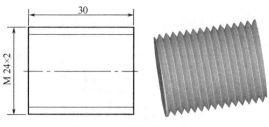

图 4-13　外圆柱螺纹

FANUC 宏程序

解: 外圆柱螺纹车削加工几何参数模型如图 4-14 所示,编制其加工宏程序如下。

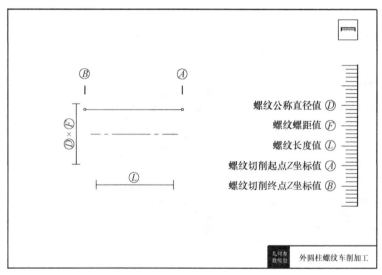

图 4-14　外圆柱螺纹车削加工几何参数模型

......

#1=24	(螺纹公称直径 D 赋值)
#2=2	(螺纹螺距 F 赋值)
#3=30	(螺纹长度 L 赋值)
#4=4	(螺纹切削起点 Z 坐标值赋值)
#5=-32	(螺纹切削终点 Z 坐标值赋值)
#10=0.8	(螺纹切削第一刀吃刀深度赋值)

```
#11=1                        （切削深度变量赋值）
#12=#1-2*0.6495*#2           （螺纹小径计算）
#13=#1-#10                   （螺纹切削 X 坐标值赋值）
G00 X[#1+4] Z#4              （进刀到循环起点）
  WHILE [#13GT#12] DO1       （加工条件判断）
  G92 X#13 Z#5 F#2           （螺纹切削循环）
  #11=#11+1                  （切削深度变量递增）
  #13=#1-#10*SQRT[#11]       （螺纹切削 X 坐标值递减）
  END1                       （循环结束）
G92 X#12 Z#5 F#2             （螺纹精车）
……
```

华中宏程序

```
……
#1=24                        （螺纹公称直径 D 赋值）
#2=2                         （螺纹螺距 F 赋值）
#3=30                        （螺纹长度 L 赋值）
#4=4                         （螺纹切削起点 Z 坐标值赋值）
#5=-32                       （螺纹切削终点 Z 坐标值赋值）
#10=0.8                      （螺纹切削第一刀吃刀深度赋值）
#11=1                        （切削深度变量赋值）
#12=#1-2*0.6495*#2           （螺纹小径计算）
#13=#1-#10                   （螺纹切削 X 坐标值赋值）
G00 X[#1+4] Z[#4]            （进刀到循环起点）
  WHILE #13GT#12             （加工条件判断）
  G82 X[#13] Z[#5] F[#2]     （螺纹切削循环）
  #11=#11+1                  （切削深度变量递增）
  #13=#1-#10*SQRT[#11]       （螺纹切削 X 坐标值递减）
  ENDW                       （循环结束）
G82 X[#12] Z[#5] F[#2]       （螺纹精车）
……
```

SIEMENS 参数程序

```
……
R1=24                        （螺纹公称直径 D 赋值）
R2=2                         （螺纹螺距 F 赋值）
R3=30                        （螺纹长度 L 赋值）
R4=4                         （螺纹切削起点 Z 坐标值赋值）
R5=-32                       （螺纹切削终点 Z 坐标值赋值）
R10=0.8                      （螺纹切削第一刀吃刀深度赋值）
R11=1                        （切削深度变量赋值）
R12=R1-2*0.6495*R2           （螺纹小径计算）
R13=R1-R10                   （螺纹切削 X 坐标值赋值）
```

```
G00  X=R1+4  Z=R4              （进刀到循环起点）
AAA：                          （程序跳转标记符）
  IF R13<=R12 GOTOF BBB        （加工条件判断）
  G00  X=R13                   （进刀）
  G33  Z=R5  K=R2              （螺纹切削）
  G00  X=R1+4                  （退刀）
  Z=R4                         （返回）
  R11=R11+1                    （切削深度变量递增）
  R13=R1-R10*SQRT(R11)         （螺纹切削 X 坐标值递减）
  GOTOB AAA                    （无条件跳转）
  BBB：                        （程序跳转标记符）
G00  X=R12                     （进刀）
G33  Z=R5  K=R2                （螺纹切削）
G00  X=R1+4                    （退刀）
……
```

[4.7] 变螺距螺纹

（1）变螺距螺纹的螺距变化规律

常用变距螺纹的螺距变化规律如图 4-15 所示，螺纹的螺距是按等差级数规律渐变排列的，图中 P 为螺纹的基本螺距，ΔP 为主轴每转螺距的增量或减量。

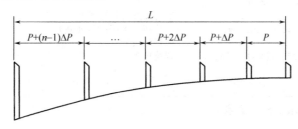

图 4-15 变距螺纹螺距变化规律示意图

由图可得第 n 圈的螺距为

$$P_n = P + (n-1)\Delta P$$

设螺旋线上第 1 圈螺纹起始点到第 n 圈螺纹终止点的距离为 L，则可得

$$L = nP + \frac{n(n-1)}{2}\Delta P$$

式中，P 为基本螺距；ΔP 为螺距变化量；n 为螺旋线圈数。

（2）**变距螺纹的种类及加工工艺**

变距螺纹有两种情况，一种是槽等宽牙变距螺纹，另一种是牙等宽槽变距螺纹。

槽等宽牙变距螺纹加工时，主轴带动工件匀速转动，同时刀具作轴向匀加（减）速移动就能形成变距螺旋线。

对于牙等宽槽变距螺纹的加工要比槽等宽牙变距螺纹复杂一些，表面上看要车成变槽宽，只能是在变距车削的过程中使刀具宽度均匀变大才能实现，不过这是不现实的。实际加工中可通过改变螺距和相应的起刀点来进行赶刀，逐渐完成螺纹加工。具体方法是：第一刀先车出一个槽等宽牙变距的螺纹，第二刀切削时的起刀点向端面靠近（或远离）一定距离，同时基本螺距变小一个靠近的距离（或变大一个远离的距离），第三刀再靠近（或远离）一定距离，基本螺距再变小一个靠近的距离（或再变大一个远离的距离），依此类推，直至加工到要求尺寸要求为止。

（3）**牙等宽槽变距螺纹加工相关计算**

如图 4-16 所示为牙宽 H 以基本螺距 P 为导入空刀量的牙等宽槽变距螺纹加工结果示意图，该螺纹是通过改变螺距和相应的起刀点来进行赶刀，以加工多个槽等宽牙变距螺纹逐渐叠加完成加工的。图 4-17 表示首先选择刀具宽度为 V，以 P 为基本螺距加工出一个槽等宽牙变距螺纹到第 n 圈（螺距为 P_n）。图 4-18 表示最后一次赶刀，刀具在第 n 圈朝右偏移距离 U（如图虚线箭头示意，但进给方向仍为图中实线箭头方向为从右向左）后以 $P-\Delta P$ 为基本螺距，螺距变化量仍为 ΔP 加工到螺距为 P_{n-1} 的第 n 圈。

设工件右端面为 Z 向原点，则第一刀的切削起点的 Z 坐标值 $Z_1 = P$，最后一刀的切削起点的 Z 坐标值 $Z_2 = 2P - \Delta P - V - H$。由图可得从第二刀到最后一刀第 n 圈的赶刀量（即第 n 圈第一刀加工后的轴向加工余量）为 U，螺距递减一个螺距变化量 ΔP，则赶刀次数至少为 $Q = \dfrac{U}{V}$ 的值上取整。其中，Q 为赶刀次数，V 为刀具宽度，U 为赶刀量，$U = Pn - V - H$，H 为牙宽。每一次赶刀时切削起点的偏移量 $M = \dfrac{Z_2 - Z_1}{Q}$，每一次赶刀的螺距变化量 $N = \dfrac{\Delta P}{Q}$。

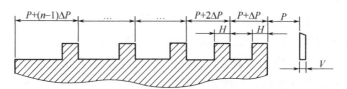

图 4-16 牙等宽槽变距螺纹加工结果示意图

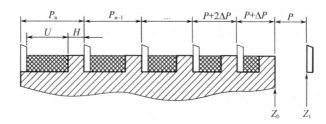

图 4-17 牙等宽槽变距螺纹第一刀加工示意图

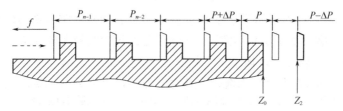

图 4-18 牙等宽槽变距螺纹最后一刀加工示意图

（4）变距螺纹实际加工注意事项

① 根据不同的加工要求合理选择刀具宽度。

② 根据不同情况正确设定 F 初始值和起刀点的位置。从切削起点开始车削的第一个螺距 $P = F + \Delta P$。车削牙等宽槽变距螺纹时注意选择正确的赶刀量，因为赶刀量是叠加的，若第 1 牙赶刀

0.1mm，则第 10 牙的赶刀量是 1mm，因此要考虑刀具强度是否足够和赶刀量是否超出刀宽。

③ 根据不同要求正确计算螺距偏移量和循环刀数。

④ 由于变距螺纹的螺纹升角随着导程的增大而变大，所以刀具左侧切削刃的刃磨后角应等于工作后角加上最大螺纹升角 ψ，即后角 $\alpha_0 = (3° \sim 5°) + \psi$。

【例 4-11】 编制程序完成如图 4-19 所示槽等宽牙变螺距矩形螺纹的数控车削加工。

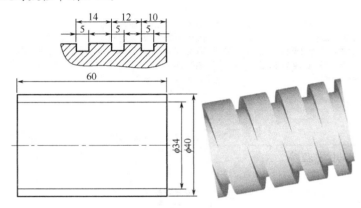

图 4-19 槽等宽牙变螺距矩形螺纹

FANUC 宏程序

解： 如图 4-19 所示，该变距螺纹的基本螺距 $P = 10$mm，螺距增量 $\Delta P = 2$mm，螺纹总长度 $L = 60$mm，代入方程

$$L = nP + \frac{n(n-1)}{2}\Delta P$$

解得 $n \approx 4.458$，即该螺杆有 5 圈螺旋线（第 5 圈不完整），再由

$$P_n = P + (n-1)\Delta P$$

得第 5 圈螺纹螺距为 18mm。

选择 5mm 宽的矩形螺纹车刀，从距离右端面 8mm 处开始切削
加工（基于螺纹加工升降速影响和安全考虑，选择切削起点距离右
端面 1 个螺距的导入空刀量），到距离左端面 6mm 后螺纹加工完
毕退刀（考虑了导出空刀量），所以螺距初始值为 8mm（而程序中
的 *F* 值应为 8-2=6mm）。设工件坐标系原点在工件右端面和轴线
的交点上，编制螺纹精加工程序如下：

```
……
#1=8                        （初始螺距赋值）
#2=2                        （螺距增量赋值）
#3=8                        （切削起点 Z 坐标值赋值）
#4=-66                      （切削终点 Z 坐标值赋值）
G00 X34 Z8                  （快进至螺纹切削起点）
  WHILE [#3GT#4] DO1        （当 Z 坐标值大于#4 时执行循环）
  G32 W-#1 F[#1-#2]         （螺纹加工）
  #3=#3-#1                  （Z 坐标值递减）
  #1=#1+#2                  （螺距递增）
  END1                      （循环结束）
……
```

华中宏程序

```
……
#1=8                        （初始螺距赋值）
#2=2                        （螺距增量赋值）
#3=8                        （切削起点 Z 坐标值赋值）
#4=-66                      （切削终点 Z 坐标值赋值）
X34 Z8                      （快进至螺纹切削起点）
G64                         （连续切削）
WHILE #3GT#4                （当 Z 坐标值大于#4 时执行循环）
  G32 W[-#1] F[#1-#2]       （螺纹加工）
  #3=#3-#1                  （Z 坐标值递减）
  #1=#1+#2                  （螺距递增）
ENDW                        （循环结束）
……
```

SIEMENS 参数程序

```
……
R1=8                        （初始螺距赋值）
R2=2                        （螺距增量赋值）
R3=8                        （切削起点 Z 坐标值赋值）
R4=-66                      （切削终点 Z 坐标值赋值）
```

```
G64                          （连续切削）
X34 Z8                       （快进至螺纹切削起点）
AAA:                         （跳转标记符）
  G33 Z=IC(-R1) K=R1-R2      （螺纹加工）
  R3=R3-R1                   （Z坐标值递减）
  R1=R1+R2                   （螺距递增）
IF R3>R4 GOTOB AAA           （当Z坐标值大于R4时执行循环）
......
```

【例4-12】 如图4-20所示为牙等宽槽变距矩形螺纹，试编制数控车削加工该变距螺纹的宏程序。

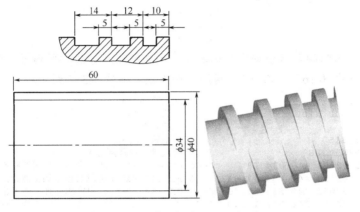

图4-20 牙等宽槽变距矩形螺纹

FANUC宏程序

由图可得，螺纹牙宽 H =5mm，螺距增量 ΔP =2mm，同例题分析可得其基本（初始）螺距 P =8mm，终止螺距 P_s =18mm。若选择宽度 V =2mm的矩形螺纹刀加工，则第一刀切削后工件实际轴向剩余最大余量为

$$U = P_s - V - H = 18 - 2 - 5 = 11\,mm$$

还需切削的次数为

$$Q = \frac{U}{V} = \frac{11}{2} = 5.5$$

即至少还需车削6刀。设工件坐标原点在右端面与轴线的交点

上，第一刀的 Z 坐标值为

$$Z_1 = P = 8\,\text{mm}$$

最后一刀切削起点的 Z 坐标值为

$$Z_2 = 2P - \Delta P - V - H = 2 \times 8 - 2 - 2 - 5 = 7\,\text{mm}$$

则每一次赶刀时切削起点的偏移量为

$$M = \frac{Z_2 - Z_1}{Q} = \frac{7 - 8}{6} \approx -0.167\,\text{mm}$$

每一次赶刀的螺距变化量为

$$N = \frac{\Delta P}{Q} = \frac{2}{6} \approx 0.333\,\text{mm}$$

编制加工程序如下（注意程序中切削起点 Z 坐标值由 $Z_1 = 8$ 递增 6 次 -0.167 到 $Z_2 = 7$，螺距 F 由 6 递减 6 次 0.333 到 4）。

```
O2050                                          （主程序号）
G54 G00 X100 Z50                               （选择 G54 工件坐标系，螺纹刀具移动到
                                                起刀点）
M03 S150                                       （主轴正转）
G00 X50 Z8                                     （快进至循环起点）
G65 P2051 A40 B34 I8     J-66 F6.0   K2        （调用宏程序加工变距螺纹）
G65 P2051 A40 B34 I7.833 J-66 F5.667 K2        （调用宏程序加工变距螺纹）
G65 P2051 A40 B34 I7.666 J-66 F5.334 K2        （调用宏程序加工变距螺纹）
G65 P2051 A40 B34 I7.499 J-66 F5.001 K2        （调用宏程序加工变距螺纹）
G65 P2051 A40 B34 I7.332 J-66 F4.668 K2        （调用宏程序加工变距螺纹）
G65 P2051 A40 B34 I7.165 J-66 F4.335 K2        （调用宏程序加工变距螺纹）
G65 P2051 A40 B34 I7     J-66 F4    K2         （调用宏程序加工变距螺纹）
G00 X100 Z50                                   （返回起刀点）
M05                                            （主轴停）
M30                                            （程序结束）
 (********)
O2051                                          （子程序号）
#1=#1-2                                         （X 坐标值赋初值）
N10 G00 X[#1+10] Z#4                            （快进到循环起点）
IF[#1GT#2]THEN#20=0.1                           （当#1 大于#2 吃刀深度为 0.1）
IF[#1GT[#2+0.2]]THEN#20=0.5                     （当#1 大于#2+0.2 时吃刀深度为 0.5）
IF[#1GT[#2+1]]THEN#20=1.5                       （当#1 大于#2+1 时吃刀深度为 1.5）
#30=#4                                          （将#4 赋给#30）
#31=#9                                          （将#9 赋给#31）
X#1                                            （X 向刀具定位）
 WHILE[#30GT#5]DO1                              （当 Z 坐标值大于#5 时执行循环 1）
 G32 W-#31 F[#31-#6]                            （螺纹加工）
 #30=#30-#31                                    （Z 坐标值递减）
 #31=#31+#6                          （螺距递增）
```

```
  END1                    (循环体 1 结束)
G00 X[#1+10]              (X 向退刀)
#1=#1-#20                 (X 坐标值递减)
IF[#1GT#2]GOTO10          (条件判断)
#30=#4                    (将#4 赋给#30)
#31=#9                    (将#9 赋给#31)
Z#4                       (返回循环起点)
X#2                       (X 向刀具精加工定位)
  WHILE[#30GT#5]DO2       (当 Z 坐标值大于#5 时执行循环 1)
  G32 W-#31 F[#31-#6]     (螺纹加工)
  #30=#30-#31             (Z 坐标值递减)
  #31=#31+#6              (螺距递增)
  END2                    (循环体 1 结束)
G00 X[#1+10]             (X 向退刀)
Z#4                       (返回起刀点)
M99                       (程序结束)
```

　　上述程序是先以工件的第一个螺距为 10mm 加工一个槽等宽牙变距螺纹（图 4-21），然后逐渐往 Z 轴正方向也就是槽的右面赶刀（该过程中切削起点逐渐靠近工件端面，基本螺距逐渐变小），直到工件第一个螺距为 8mm（图 4-22）最终完成变距螺纹的加工，该方法称为正向偏移直进法车削。

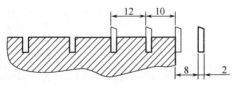

图 4-21　正向偏移直进法车削第一步

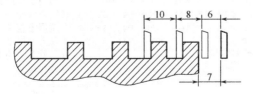

图 4-22　正向偏移直进法车削最后一步

　　另外一种方法是负向偏移直进法车削，先以工件的第一个螺距为 8mm 加工一个槽等宽牙变距螺纹（图 4-23），然后逐渐往 Z 轴负方向也就是槽的左面赶刀（该过程中切削起点逐渐远离工件端面，基本螺距逐渐变大），直到工件第一个螺距为 10mm（图 4-24）完成牙等宽槽变距螺纹的加工。除了直进法车削外还可以采用分层法车削。

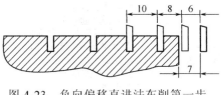

图 4-23　负向偏移直进法车削第一步

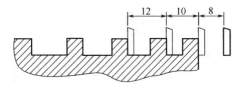

图 4-24　负向偏移直进法车削最后一步

华中宏程序

```
%2050                                        （主程序号）
T0303 M03 S150                               （加工参数设定）
G00 X100 Z50                                 （螺纹刀具移动到起刀点）
X50 Z8                                       （快进至循环起点）
M98 P2051 A40 B34 I8      J-66 F6      K2    （调用宏程序加工变距螺纹）
M98 P2051 A40 B34 I7.833 J-66 F5.667 K2      （调用宏程序加工变距螺纹）
M98 P2051 A40 B34 I7.666 J-66 F5.334 K2      （调用宏程序加工变距螺纹）
M98 P2051 A40 B34 I7.499 J-66 F5.001 K2      （调用宏程序加工变距螺纹）
M98 P2051 A40 B34 I7.332 J-66 F4.668 K2      （调用宏程序加工变距螺纹）
M98 P2051 A40 B34 I7.165 J-66 F4.335 K2      （调用宏程序加工变距螺纹）
M98 P2051 A40 B34 I7      J-66 F4      K2    （调用宏程序加工变距螺纹）
G00 X100 Z50                                 （返回起刀点）
M30                                          （程序结束）
 （********）
%2051                                        （宏子程序）
#20=#0                                       （X坐标赋初值）
WHILE #20GT#1                                （粗精加工条件判断）
  #20=#20-0.5                                （X坐标递减）
  IF #20LE#1                                 （精加工条件判断）
  #20=#1                                     （将螺纹小径赋给#20）
  ENDIF                        （条件结束）
```

```
  G00 X[#20] Z[#8]              (刀具定位到切削起点)
  G64                           (连续切削)
  #30=#8                        (Z坐标赋初值)
  #31=#5                        (螺距赋初值)
  WHILE #30GE#9                 (变距螺纹加工循环条件判断)
    G32 W[-#31] F[#31-#10]      (螺纹加工)
    #30=#30-#31                 (Z坐标值递减)
    #31=#31+#10                 (螺距递增)
  ENDW                          (循环结束)
  G00 X[#0+10]                  (退刀)
  Z[#8]                         (返回)
ENDW                            (粗精加工循环结束)
M99                             (子程序结束并返回主程序)
```

SIEMENS 参数程序

```
CX2050.MPF          (主程序号)
T03 M03 S150        (加工参数设定)
G00 X100 Z50        (螺纹刀具移动到起刀点)
X50 Z8              (快进至循环起点)
R0=40               (螺纹大径值赋值)
R1=34               (螺纹小径值赋值)
R8=8                (考虑导入空刀量后的切削起点的Z坐标值赋值)
R9=-66              (考虑导出空刀量后的切削终点的Z坐标值赋值)
R5=6                (螺距初始值赋值)
R10=2               [螺距增(减)量赋值]
L2051               (调用子程序加工变距螺纹)
R0=40               (螺纹大径值赋值)
R1=34               (螺纹小径值赋值)
R8=7.833            (考虑导入空刀量后的切削起点的Z坐标值赋值)
R9=-66              (考虑导出空刀量后的切削终点的Z坐标值赋值)
R5=5.667            (螺距初始值赋值)
R10=2               [螺距增(减)量赋值]
L2051               (调用子程序加工变距螺纹)
R0=40               (螺纹大径值赋值)
R1=34               (螺纹小径值赋值)
R8=7.666            (考虑导入空刀量后的切削起点的Z坐标值赋值)
R9=-66              (考虑导出空刀量后的切削终点的Z坐标值赋值)
R5=5.334            (螺距初始值赋值)
R10=2               [螺距增(减)量赋值]
L2051               (调用子程序加工变距螺纹)
R0=40               (螺纹大径值赋值)
R1=34               (螺纹小径值赋值)
R8=7.499            (考虑导入空刀量后的切削起点的Z坐标值赋值)
R9=-66              (考虑导出空刀量后的切削终点的Z坐标值赋值)
```

```
R5=5.001                    （螺距初始值赋值）
R10=2                       [螺距增（减）量赋值]
L2051                       （调用子程序加工变距螺纹）
R0=40                       （螺纹大径值赋值）
R1=34                       （螺纹小径值赋值）
R8=7.332                    （考虑导入空刀量后的切削起点的Z坐标值赋值）
R9=-66                      （考虑导出空刀量后的切削终点的Z坐标值赋值）
R5=4.668                    （螺距初始值赋值）
R10=2                       [螺距增（减）量赋值]
L2051                       （调用子程序加工变距螺纹）
R0=40                       （螺纹大径值赋值）
R1=34                       （螺纹小径值赋值）
R8=7.165                    （考虑导入空刀量后的切削起点的Z坐标值赋值）
R9=-66                      （考虑导出空刀量后的切削终点的Z坐标值赋值）
R5=4.335                    （螺距初始值赋值）
R10=2                       [螺距增（减）量赋值]
L2051                       （调用子程序加工变距螺纹）
R0=40                       （螺纹大径值赋值）
R1=34                       （螺纹小径值赋值）
R8=7                        （考虑导入空刀量后的切削起点的Z坐标值赋值）
R9=-66                      （考虑导出空刀量后的切削终点的Z坐标值赋值）
R5=4                        （螺距初始值赋值）
R10=2                       [螺距增（减）量赋值]
L2051                       （调用子程序加工变距螺纹）
G00  X100  Z50              （返回起刀点）
M30                         （程序结束）
 （＊＊＊＊＊＊＊＊）
L2051.SPF                   （子程序号）
R20=R0                      （X坐标赋初值）
AAA:                        （跳转标记）
  R20=R20-0.5               （X坐标递减）
  IF R20<=R1 GOTOF CCC      （精加工条件判断）
  GOTOF DDD                 （条件结束）
  CCC:                      （条件结束）
  R20=R1                    （将螺纹小径赋给R20）
  DDD:                      （条件结束）
  G00  X=R20  Z=R8          （刀具定位到切削起点）
  G64                       （连续切削）
  R30=R8                    （Z坐标赋初值）
  R31=R5                    （螺距赋初值）
  BBB:                      （变距螺纹加工循环条件判断）
    G33 Z=IC(-R31) K=R31-R10        （螺纹加工）
    R30=R30-R31             （Z坐标值递减）
    R31=R31+R10             （螺距递增）
  IF R30>=R9 GOTOB BBB      （加工条件判断）
```

```
  G00  X=R0+10                  （退刀）
    Z=R8                        （返回）
IF R20>R1 GOTOB AAA            （加工条件判断）
M17                            （子程序结束并返回主程序）
```

第5章
公式曲线的宏程序编程模板

（1）函数

设 D 是给定的一个数集，若有两个变量 X 和 Y，当变量 X 在 D 中取某个特定值时，变量 Y 依确定的关系 f 也有一个确定的值，则称 Y 是 X 的函数，f 称为 D 上的一个函数关系，记为 $Y=f(X)$，X 称为自变量，Y 称为因变量。当 X 取遍 D 中各数，对应的 Y 构成一数集 R，D 称为定义域或自变数域，R 称为值域或因变数域。

由于数控车床使用 XZ 坐标系，则用 Z、X 分别代替 X、Y，即数控车削加工公式曲线中曲线方程是变量 X 与 Z 的关系。例如图 5-1 所示曲线的函数为 $X=f(Z)$，Z 为自变量，X 为因变量，若设起点 A 在 Z 轴上的坐标值为 Za（自变量起点），终点 B 在 Z 轴上的坐标值为 Zb（自变量终点），则 $D=Z_a$，Zb 为定义域，X 是 Z 的函数，当 Z 取遍 D 中各数，对应的 X 构成的数集 R 为值域。当然也可以将 $X=f(Z)$ 进行函数变换得到表达式 $Z=f(X)$，即 X 为自变量，Z 为因变量，Z 是 X 的函数。

（2）数控编程中公式曲线的数学处理

公式曲线包括除圆以外的各种可以用方程描述的圆锥二次曲线（如：抛物线、椭圆、双曲线）、阿基米德螺线、对数螺旋线及各种参数方程、极坐标方程所描述的平面曲线与列表曲线等。数控机床在加工上述各种曲线平面轮廓时，一般都不能直接进行编程，而必须经过数学处理以后，以直线或圆弧逼近的方法来实现。但这一工作一般都比较复杂，有时靠手工处理已经不大可能，必须借助计算机进行辅助处理，最好是采用计算机自动编程高级语言来编制加工程序。

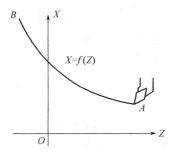

图 5-1　公式曲线车削加工

处理用数学方程描述的平面非圆曲线轮廓图形，常采用相互连接的直线逼近或圆弧逼近方法。

① 直线逼近法　一般来说，由于直线法的插补节点均在曲线轮廓上，容易计算，编程也简便一些，所以常用直线法来逼近非圆曲线，其缺点是插补误差较大，但只要处理得当还是可以满足加工需要的，关键在于插补段的长度及插补误差控制。由于各种曲线上各点的曲率不同，如果要使各插补段的长度均相等，则各段插补的误差大小不同；反之，如要使各段的插补误差相同，则各插补段的长度不相等。

a. 等插补段法。等插补段法是使每个插补段长度相等，因而插补误差不相同。编程时必须使产生的最大插补误差小于允差的 $1/2 \sim 1/3$，以满足加工精度要求。一般都假设最大误差产生在曲线的曲率半径最小处，并沿曲线的法线方向计算。这一假设虽然不够严格，但数控加工实践表明，对大多数情况是适用的。如图 5-2（a）、（b）是分别选用 Z 或 X 坐标为自变量进行等插补段法加工如图 5-1 所示公式曲线的示意图。

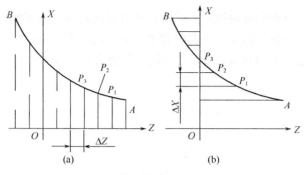

图 5-2　等插补段法加工曲线

　　b. 等插补误差法。等插补误差法是使各插补段的误差相等，并小于或等于允许的插补误差，这种确定插补段长度的方法称为"等插补误差法"。显然，按此法确定的各插补段长度是不等的，因此也称为"变步长法"。这种方法的优点是插补段数目比上述的"等插补段法"少。这对于一些大型和形状复杂的非圆曲线零件有较大意义。对于曲率变化较大的曲线，用此法求得的节点数最少，但计算稍繁琐。

　　② 圆弧逼近法　曲线的圆弧逼近有曲率圆法、三点圆法和相切圆法等方法。三点圆法是通过已知的三个节点求圆，并作为一个圆弧加工程序段。相切圆法是通过已知的四个节点分别作两个相切的圆，编出两个圆弧的加工程序段。这两种方法都必须先用直线逼近方法求出各节点再求出各圆半径，计算较繁琐。

（3）编制公式曲线加工宏程序的基本步骤

　　应用宏程序对可以用函数公式描述的工件轮廓或曲面进行数控加工，是现代数控系统一个重要的新功能和方法，但是使用宏程序编程用于数控加工公式曲线时，需要具有一定的数学和高级语言基础，要快速熟练准确地掌握较为困难。

　　事实上，数控加工公式曲线的宏程序编制具有一定的规律性，如表 5-1 所示为反映编制公式曲线加工宏程序基本步骤的变量处理表。

表 5-1　编制公式曲线加工宏程序变量处理表

步骤	步骤内容	变量表示		变量表示
第 1 步	选择自变量(通常 X 与 Z 二选一)	X	Z	#i
第 2 步	确定自变量的定义域	X=Xa,Xb	Z=Za,Zb	————
第 3 步	用自变量表示因变量的表达式	Z=f(X)	X=f(Z)	#j=f(#i)

① 选择自变量

a. 公式曲线中的 X 和 Z 坐标任意一个都可以被定义为自变量。

b. 一般选择变化范围大的一个作为自变量。数控车削加工时通常将 Z 坐标选定为自变量。

c. 根据表达式方便情况来确定 X 或 Z 作为自变量。如某公式曲线表达式为

$$z = 0.005x^3$$

将 X 坐标定义为自变量比较适当,如果将 Z 坐标定义为自变量,则因变量 X 的表达式为

$$x = \sqrt[3]{z/0.005}$$

其中含有三次开方函数在宏程序中不方便表达。

d. 变量的定义完全可根据个人习惯设定。例如,为了方便可将和 X 坐标相关的变量设为#1、#11、#12 等,将和 Z 坐标相关的变量设为#2、#21、#22 等。

② 确定自变量的起止点坐标值（即自变量的定义域）　自变量的起止点坐标值是相对于公式曲线自身坐标系的坐标值（如椭圆自身坐标原点为椭圆中心，抛物线自身坐标原点为其顶点）。其中起点坐标为自变量的初始值，终点坐标为自变量的终止值。

③ 确定因变量相对于自变量的表达式　进行函数变换,确定因变量相对于自变量的表达式。如图 5-3 所示椭圆曲线,S 点为曲线加工起始点,T 点为终止点。起点 S 的 Z 坐标为 Z8,终点 T 的 Z 坐标为 Z-8,若选定 Z 坐标为自变量,则自变量的初始值为 8,终止值为-8,将椭圆标准方程

$$\frac{x^2}{5^2} + \frac{z^2}{10^2} = 1$$

进行函数变换得到用自变量表示因变量的表达式

$$x = -5 \times \sqrt{1 - \frac{z^2}{10^2}}$$

若用变量#10 代表 X，#1 表示 Z，则变量处理结果如表 5-2。

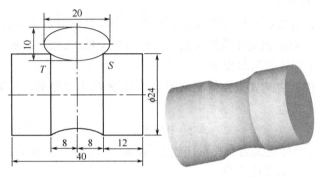

图 5-3　含椭圆曲线的零件图

表 5-2　含椭圆曲线零件加工宏程序变量处理表

步骤	步骤内容	变量表示	变量表示
第1步	选择自变量	Z	#1
第2步	确定自变量的定义域	$Z[Z1, Z2]=Z[8, -8]$	————
第3步	用自变量表示因变量的表达式	$x = -5 \times \sqrt{1 - \dfrac{z^2}{10^2}}$	#10=-5*SQRT(1-#1*#1/(10*10))

④ 公式曲线宏程序编程模板　在编制公式曲线的加工宏程序时，可按如表 5-3 和表 5-4 所示进行编程，表中的 6 个步骤在实际工作中可当成编程模板套用。程序模板的流程如图 5-4 和图 5-5 所示。

表 5-3　公式曲线宏程序编程模板（WHILE 语句）

步骤	程序	说明
第1步	#i=a #j=b	（将自变量起点坐标 a 赋值给#i） （将自变量起点坐标 b 赋值给#j）

步骤	程序	说明
第 2 步	WHILE [#i?#j] DO1	（循环条件判断，? 为条件运算符）
第 3 步	#k=f(#i)	（用自变量表示因变量的表达式）
第 4 步	G01　　X[2*#x+g] Z[#z+h]	（直线段拟合曲线）
		（注意坐标转换，#x 与 #z 分别表示 X 轴与 Z 轴所对应的宏变量）
		（g 为曲线自身坐标原点在工件坐标系下的 X 坐标值）
		（h 为曲线自身坐标原点在工件坐标系下的 Z 坐标值）
		（数控车采用直径值编程，因此#x 的值应乘以 2）
第 5 步	#i=#i±Δ	（自变量递变一个步长 Δ）
		（正负符号应根据实际情况选用，当 a<b 时递增取+，否则取-）
第 6 步	END1	（循环结束）

表 5-4　公式曲线宏程序编程模板（IF 语句）

步骤	程序	说明
第 1 步	#i=a	（将自变量起点坐标 a 赋值给#i）
	#j=b	（将自变量起点坐标 b 赋值给#j）
第 2 步	N1	（程序跳转标记符）
第 3 步	#k=f(#i)	（用自变量表示因变量的表达式）
第 4 步	G01 X[2*#x+g] Z[#z+h]	（直线段拟合曲线）
		（注意坐标转换，#x 与 #z 分别表示 X 轴与 Z 轴所对应的宏变量）
		（g 为曲线自身坐标原点在工件坐标系下的 X 坐标值）
		（h 为曲线自身坐标原点在工件坐标系下的 Z 坐标值）
		（数控车采用直径值编程，因此#x 的值应乘以 2）
第 5 步	#i=#i±Δ	（自变量递变一个步长 Δ）
		（正负符号应根据实际情况选用，当 a<b 时递增取+，否则取-）
第 6 步	IF [#i?#j] GOTO1	（循环条件判断，? 为条件运算符）

【例 5-1】　数控车削加工如图 5-3 所示椭圆曲线，加工刀具刀位点在起始点，要求完成该曲线的数控车削宏程序的编制。

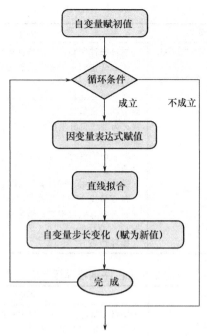

图 5-4　公式曲线加工宏程序流程图（WHILE 语句）

解：设工件坐标原点在工件右端面与轴线的交点上，则椭圆中心（椭圆自身坐标原点）在工件坐标系中的坐标值为（30，-20），选定 Z 坐标为自变量，则定义域为[8，-8]，参考公式曲线宏程序编程模板编制加工程序如下。

```
……
#1=8                              （曲线加工起点 Z 坐标赋值）
#2=-8                             （曲线加工终点 Z 坐标赋值）
#3=30                             （椭圆中心在工件坐标系中的 X 坐
                                    标赋值）
#4=-20                            （椭圆中心在工件坐标系中的 Z 坐
                                    标赋值）
WHILE [#1GE#2] DO1                （循环条件判断）
  #10=-5*SQRT[1-[#1*#1]/[10*10]]  （计算 X 坐标）
  G01 X[2*#10+#3] Z[#1+#4]        （直线插补逼近曲线）
  #1=#1-0.1                       （自变量#1 递减）
END1                              （循环结束）
……
```

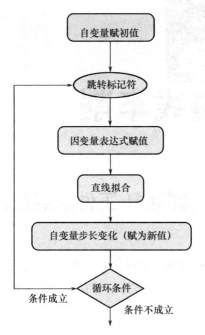

图 5-5　公式曲线加工宏程序流程图（IF 语句）

第6章

椭圆曲线车削

6.1 正椭圆曲线（工件原点在椭圆中心）

（1）椭圆方程

在数控车床坐标系（XOZ 坐标平面）中，设 a 为椭圆在 Z 轴上的截距（椭圆长半轴长），b 为椭圆在 X 轴上的截距（短半轴长），椭圆轨迹上的点 P 坐标为 (x, z)，则椭圆方程、图形与椭圆中心坐标关系如表 6-1 所示。

表 6-1　椭圆方程、图形与椭圆中心坐标

椭圆方程	椭圆图形	椭圆中心坐标
$\dfrac{x^2}{b^2} + \dfrac{z^2}{a^2} = 1$（标准方程） 或 $\begin{cases} x = b\sin t \\ z = a\cos t \end{cases}$（参数方程）		中心　$G(0, 0)$

注意：①椭圆标准方程为

$$\frac{x^2}{a^2} + \frac{y^2}{b^2} = 1$$

但由于数控车床使用 XZ 坐标系，用 Z、X 分别代替 X、Y 得到

数控车床坐标系下的椭圆标准方程为

$$\frac{x^2}{b^2} + \frac{z^2}{a^2} = 1$$

不作特殊说明，本书相关章节均作了相应处理。

② 椭圆参数方程中 t 为离心角，是与 P 点对应的同心圆（半径分别为 a 和 b）半径与 Z 轴正方向的夹角。

（2）编程方法

椭圆的数控车削加工编程方法可根据方程类型分为两种：按标准方程和参数方程编程。采用标准方程编程时，如图 6-1（a）、（b）所示，可分别以 Z 或 X 为自变量分别计算出 P_0、P_1、P_2 各点的坐标值，然后逐点插补完成椭圆曲线的加工。采用参数方程编程时，如图 6-1（c）所示，以 t 为自变量分别计算 P_0、P_1、P_2 各点的坐标值，然后逐点插补完成椭圆曲线的加工。

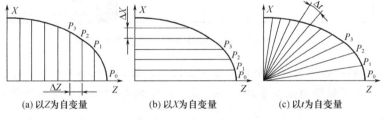

图 6-1　不同加工方法的自变量选择示意图

【例 6-1】　如图 6-2 所示，试采用标准方程编制数控车削精加工该零件椭圆曲线部分的宏程序。

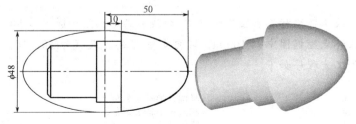

图 6-2　含椭圆曲线段零件的粗精加工

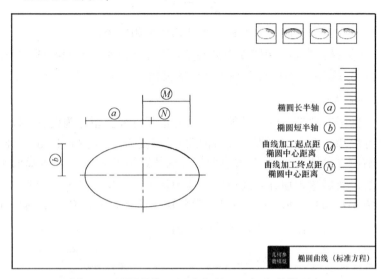

图 6-3 椭圆曲线（标准方程）几何参数模型

解： 椭圆曲线（标准方程）几何参数模型如图 6-3 所示。由图 6-2 可得椭圆曲线长半轴 $a = 50\text{mm}$，短半轴 $b = 24\text{mm}$，则该椭圆曲线用标准方程表示为 $\dfrac{x^2}{24^2} + \dfrac{z^2}{50^2} = 1$，若选择 Z 作为自变量则函数变换后的表达式为

$$x = 24 \times \sqrt{1 - \dfrac{z^2}{50^2}}$$

设工件坐标原点在椭圆中心，曲线加工起点距椭圆中心 50mm，加工终点距椭圆中心 10mm，即自变量 Z 的定义域为[50，10]，编制加工宏程序如下。

......

#1=50	（椭圆长半轴 a 赋值）
#2=24	（椭圆短半轴 b 赋值）
#3=50	（椭圆曲线加工起点距椭圆中心距离 M 赋值）
#4=10	（椭圆曲线加工终点距椭圆中心距离 N 赋值）

```
#5=0.2                              （坐标增量赋值，可通过修改该变量
                                     实现加工精度的控制）
G00 X0 Z52                          （刀具定位）
  WHILE [#3GE#4] DO1                （加工条件判断）
  #10=#2*SQRT[1-[#3*#3]/[#1*#1]]    （计算 x 值）
  G01 X[2*#10] Z#3                  （直线插补逼近曲线）
  #3=#3-#5                          （Z 坐标值递减）
  END1                             （循环结束）
……
```

华中宏程序

```
……
#1=50                               （椭圆长半轴 a 赋值）
#2=24                               （椭圆短半轴 b 赋值）
#3=50                               （椭圆曲线加工起点距椭圆中心距离
                                     M 赋值）
#4=10                               （椭圆曲线加工终点距椭圆中心距离
                                     N 赋值）
#5=0.2                              （坐标增量#5 赋值）
G00 X0 Z52                          （刀具定位）
  WHILE #3GE#4                      （加工条件判断）
  #10=#2*SQRT[1-[#3*#3]/[#1*#1]]    （计算 x 值）
  G01 X[2*#10] Z[#3]                （直线插补逼近曲线）
  #3=#3-#5                          （Z 坐标值递减）
  ENDW                             （循环结束）
……
```

SIEMENS 参数程序

```
……
R1=50                               （椭圆长半轴 a 赋值）
R2=24                               （椭圆短半轴 b 赋值）
R3=50                               （椭圆曲线加工起点距椭圆中心距离
                                     M 赋值）
R4=10                               （椭圆曲线加工终点距椭圆中心距离
                                     N 赋值）
R5=0.2                              （坐标增量 R5 赋值）
G00 X0 Z52                          （刀具定位）
AAA:                                （跳转标记符）
  R10=R2*SQRT(1-R3*R3/(R1*R1))      （计算 x 值）
  G01 X=2*R10 Z=R3                  （直线插补逼近曲线）
  R3=R3-R5                          （Z 坐标值递减）
IF R3>=R4 GOTOB AAA                 （加工条件判断）
……
```

【例 6-2】 数控车削加工如图 6-4 所示含椭圆曲线零件，试采用参数方程编制加工该零件椭圆曲线部分的宏程序。

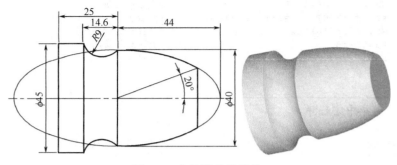

图 6-4 含椭圆曲线零件

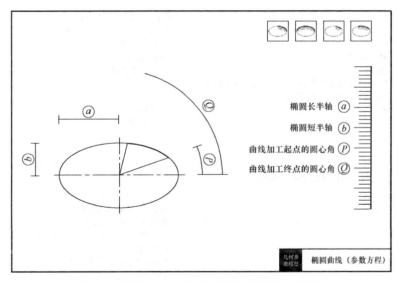

图 6-5 椭圆曲线（参数方程）几何参数模型

FANUC 宏程序

解：图 6-5 为椭圆曲线（参数方程）几何参数模型。由图 6-4 所得，椭圆长半轴 $a = 44\text{mm}$，短半轴 $b = 20\text{mm}$，因此用参数方程

表示为

$$\begin{cases} x = 20\sin t \\ z = 44\cos t \end{cases}$$

如图 6-6 所示，椭圆上 P 点的圆心角为 θ，离心角为 t。椭圆上任一点 P 与椭圆中心的连线与水平向右轴线（Z 向正半轴）的夹角称为圆心角，P 点对应的同心圆（半径分别为 a 和 b）的半径与 Z 轴正方向的夹角称为离心角。

离心角 t 的值应按照椭圆的参数方程来确定，因为它并不总是等于椭圆圆心角 θ 的值，仅当 $\theta = \dfrac{K\pi}{2}$ 时，才有 $t = \theta$。设 P 点坐标值（x，z），由

$$\tan\theta = \frac{x}{z} = \frac{b\sin t}{a\cos t} = \frac{b}{a}\tan t$$

可得

$$t = \arctan\left(\frac{a}{b}\tan\theta\right)$$

另外需要注意，通过直接计算出来的离心角数值与实际离心角度有 0°、180° 或 360° 的差值需要考虑。

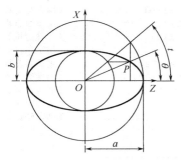

图 6-6　椭圆曲线上 P 点的圆心角 θ 与离心角 t 关系示意图

该曲线段起始点的圆心角值为 20°，终止点的圆心角为 90°。设工件坐标原点在椭圆中心，采用参数方程编程，以离心角 t 为自变量，编制加工宏程序如下。

```
......
#1=44                              （椭圆长半轴 a 赋值）
#2=20                              （椭圆短半轴 b 赋值）
#3=20                              （曲线加工起点的圆心角 P 赋值）
#4=90                              （曲线加工终点的圆心角 Q 赋值）
#5=0.5                             （角度递变量赋值）
#10=ATAN[#1*TAN[#3]/#2]           （根据图中圆心角计算参数方程中
                                     离心角的值）
G00 X[2*#2*SIN[#10]] Z[#1*COS[#10]+2]    （刀具定位）
  WHILE [#10LE#4] DO1              （加工条件判断）
  #20=#2*SIN[#10]                 （用参数方程计算 x 值）
  #21=#1*COS[#10]                 （用参数方程计算 z 值）
  G01 X[2*#20] Z#21               （直线插补逼近曲线）
  #10=#10+#5                      （离心角递增）
  END1                            （循环结束）
......
```

华中宏程序

```
......
#1=44                              （椭圆长半轴 a 赋值）
#2=20                              （椭圆短半轴 b 赋值）
#3=20                              （曲线加工起点的圆心角 P 赋值）
#4=90                              （曲线加工终点的圆心角 Q 赋值）
#5=0.5                             （角度递变量赋值）
#10=ATAN[TAN[#3*PI/180]*#1/#2]    （根据图中圆心角计算参数方程中
                                     离心角的值）
#20=#2*SIN[#10*PI/180]            （用参数方程计算 x 值）
#21=#1*COS[#10*PI/180]            （用参数方程计算 z 值）
G00 X[2*#20] Z[#21+2]             （刀具定位）
  WHILE #10LE#4                   （加工条件判断）
  #20=#2*SIN[#10*PI/180]          （用参数方程计算 x 值）
  #21=#1*COS[#10*PI/180]          （用参数方程计算 z 值）
  G01 X[2*#20] Z[#21]             （直线插补逼近曲线）
  #10=#10+#5                      （离心角递增）
  ENDW                            （循环结束）
......
```

SIEMENS 参数程序

```
......
R1=44                              （椭圆长半轴 a 赋值）
R2=20                              （椭圆短半轴 b 赋值）
R3=20                              （曲线加工起点的圆心角 P 赋值）
R4=90                              （曲线加工终点的圆心角 Q 赋值）
```

```
R5=0.5                              （角度递变量赋值）
R10=ATAN2(R1*TAN(R3)/R2)            （根据图中圆心角计算参数方
                                      程中离心角的值）
G00 X=2*R2*SIN(R10) Z=R1*COS(R10)+2 （刀具定位）
AAA:                                （程序跳转标记符）
  R20=R2*SIN(R10)                   （用参数方程计算 x 值）
  R21=R1*COS(R10)                   （用参数方程计算 z 值）
  G01 X=2*R20 Z=R21                 （直线插补逼近曲线）
  R10=R10+R5                        （离心角递增）
IF R10<=R4 GOTOB AAA                （加工条件判断）
……
```

[6.2] 正椭圆曲线（工件原点不在椭圆中心）

坐标轴的平移如图 6-7 所示，P 点在原坐标系 XOZ 中的坐标值为（x，z），在新坐标系 $X'O'Z'$ 中的坐标值为（x'，z'），原坐标系原点 O 在新坐标系中的坐标值为（g，h），则它们的关系为：

$$\begin{cases} x' = x + g \\ z' = z + h \end{cases}$$

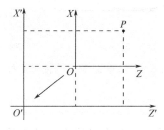

图 6-7　坐标平移

在数控车床坐标系（XOZ 坐标平面）中，设 a 为椭圆在 Z 轴上的截距（椭圆长半轴长），b 为椭圆在 X 轴上的截距（短半轴长），椭圆轨迹上的点 P 坐标为（x，z），椭圆中心在工件坐标系中的坐标值为（g，h），则椭圆方程、图形与椭圆中心坐标关系如表 6-2 所示。

表 6-2　椭圆方程、图形与椭圆中心坐标

椭圆方程	椭圆图形	椭圆中心坐标
$\dfrac{(x-g)^2}{b^2}+\dfrac{(z-h)^2}{a^2}=1$ 或 $\begin{cases} x=b\sin t+g \\ z=a\cos t+h \end{cases}$	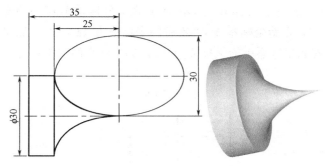	中心　$G(g,h)$

【例 6-3】　如图 6-8 所示轴类零件,零件外轮廓含一段椭圆曲线,椭圆长半轴长 25mm,短半轴长 15mm,试编制该零件外圆面的加工宏程序。

图 6-8　含椭圆曲线的轴类零件

FANUC 宏程序

解:图 6-9 为工件原点不在椭圆中心的椭圆曲线几何参数模型。如图 6-8 所示,设工件原点在工件右端面与工件回转中心的交点上,则椭圆中心在工件坐标系下的坐标值为(30,0),采用参数方程编制其加工宏程序如下。

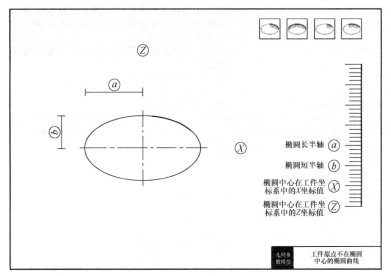

图 6-9　工件原点不在椭圆中心的椭圆曲线几何参数模型

```
......
#1=25                    （椭圆长半轴 a 赋值）
#2=15                    （椭圆短半轴 b 赋值）
#3=30                    （椭圆中心在工件坐标系中的 X 坐标值赋值）
#4=0                     （椭圆中心在工件坐标系中的 Z 坐标值赋值）
#5=270                   （曲线加工起点的圆心角赋值）
#6=180                   （曲线加工终点的圆心角赋值）
#7=0.5                   （角度递增量赋值）
G00 X0 Z2                （刀具定位）
  WHILE [#5GE#6] DO1     （加工循环条件判断）
  #10=#2*SIN[#5]         （参数方程计算 x 值）
  #11=#1*COS[#5]         （参数方程计算 z 值）
  G01 X[2*#10+#3] Z[#11+#4] （直线插补逼近椭圆曲线）
                        （注意 x、z 坐标分别叠加了椭圆中心在工件
                          坐标系下的 X、Z 坐标值）
  #5=#5-#7               （角度递减）
  END1                   （循环结束）
......
```

以 z 为自变量，采用标准方程编制其加工宏程序如下。

```
......
#1=25                    （椭圆长半轴 a 赋值）
#2=15                    （椭圆短半轴 b 赋值）
#3=30                    （椭圆中心在工件坐标系中的 X 坐标值赋值）
```

```
#4=0                              （椭圆中心在工件坐标系中的 z 坐标值赋值）
#5=0                              （曲线加工起点在椭圆自身坐标系中  z 坐标值
                                    赋值）
#6=-25                            （曲线加工终点在椭圆自身坐标系中  z 坐标值
                                    赋值）
#7=0.2                            （z 坐标递减量赋值）
G00 X0 Z2                         （刀具定位）
  WHILE [#5GE#6] DO1              （加工条件判断）
  #10=-#2*SQRT[1-[#5*#5]/[#1*#1]]              （计算 x 值，注意此处为负值）
  G01 X[2*#10+#3] Z[#5+#4]        （直线插补逼近椭圆曲线）
  #5=#5-#7                        （z 坐标值递减）
  END1                           （循环结束）
……
```

华中宏程序

```
……
#1=25                             （椭圆长半轴 a 赋值）
#2=15                             （椭圆短半轴 b 赋值）
#3=30                             （椭圆中心在工件坐标系中的 x 坐标值赋值）
#4=0                              （椭圆中心在工件坐标系中的 z 坐标值赋值）
#5=270                            （曲线加工起点的圆心角赋值）
#6=180                            （曲线加工终点的圆心角赋值）
#7=0.5                            （角度递增量赋值）
G00 X0 Z2                         （刀具定位）
  WHILE #5GE#6                    （加工循环条件判断）
  #10=#2*SIN[#5*PI/180]           （参数方程计算 x 值）
  #11=#1*COS[#5*PI/180]           （参数方程计算 z 值）
  G01 X[2*#10+#3] Z[#11+#4]       （直线插补逼近椭圆曲线）
                                   （注意 X、z 坐标分别叠加了椭圆中心在工件坐
                                    标系下的 X、z 坐标值）
  #5=#5-#7                        （角度递减）
  ENDW                           （循环结束）
……
```

SIEMENS 参数程序

```
……
R1=25                             （椭圆长半轴 a 赋值）
R2=15                             （椭圆短半轴 b 赋值）
R3=30                             （椭圆中心在工件坐标系中的 X 坐标值赋值）
R4=0                              （椭圆中心在工件坐标系中的 z 坐标值赋值）
R5=270                            （曲线加工起点的圆心角赋值）
R6=180                            （曲线加工终点的圆心角赋值）
R7=0.5                            （角度递增量赋值）
G00 X0 Z2                         （刀具定位）
```

```
AAA:                              （程序跳转标记）
  R10=R2*SIN(R5)                  （参数方程计算 x 值）
  R11=R1*COS(R5)                  （参数方程计算 z 值）
  G01 X=2*R10+R3 Z=R11+R4         （直线插补逼近椭圆曲线）
                                  （注意 X、Z 坐标分别叠加了椭圆中心在工件坐
                                  标系下的 X、Z 坐标值）
  R5=R5-R7                        （角度递减）
IF R5>=R6 GOTOB AAA               （加工条件判断）
……
```

【例6-4】　如图 6-10 所示外轮廓含二分之一椭圆曲线的轴类零件，试采用参数方程编制其外圆面加工宏程序。

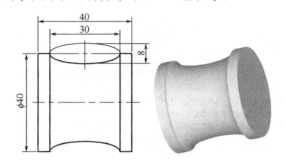

图 6-10　含二分之一椭圆曲线轴类零件

FANUC 宏程序

解：由图可得椭圆长半轴 15mm，短半轴 4mm，设工件原点在工件右端面与轴线的交点上，则椭圆中心在工件坐标系中的坐标值为（40，-20），编制加工程序如下。

```
……
#1=15                        （椭圆长半轴 a 赋值）
#2=4                         （椭圆短半轴 b 赋值）
#3=40                        （椭圆中心在工件坐标系中的 X 坐标值赋值）
#4=-20                       （椭圆中心在工件坐标系中的 Z 坐标值赋值）
#5=360                       （曲线加工起点的圆心角赋值）
#6=180                       （曲线加工终点的圆心角赋值）
#7=0.5                       （角度递增量赋值）
G00 X40 Z2                   （刀具定位）
G01 Z-5                      （直线插补到曲线加工起点）
  WHILE [#5GE#6] DO1         （加工循环条件判断）
  #10=#2*SIN[#5]             （参数方程计算 x 值）
```

```
#11=#1*COS[#5]                (参数方程计算 z 值)
G01 X[2*#10+#3] Z[#11+#4]          (直线插补逼近椭圆曲线)
#5=#5-#7                       (角度递减)
END1                          (循环结束)
......
```

华中宏程序

```
......
#1=15                    (椭圆长半轴 a 赋值)
#2=4                     (椭圆短半轴 b 赋值)
#3=40                    (椭圆中心在工件坐标系中的 x 坐标值赋值)
#4=-20                   (椭圆中心在工件坐标系中的 z 坐标值赋值)
#5=360                   (曲线加工起点的圆心角赋值)
#6=180                   (曲线加工终点的圆心角赋值)
#7=0.5                   (角度递增量赋值)
G00 X40 Z2               (刀具定位)
G01 Z-5                  (直线插补到曲线加工起点)
  WHILE #5GE#6           (加工循环条件判断)
  #10=#2*SIN[#5*PI/180]  (参数方程计算 x 值)
  #11=#1*COS[#5*PI/180]  (参数方程计算 z 值)
  G01 X[2*#10+#3] Z[#11+#4]        (直线插补逼近椭圆曲线)
  #5=#5-#7               (角度递减)
  ENDW                   (循环结束)
......
```

SIEMENS 参数程序

```
......
R1=15                    (椭圆长半轴 a 赋值)
R2=4                     (椭圆短半轴 b 赋值)
R3=40                    (椭圆中心在工件坐标系中的 x 坐标值赋值)
R4=-20                   (椭圆中心在工件坐标系中的 z 坐标值赋值)
R5=360                   (曲线加工起点的圆心角赋值)
R6=180                   (曲线加工终点的圆心角赋值)
R7=0.5                   (角度递增量赋值)
G00 X40 Z2               (刀具定位)
G01 Z-5                  (直线插补到曲线加工起点)
AAA:                     (程序跳转标记符)
  R10=R2*SIN(R5)         (参数方程计算 x 值)
  R11=R1*COS(R5)         (参数方程计算 z 值)
  G01 X=2*R10+R3 Z=R11+R4 (直线插补逼近椭圆曲线)
  R5=R5-R7               (角度递减)
IF R5>=R6 GOTOB AAA      (加工条件判断)
......
```

6.3 倾斜椭圆曲线

倾斜椭圆类零件的数控车削加工有两种解决思路：一是利用高等数学中的坐标变换公式进行坐标变换，这种方式理解难度大，公式复杂，但编程简单，程序长度比较短；二是把椭圆分段，利用图形中复杂的三角几何关系进行坐标变换，程序理解的难度相对低，但应用的指令比较全面，程序长度会比较长。本书仅简单介绍第一种方式编程。

倾斜椭圆曲线几何参数模型如图 6-11 所示，图中椭圆曲线为正椭圆绕椭圆中心旋转 β 角度之后的倾斜椭圆。利用旋转转换矩阵

$$\begin{bmatrix} \cos\beta & -\sin\beta \\ \sin\beta & \cos\beta \end{bmatrix}$$

对曲线方程变换，可得如下方程（旋转后的椭圆在原坐标系下的方程）：

$$\begin{cases} z' = z\cos\beta - x\sin\beta \\ x' = z\sin\beta + x\cos\beta \end{cases}$$

其中，x、z 为旋转前的坐标值，x'、z' 为旋转后的坐标值，β 为旋转角度。

（1）采用椭圆参数方程编程

以离心角为自变量，将椭圆参数方程

$$\begin{cases} x = b\sin t \\ z = a\cos t \end{cases}$$

代入上式，得：

$$\begin{cases} z' = a\cos t\cos\beta - b\sin t\sin\beta \\ x' = a\cos t\sin\beta + b\sin t\cos\beta \end{cases}$$

（2）采用椭圆标准方程编程

若选择 Z 为自变量，则可将标准方程转换为

$$x = b\sqrt{1 - \frac{z^2}{a^2}}$$

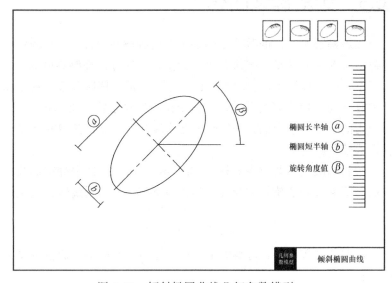

图 6-11　倾斜椭圆曲线几何参数模型

带入前式，可得：

$$\begin{cases} z' = z\cos\beta - b\sqrt{1 - \dfrac{z^2}{a^2}}\sin\beta \\ x' = z\sin\beta + b\sqrt{1 - \dfrac{z^2}{a^2}}\cos\beta \end{cases}$$

【例 6-5】　数控车削加工如图 6-12 所示含倾斜椭圆曲线段的零件外圆面，试编制其精加工程序。

FANUC 宏程序

解：设工件坐标系原点在椭圆中心，该倾斜椭圆曲线段的加工示意图如图 6-13 所示。

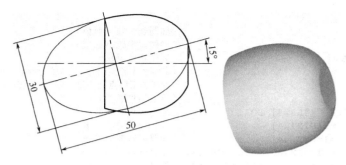

图 6-12　含倾斜椭圆曲线零件

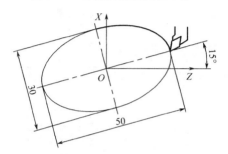

图 6-13　倾斜椭圆曲线段加工示意图

```
......
#1=25                            （椭圆长半轴 a 赋值）
#2=15                            （椭圆短半轴 b 赋值）
#3=15                            （旋转角度 β 赋值）
#4=25                            （曲线加工起点 z 坐标值，该值为旋
                                   转前的值）
#5=0                             （曲线加工终点 z 坐标值，该值为旋
                                   转前的值）
#6=0.2                           （坐标增量赋值）
  WHILE [#4GE#5] DO1             （加工条件判断）
  #10=#2*SQRT[1-[#4*#4]/[#1*#1]] （计算旋转前的 x 值）
  #11=#4*SIN[#3]+#10*COS[#3]     （计算旋转后的 x 值）
  #12=#4*COS[#3]-#10*SIN[#3]     （计算旋转后的 z 值）
  G01 X[2*#11] Z#12             （直线插补逼近椭圆曲线）
  #4=#4-#6                       （z 值递减）
  END1                          （循环结束）
......
```

　　上述程序是采用椭圆标准方程编制的，下面采用椭圆参数方程
编程。

......

```
#1=25                              （椭圆长半轴 a 赋值）
#2=15                              （椭圆短半轴 b 赋值）
#3=15                              （旋转角度 β 赋值）
#4=0                               （曲线加工起点圆心角,该值为旋转前的值）
#5=90                              （曲线加工终点圆心角,该值为旋转前的值）
#6=0.5                             （角度增量赋值）
  WHILE [#4LE#5] DO1               （加工条件判断）
  #10=#2*SIN[#4]                   （计算旋转前的 x 值）
  #11=#1*COS[#4]                   （计算旋转前的 z 值）
  #12=#11*SIN[#3]+#10*COS[#3]      （计算旋转后的 x 值）
  #13=#11*COS[#3]-#10*SIN[#3]      （计算旋转后的 z 值）
  G01 X[2*#12] Z#13                （直线插补逼近椭圆曲线）
  #4=#4+#6                         （角度值递增）
  END1                             （循环结束）
```

......

华中宏程序

......

```
#1=25                                      （椭圆长半轴 a 赋值）
#2=15                                      （椭圆短半轴 b 赋值）
#3=15                                      （旋转角度 β 赋值）
#4=0                                       （曲线加工起点圆心角,该值为旋转前的值）
#5=90                                      （曲线加工终点圆心角,该值为旋转前的值）
#6=0.5                                     （角度增量赋值）
  WHILE #4LE#5                             （加工条件判断）
  #10=#2*SIN[#4*PI/180]                    （计算旋转前的 x 值）
  #11=#1*COS[#4*PI/180]                    （计算旋转前的 z 值）
  #12=#11*SIN[#3*PI/180]+#10*COS[#3*PI/180]   （计算旋转后的 x 值）
  #13=#11*COS[#3*PI/180]-#10*SIN[#3*PI/180]   （计算旋转后的 z 值）
  G01 X[2*#12] Z[#13]                      （直线插补逼近椭圆曲线）
  #4=#4+#6                                 （角度值递增）
  ENDW                                     （循环结束）
```

......

SIEMENS 参数程序

......

```
R1=25                              （椭圆长半轴 a 赋值）
R2=15                              （椭圆短半轴 b 赋值）
R3=15                              （旋转角度 β 赋值）
R4=0                               （曲线加工起点圆心角,该值为旋转前的值）
R5=90                              （曲线加工终点圆心角,该值为旋转前的值）
R6=0.5                             （角度增量赋值）
```

```
AAA:                              （程序跳转标记符）
  R10=R2*SIN(R4)                  （计算旋转前的 x 值）
  R11=R1*COS(R4)                  （计算旋转前的 z 值）
  R12=R11*SIN(R3)+R10*COS(R3)     （计算旋转后的 x 值）
  R13=R11*COS(R3)-R10*SIN(R3)     （计算旋转后的 z 值）
  G01 X=2*R12 Z=R13               （直线插补逼近椭圆曲线）
  R4=R4+R6                        （角度值递增）
IF R4<=R5 GOTOB AAA               （加工条件判断）
……
```

【例 6-6】 如图 6-14 所示轴类零件，零件外轮廓含两段倾斜椭圆曲线，试编制其外圆面加工宏程序。

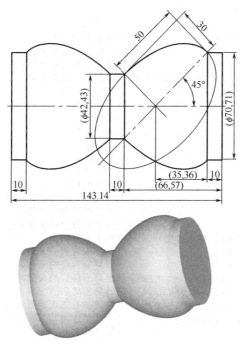

图 6-14 含两段倾斜椭圆曲线的轴类零件

FANUC 宏程序

解：设工件坐标系原点在工件右端面与轴线的交点上，由图可得右侧椭圆曲线的椭圆中心在工件坐标系中的坐标值为(0 , -45.36)，左侧椭圆曲线的椭圆中心坐标值为（0，-97.78），采用椭圆参数方程编程如下。

```
……
#1=50                                   （椭圆长半轴 a 赋值）
#2=30                                   （椭圆短半轴 b 赋值）
#3=45                                   （旋转角度 β 赋值）
#4=0                                    （曲线加工起点圆心角，该值为旋转前的值）
#5=90                                   （曲线加工终点圆心角，该值为旋转前的值）
#6=0                                    （右侧椭圆中心 x 坐标值赋值）
#7=-45.36                               （右侧椭圆中心 z 坐标值赋值）
#8=0.5                                  （角度增量赋值）
G00 X70.71 Z2                           （刀具定位）
G01 Z-10                                （直线插补）
   WHILE [#4LE#5] DO1                   （加工条件判断）
   #10=#2*SIN[#4]                       （计算旋转前的 x 值）
   #11=#1*COS[#4]                       （计算旋转前的 z 值）
   #12=#11*SIN[#3]+#10*COS[#3]          （计算旋转后的 x 值）
   #13=#11*COS[#3]-#10*SIN[#3]          （计算旋转后的 z 值）
   G01 X[2*#12+#6] Z[#13+#7]            （直线插补逼近椭圆曲线）
   #4=#4+#8                             （角度值递增）
   END1                                 （循环结束）
G01 X42.43 Z-66.57                      （直线插补）
Z-76.57                                 （直线插补）
#3=-45                                  （旋转角度 β 赋值）
#4=90                                   （曲线加工起点圆心角，该值为旋转前的值）
#5=180                                  （曲线加工终点圆心角，该值为旋转前的值）
#6=0                                    （左侧椭圆中心 x 坐标值赋值）
#7=-97.78                               （左侧椭圆中心 z 坐标值赋值）
   WHILE [#4LE#5] DO2                   （加工条件判断）
   #10=#2*SIN[#4]                       （计算旋转前的 x 值）
   #11=#1*COS[#4]                       （计算旋转前的 z 值）
   #12=#11*SIN[#3]+#10*COS[#3]          （计算旋转后的 x 值）
   #13=#11*COS[#3]-#10*SIN[#3]          （计算旋转后的 z 值）
   G01 X[2*#12+#6] Z[#13+#7]            （直线插补逼近椭圆曲线）
   #4=#4+#8                             （角度值递增）
   END2                                 （循环结束）
……
```

华中宏程序

```
……
#1=50                                   （椭圆长半轴 a 赋值）
#2=30                                   （椭圆短半轴 b 赋值）
#3=45                                   （旋转角度 β 赋值）
```

```
#4=0                                    （曲线加工起点圆心角，该值为旋转前的值）
#5=90                                   （曲线加工终点圆心角，该值为旋转前的值）
#6=0                                    （右侧椭圆中心 x 坐标值赋值）
#7=-45.36                               （右侧椭圆中心 z 坐标值赋值）
#8=0.5                                  （角度增量赋值）
G00 X70.71 Z2                           （刀具定位）
G01 Z-10                                （直线插补）
   WHILE #4LE#5                         （加工条件判断）
   #10=#2*SIN[#4*PI/180]                （计算旋转前的 x 值）
   #11=#1*COS[#4*PI/180]                （计算旋转前的 z 值）
   #12=#11*SIN[#3*PI/180]+#10*COS[#3*PI/180]    （计算旋转后的 x 值）
   #13=#11*COS[#3*PI/180]-#10*SIN[#3*PI/180]    （计算旋转后的 z 值）
   G01 X[2*#12+#6] Z[#13+#7]            （直线插补逼近椭圆曲线）
   #4=#4+#8                             （角度值递增）
   ENDW                                 （循环结束）
G01 X42.43 Z-66.57                      （直线插补）
Z-76.57                                 （直线插补）
#3=-45                                  （旋转角度 β 赋值）
#4=90                                   （曲线加工起点圆心角，该值为旋转前的值）
#5=180                                  （曲线加工终点圆心角，该值为旋转前的值）
#6=0                                    （左侧椭圆中心 x 坐标值赋值）
#7=-97.78                               （左侧椭圆中心 z 坐标值赋值）
   WHILE #4LE#5                         （加工条件判断）
   #10=#2*SIN[#4*PI/180]                （计算旋转前的 x 值）
   #11=#1*COS[#4*PI/180]                （计算旋转前的 z 值）
   #12=#11*SIN[#3*PI/180]+#10*COS[#3*PI/180]    （计算旋转后的 x 值）
   #13=#11*COS[#3*PI/180]-#10*SIN[#3*PI/180]    （计算旋转后的 z 值）
   G01 X[2*#12+#6] Z[#13+#7]            （直线插补逼近椭圆曲线）
   #4=#4+#8                             （角度值递增）
   ENDW                                 （循环结束）
......
```

SIEMENS 参数程序

```
R1=50                                   （椭圆长半轴 a 赋值）
R2=30                                   （椭圆短半轴 b 赋值）
R3=45                                   （旋转角度 β 赋值）
R4=0                                    （曲线加工起点圆心角，该值为旋转前的值）
R5=90                                   （曲线加工终点圆心角，该值为旋转前的值）
R6=0                                    （右侧椭圆中心 x 坐标值赋值）
R7=-45.36                               （右侧椭圆中心 z 坐标值赋值）
R8=0.5                                  （角度增量赋值）
G00 X70.71 Z2                           （刀具定位）
G01 Z-10                                （直线插补）
AAA:                                    （程序跳转标记符）
   R10=R2*SIN(R4)                       （计算旋转前的 x 值）
```

```
  R11=R1*COS(R4)                      （计算旋转前的 z 值）
  R12=R11*SIN(R3)+R10*COS(R3)         （计算旋转后的 x 值）
  R13=R11*COS(R3)-R10*SIN(R3)         （计算旋转后的 z 值）
  G01 X=2*R12+R6 Z=R13+R7             （直线插补逼近椭圆曲线）
  R4=R4+R8                            （角度值递增）
IF R4<=R5 GOTOB AAA                   （加工条件判断）
G01 X42.43 Z-66.57                    （直线插补）
Z-76.57                               （直线插补）
R3=-45                                （旋转角度 β 赋值）
R4=90                                 （曲线加工起点圆心角，该值为旋转前的值）
R5=180                                （曲线加工终点圆心角，该值为旋转前的值）
R6=0                                  （左侧椭圆中心 x 坐标值赋值）
R7=-97.78                             （左侧椭圆中心 z 坐标值赋值）
BBB:                                  （程序跳转标记符）
  R10=R2*SIN(R4)                      （计算旋转前的 x 值）
  R11=R1*COS(R4)                      （计算旋转前的 z 值）
  R12=R11*SIN(R3)+R10*COS(R3)         （计算旋转后的 x 值）
  R13=R11*COS(R3)-R10*SIN(R3)         （计算旋转后的 z 值）
  G01 X=2*R12+R6 Z=R13+R7             （直线插补逼近椭圆曲线）
  R4=R4+R8                            （角度值递增）
IF R4<=R5 GOTOB BBB                   （加工条件判断）
……
```

第**7**章
抛物曲线车削

主轴与 Z 坐标轴平行的抛物线的方程、图形和顶点坐标如表 7-1 所示，方程中 p 为抛物线焦点参数。

表 7-1　主轴与 Z 坐标轴平行的抛物线方程、图形和顶点坐标

方程	$x^2=2pz$（标准方程）	$x^2=-2pz$	$(x-g)^2=2p(z-h)$	$(x-g)^2=-2p(z-h)$
图形				
顶点	$A(0,0)$	$A(0,0)$	$A(g,h)$	$A(g,h)$

为了方便在宏程序中表示，可将方程 $x^2=\pm 2pz$ 转换为以 X 坐标为自变量 Z 坐标为因变量的方程式：

$$z=\pm\frac{x^2}{2p}$$

当抛物线开口朝向 Z 轴正半轴时 $z=\dfrac{x^2}{2p}$，反之 $z=-\dfrac{x^2}{2p}$。

主轴与 X 坐标轴平行的抛物线方程、图形和顶点坐标如表 7-2 所示。

【例 7-1】　编制如图 7-1 所示含抛物曲线段零件的数控车削加工宏程序，抛物曲线方程为 $z=-x^2/8$。

表 7-2　主轴与 X 坐标轴平行的抛物线方程、图形和顶点坐标

方程	$z^2 = 2px$（标准方程）	$z^2 = -2px$	$(z-h)^2 = 2p(x-g)$	$(z-h)^2 = -2p(x-g)$
图形	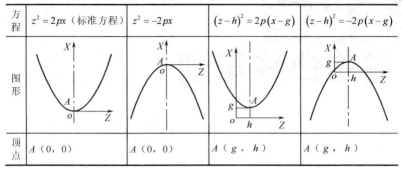			
顶点	A（0，0）	A（0，0）	A（g，h）	A（g，h）

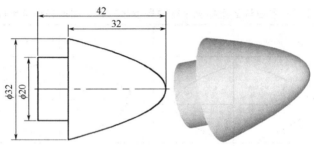

图 7-1　数控车削加工抛物线零件

FANUC 宏程序

解： 若选择 Z 为自变量编程加工该零件中抛物线段，则将该抛物线方程转换为 $x = \sqrt{-8z}$，其定义域区间为[0，-32]，设工件坐标原点在抛物线顶点，编制该零件加工宏程序如下。

```
……
#1=0                              （抛物曲线加工起点在抛物线自身坐标系
                                    下的 z 坐标值）
#2=-32                            （抛物曲线加工终点在抛物线自身坐标系
                                    下的 z 坐标值）
#3=0.2                            （坐标递变量赋值，调整该值实现不同加
                                    工精度的需求）
G00 X0 Z2                         （刀具定位）
  WHILE [#1GE#2] DO1              （加工条件判断）
  G01 X[2*SQRT[-8*#1]] Z#1        （直线插补逼近曲线）
  #1=#1-#3                        （z 坐标递减）
```

```
    END1                        (循环结束)
......
```

华中宏程序

```
......
#1=0                        (抛物曲线加工起点在抛物线自身坐标系
                             下的 z 坐标值)
#2=-32                      (抛物曲线加工终点在抛物线自身坐标
                             系下的 z 坐标值)
#3=0.2                      (坐标递变量赋值)
G00  X0  Z2                 (刀具定位)
  WHILE #1GE#2              (加工条件判断)
  G01 X[2*SQRT[-8*#1]] Z[#1] (直线插补逼近曲线)
  #1=#1-#3                  (z 坐标递减)
  ENDW                      (循环结束)
......
```

SIEMENS 参数程序

```
......
R1=0                        (抛物曲线加工起点在抛物线自身坐标系
                             下的 z 坐标值)
R2=-32                      (抛物曲线加工终点在抛物线自身坐标系
                             下的 z 坐标值)
R3=0.2                      (坐标递变量赋值)
G00  X0  Z2                 (刀具定位)
AAA:                        (程序跳转标记符)
  G01 X=2*SQRT(-8*R1) Z=R1  (直线插补逼近曲线)
  R1=R1-R3                  (z 坐标递减)
IF R1>=R2 GOTOB AAA         (加工条件判断)
......
```

第8章
双曲线车削

双曲线方程、图形与中心坐标见表 8-1，方程中的 a 为双曲线实半轴长，b 为虚半轴长。

表 8-1 双曲线方程、图形与中心坐标

方程	$\dfrac{z^2}{a^2}-\dfrac{x^2}{b^2}=1$（标准方程）	$-\dfrac{z^2}{a^2}+\dfrac{x^2}{b^2}=1$	$\dfrac{(z-h)^2}{a^2}-\dfrac{(x-g)^2}{b^2}=1$
图形			
中心	G（0，0）	G（0，0）	G（g，h）

【例 8-1】 数控车削加工如图 8-1 所示含双曲线段的轴类零件外圆面，试编制其加工宏程序。

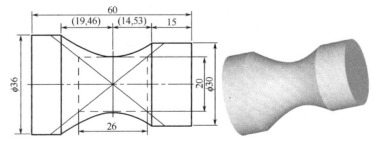

图 8-1 数控车削加工含双曲线段零件

FANUC 宏程序

解：如图 8-1 所示，双曲线段的实半轴长 13mm，虚半轴长 10mm，选择 Z 坐标作为自变量，X 作为 Z 的函数，将双曲线方程

$$-\frac{z^2}{13^2}+\frac{x^2}{10^2}=1$$

改写为

$$x=\pm 10\times\sqrt{1+\frac{z^2}{13^2}}$$

由于加工线段开口朝向 X 轴正半轴，所以该段双曲线的 X 值为

$$x=10\times\sqrt{1+\frac{z^2}{13^2}}$$

设工件原点在工件右端面与轴线的交点上，编制加工部分宏程序如下。

```
……
#1=13                          （双曲线实半轴长赋值）
#2=10                          （双曲线虚半轴长赋值）
#3=14.53                       （双曲线加工起点在自身坐标系下的 Z 坐
                                 标值）
#4=-19.46                      （双曲线加工终点在自身坐标系下的 Z 坐
                                 标值）
#5=0                           （双曲线中心在工件坐标系下的 x 坐标值）
#6=-29.53                      （双曲线中心在工件坐标系下的 Z 坐标值）
#7=0.2                         （坐标递变量）
G00 X30 Z2                     （刀具定位）
G01 Z-15                       （直线插补至双曲线加工起点）
  WHILE [#3GE#4] DO1           （加工条件判断）
  #10=#2*SQRT[1+#3*#3/[#1*#1]] （计算 x 值）
  G01 X[2*#10+#5] Z[#3+#6]     （直线插补逼近曲线）
  #3=#3-#7                     （Z 坐标递减）
  END1                         （循环结束）
G01 X36 Z-48.99                （直线插补至双曲线加工终点）
Z-60                           （直线插补）
……
```

华中宏程序

```
……
#1=13                          （双曲线实半轴长赋值）
```

```
#2=10                          （双曲线虚半轴长赋值）
#3=14.53                       （双曲线加工起点在自身坐标系下的 z 坐
                                标值）
#4=-19.46                      （双曲线加工终点在自身坐标系下的 z 坐
                                标值）
#5=0                           （双曲线中心在工件坐标系下的 x 坐标值）
#6=-29.53                      （双曲线中心在工件坐标系下的 z 坐标值）
#7=0.2                         （坐标递变量）
G00 X30 Z2                     （刀具定位）
G01 Z-15                       （直线插补至双曲线加工起点）
  WHILE #3GE#4                 （加工条件判断）
  #10=#2*SQRT[1+#3*#3/[#1*#1]] （计算 x 值）
  G01 X[2*#10+#5] Z[#3+#6]     （直线插补逼近双曲线）
  #3=#3-#7                     （z 坐标递减）
  ENDW                         （循环结束）
G01 X36 Z-48.99                （直线插补至双曲线加工终点）
Z-60                           （直线插补）
……
```

SIEMENS 参数程序

```
……
R1=13                          （双曲线实半轴长赋值）
R2=10                          （双曲线虚半轴长赋值）
R3=14.53                       （双曲线加工起点在自身坐标系下的 z 坐
                                标值）
R4=-19.46                      （双曲线加工终点在自身坐标系下的 z 坐
                                标值）
R5=0                           （双曲线中心在工件坐标系下的 x 坐标值）
R6=-29.53                      （双曲线中心在工件坐标系下的 z 坐标值）
R7=0.2                         （坐标递变量）
G00 X30 Z2                     （刀具定位）
G01 Z-15                       （直线插补至双曲线加工起点）
AAA:                           （程序跳转标记符）
  R10=R2*SQRT(1+R3*R3/(R1*R1)) （计算 x 值）
  G01 X=2*R10+R5 Z=R3+R6       （直线插补逼近双曲线）
  R3=R3-R7                     （z 坐标递减）
IF R3>=R4 GOTOB AAA            （加工条件判断）
G01 X36 Z-48.99                （直线插补至双曲线加工终点）
Z-60                           （直线插补）
……
```

第9章

正弦曲线车削

如图 9-1 所示，正弦曲线的峰值（极值）为 A，则该曲线方程为

$$X = A\sin\theta$$

其中 X 为半径值。设曲线上任一点 P 的 Z 坐标值为 Z_p，对应的角度为 θ_p，由于曲线一个周期（360°）对应在 Z 坐标轴上的长度为 L，则有

$$\frac{Z_p}{L} = \frac{\theta_p}{360}$$

那么 P 点在曲线方程中对应的角度

$$\theta_p = \frac{Z_p \times 360}{L}$$

如图 9-1 所示，正弦曲线上任一点 P 以 Z 坐标为自变量表示其 X 坐标值（半径值）的方程为：

$$\begin{cases} \theta_p = \dfrac{Z_p \times 360}{L} \\ X_p = A\sin\theta_p \end{cases}$$

若以角度 θ 为自变量，则正弦曲线上任一点 P 的 X 和 Z 坐标值（X 坐标值为半径值）方程为：

$$\begin{cases} X_p = A\sin\theta \\ Z_p = \dfrac{L\theta}{360} \end{cases}$$

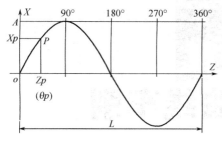

图 9-1　正弦曲线图

【例 9-1】 如图 9-2 所示含正弦曲线段的轴类零件，试编制数控车削加工该零件外圆面的宏程序。

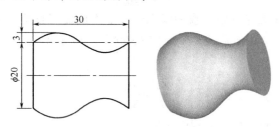

图 9-2　含正弦曲线的轴类零件

FANUC 宏程序

解： 如图 9-2 所示，正弦曲线极值为 3mm，一个周期对应的 Z 轴长度为 30mm，设工件坐标原点在工件右端面与轴线的交点上，则正弦曲线自身坐标原点在工件坐标系中的坐标值为（20，-30）。以 Z 为自变量编制该零件中正弦曲线段加工宏程序如下。

```
……
#1=3                        （正弦曲线极值赋值）
#2=30                       （正弦曲线一个周期对应的 Z 轴长度赋值）
#3=30                       （曲线加工起点在自身坐标系下的 Z 坐标值）
#4=0                        （曲线加工终点在自身坐标系下的 Z 坐标值）
#5=20                       （曲线自身原点在工件坐标系中的 X 坐标值）
#6=-30                      （曲线自身原点在工件坐标系中的 Z 坐标值）
#7=0.1                      （坐标递变量）
WHILE [#3GE#4] DO1          （加工条件判断）
  #10=#3*360/#2             （计算 θ 值）
  #11=#1*SIN[#10]           （计算 X 坐标值）
```

```
G01 X[2*#11+#5] Z[#3+#6]        (直线插补逼近正弦曲线)
  #3=#3-#7                        (Z 坐标递减)
END1                             (循环结束)
……
```

以角度 θ 为自变量编制该零件中正弦曲线段加工宏程序如下。

```
……
#1=3                             (正弦曲线极值赋值)
#2=30                            (正弦曲线一个周期对应的 Z 轴长度赋值)
#3=360                           (曲线加工起点的角度 θ 值)
#4=0                             (曲线加工终点的角度 θ 值)
#5=20                            (曲线自身原点在工件坐标系中的 X 坐
                                  标值)
#6=-30                           (曲线自身原点在工件坐标系中的 Z 坐
                                  标值)
#7=0.5                           (角度递变量)
WHILE [#3GE#4] DO1               (加工条件判断)
  #10=#1*SIN[#3]                 (计算 X 坐标值)
  #11=#2*#3/360                  (计算 Z 坐标值)
  G01 X[2*#10+#5] Z[#11+#6]      (直线插补逼近正弦曲线)
  #3=#3-#7                       (角度递减)
END1                             (循环结束)
……
```

华中宏程序

```
……
#1=3                             (正弦曲线极值赋值)
#2=30                            (正弦曲线一个周期对应的 Z 轴长度赋值)
#3=30                            (曲线加工起点在自身坐标系下的 Z 坐标值)
#4=0                             (曲线加工终点在自身坐标系下的 Z 坐标值)
#5=20                            (曲线自身原点在工件坐标系中的 X 坐标值)
#6=-30                           (曲线自身原点在工件坐标系中的 Z 坐标值)
#7=0.1                           (坐标递变量)
WHILE #3GE#4                     (加工条件判断)
  #10=#3*360/#2                  (计算 θ 值)
  #11=#1*SIN[#10*PI/180]         (计算 X 坐标值)
  G01 X[2*#11+#5] Z[#3+#6]       (直线插补逼近正弦曲线)
  #3=#3-#7                       (Z 坐标递减)
ENDW                             (循环结束)
……
```

SIEMENS 参数程序

……

```
R1=3                          （正弦曲线极值赋值）
R2=30                         （正弦曲线一个周期对应的 Z 轴长度赋值）
R3=30                         （曲线加工起点在自身坐标系下的 Z 坐标值）
R4=0                          （曲线加工终点在自身坐标系下的 Z 坐标值）
R5=20                         （曲线自身原点在工件坐标系中的 X 坐标值）
R6=-30                        （曲线自身原点在工件坐标系中的 Z 坐标值）
R7=0.1                        （坐标递变量）
AAA:                          （程序跳转标记符）
  R10=R3*360/R2               （计算 θ 值）
  R11=R1*SIN[R10]             （计算 X 坐标值）
  G01 X=2*R11+R5 Z=R3+R6      （直线插补逼近正弦曲线）
  R3=R3-R7                    （Z 坐标递减）
IF R3>=R4 GOTOB AAA           （加工条件判断）
……
```

第10章

公式曲线车削的其他情况

10.1 其他公式曲线车削

【例 10-1】 如图 10-1 所示含三次方曲线段轴类零件，试编制数控车削加工该零件外圆面的宏程序。

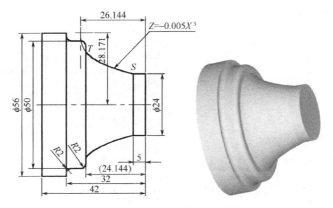

图 10-1 含三次曲线的零件图

FANUC 宏程序

解： 如图 10-1 所示，若选定三次曲线的 X 坐标为自变量，曲线加工起点 S 的 X 坐标值为 $-28.171+12=-16.171$，终点 T 的 X 坐标

值为 $-\sqrt[3]{2/0.005} = -7.368$。设工件坐标原点在工件右端面与轴线的交点上，则曲线自身坐标原点在工件坐标系中的坐标值为（56.342，-26.144），编制该曲线段加工宏程序如下。

```
……
#1=-16.171              （曲线加工起点 S 的 X 坐标赋值）
#2=-7.368               （曲线加工终点 T 的 X 坐标赋值）
#3=56.342               （曲线自身坐标原点在工件坐标系下的 X
                          坐标值）
#4=-26.144              （曲线自身坐标原点在工件坐标系下的 Z
                          坐标值）
#5=0.1                  （X 坐标递增量赋值）
G00 X24 Z2              （刀具定位）
G01 Z-5                 （直线插补）
  WHILE [#1LE#2] DO1    （加工条件判断）
  #10=-0.005*#1*#1*#1   （计算 Z 坐标值）
  G01 X[2*#1+#3] Z[#10+#4]   （直线插补逼近曲线）
  #1=#1+#5              （X 坐标递增）
  END1                 （循环结束）
G01 X[-7.368*2+#3] Z-24.144   （直线插补至曲线终点）
……
```

华中宏程序

```
……
#1=-16.171              （曲线加工起点 S 的 X 坐标赋值）
#2=-7.368               （曲线加工终点 T 的 X 坐标赋值）
#3=56.342               （曲线自身坐标原点在工件坐标系下的 X
                          坐标值）
#4=-26.144              （曲线自身坐标原点在工件坐标系下的 Z
                          坐标值）
#5=0.1                  （X 坐标递增量赋值）
G00 X24 Z2              （刀具定位）
G01 Z-5                 （直线插补）
  WHILE #1LE#2          （加工条件判断）
  #10=-0.005*#1*#1*#1   （计算 Z 坐标值）
  G01 X[2*#1+#3] Z[#10+#4]   （直线插补逼近曲线）
  #1=#1+#5              （X 坐标递增）
  ENDW                 （循环结束）
G01 X[-7.368*2+#3] Z-24.144   （直线插补至曲线终点）
……
```

SIEMENS 参数程序

……

```
R1=-16.171              （曲线加工起点 S 的 X 坐标赋值）
R2=-7.368               （曲线加工终点 T 的 X 坐标赋值）
R3=56.342               （曲线自身坐标原点在工件坐标系下的 X 坐标值）
R4=-26.144              （曲线自身坐标原点在工件坐标系下的 Z 坐标值）
R5=0.1                  （X 坐标递增量赋值）
G00 X24 Z2              （刀具定位）
G01 Z-5                 （直线插补）
AAA:                    （程序跳转标记符）
  R10=-0.005*R1*R1*R1   （计算 Z 坐标值）
  G01 X=2*R1+R3 Z=R10+R4 （直线插补逼近曲线）
  R1=R1+R5              （X 坐标递增）
IF R1<=R2 GOTOB AAA     （加工条件判断）
G01 X=-7.368*2+R3 Z-24.144 （直线插补至曲线终点）
......
```

【例 10-2】 如图 10-2 所示零件外圆面为一正切曲线段，曲线
方程为

$$\begin{cases} x = -3t \\ z = 2\tan(57.2957t) \end{cases}$$

试编制该曲线段的加工宏程序。

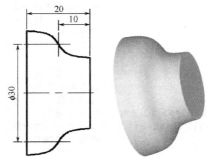

图 10-2　含正切曲线段零件

FANUC 宏程序

解： 设工件坐标系原点在工件右端面与轴线的交点上，则正切
曲线的原点在工件坐标系中的坐标值为（30，-10）。曲线右端起点
在正切曲线本身坐标系中的 Z 坐标值为 10，则由

$$z = 2\tan(57.2957t) = 10$$

解得该起点的参数 t =1.3734，相应的终点的参数 t =-1.3734。

......

```
#1=ATAN[10/2]/57.2957          (曲线加工起点参数 t 值)
#2=-#1                         (曲线加工终点参数 t 值)
#3=30                          (曲线自身坐标原点在工件坐标系中的 X
                                坐标值)
#4=-10                         (曲线自身坐标原点在工件坐标系中的 Z
                                坐标值)
#5=0.01                        (参数 t 递变量)
  WHILE [#1GE#2] DO1           (加工条件判断)
  #10=-3*#1                    (计算 X 值)
  #11=2*TAN[57.2957*#1]        (计算 Z 值)
  G01 X[2*#10+#3] Z[#11+#4]    (直线插补逼近曲线)
  #1=#1-#5                     (参数 t 递减)
  END1                         (循环结束)
......
```

华中宏程序

......

```
#1=ATAN[10/2]/57.2957          (曲线加工起点参数 t 值)
#2=-#1                         (曲线加工终点参数 t 值)
#3=30                          (曲线自身坐标原点在工件坐标系中的 X
                                坐标值)
#4=-10                         (曲线自身坐标原点在工件坐标系中的 Z
                                坐标值)
#5=0.01                        (参数 t 递变量)
  WHILE #1GE#2                 (加工条件判断)
  #10=-3*#1                    (计算 X 值)
  #11=2*TAN[57.2957*#1*PI/180] (计算 Z 值)
  G01 X[2*#10+#3] Z[#11+#4]    (直线插补逼近曲线)
  #1=#1-#5                     (参数 t 递减)
  ENDW                         (循环结束)
......
```

SIEMENS 参数程序

......

```
R1=ATAN2(10/2)/57.2957         (曲线加工起点参数 t 值)
R2=-R1                         (曲线加工终点参数 t 值)
R3=30                          (曲线自身坐标原点在工件坐标系中的 X
                                坐标值)
R4=-10                         (曲线自身坐标原点在工件坐标系中的 Z
                                坐标值)
R5=0.01                        (参数 t 递变量)
```

```
AAA:                              (程序跳转标记符)
  R10=-3*R1                       (计算 X 值)
  R11=2*TAN(57.2957*R1)           (计算 Z 值)
  G01 X=2*R10+R3 Z=R11+R4         (直线插补逼近曲线)
  R1=R1-R5                        (参数 t 递减)
IF R1>=R2 GOTOB AAA               (加工条件判断)
……
```

【例 10-3】　数控车削加工如图 10-3 所示的玩具喇叭凸模，该零件含一段曲线，曲线方程为

$$x = 36/z + 3$$

曲线方程中 X 值为半径值，曲线方程原点在如图 O 点位置。

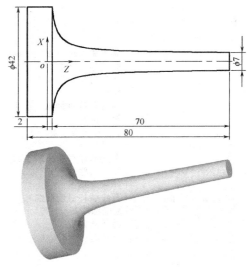

图 10-3　含曲线段零件数控车削加工

FANUC 宏程序

解：　曲线加工起点 Z 坐标值为 72，终点 Z 坐标值为 2，设工件原点在工件右端面与轴线的交点上，则曲线自身坐标原点在工件坐标系下的坐标值为（0，-72），编制宏程序如下。

```
……
#1=72                             (曲线加工起点 z 坐标赋值)
#2=2                              (曲线加工终点 z 坐标赋值)
```

```
#3=0                                （曲线自身坐标原点在工件坐标系下的 X
                                        坐标值）

#4=-72                              （曲线自身坐标原点在工件坐标系下的 Z
                                        坐标值）

#5=0.2                              （Z 坐标递变量赋值）
G00 X7 Z2                           （刀具定位）
G01 Z0                              （直线插补到曲线加工起点）
    WHILE [#1GE#2] DO1              （加工条件判断）
    #10=36/#1+3                     （计算 X 值）
    G01 X[2*#10+#3] Z[#1+#4]        （直线插补逼近曲线）
    #1=#1-#5                        （Z 坐标递减）
    END1                            （循环结束）
……
```

华中宏程序

```
……
#1=72                               （曲线加工起点 Z 坐标赋值）
#2=2                                （曲线加工终点 Z 坐标赋值）
#3=0                                （曲线自身坐标原点在工件坐标系下的 X
                                        坐标值）

#4=-72                              （曲线自身坐标原点在工件坐标系下的 Z
                                        坐标值）

#5=0.2                              （Z 坐标递变量赋值）
G00 X7 Z2                           （刀具定位）
G01 Z0                              （直线插补到曲线加工起点）
    WHILE #1GE#2                    （加工条件判断）
    #10=36/#1+3                     （计算 X 值）
    G01 X[2*#10+#3] Z[#1+#4]        （直线插补逼近曲线）
    #1=#1-#5                        （Z 坐标递减）
    ENDW                            （循环结束）
……
```

SIEMENS 参数程序

```
……
R1=72                               （曲线加工起点 Z 坐标赋值）
R2=2                                （曲线加工终点 Z 坐标赋值）
R3=0                                （曲线自身坐标原点在工件坐标系下的 X
                                        坐标值）

R4=-72                              （曲线自身坐标原点在工件坐标系下的 Z
                                        坐标值）

R5=0.2                              （Z 坐标递变量赋值）
G00 X7 Z2                           （刀具定位）
G01 Z0                              （直线插补到曲线加工起点）
AAA:                                （程序跳转标记符）
```

```
  R10=36/R1+3                （计算 X 值）
  G01 X=2*R10+R3 Z=R1+R4     （直线插补逼近曲线）
  R1=R1-R5                   （Z 坐标递减）
IF R1>=R2 GOTOB AAA          （加工条件判断）
……
```

10.2 圆弧插补逼近公式曲线

除了采用直线插补逼近公式曲线之外，还可以采用圆弧插补逼近公式曲线。之前各公式曲线均采用直线插补逼近法编程，下面以椭圆曲线为例来介绍圆弧插补逼近公式曲线。

采用圆弧插补逼近相对于直线插补逼近椭圆曲线得到的表面加工质量更佳。采用圆弧插补逼近椭圆曲线的难点在于计算曲线上任一点的曲率半径 R 值。

设曲线的参数方程为：

$$\begin{cases} x = \varphi(t) \\ y = \psi(t) \end{cases}$$

则曲线上任一点的曲率公式为：

$$K(t) = \frac{\left| \varphi'(t)\psi''(t) - \varphi''(t)\psi'(t) \right|}{\left[\varphi'^2(t) + \psi'^2(t) \right]^{\frac{3}{2}}}$$

曲率半径 R 与曲率 K 互为倒数，即 $R = \dfrac{1}{K}$。

由椭圆参数方程

$$\begin{cases} x = b\sin t \\ z = a\cos t \end{cases}$$

求得的椭圆曲线上离心角为 t 的点的曲率半径为：

$$R = \frac{\left[(a\sin t)^2 + (b\cos t)^2 \right] \times \sqrt{(a\sin t)^2 + (b\cos t)^2}}{a \times b}$$

【例 10-4】 如图 10-4 所示，椭圆曲线终点 P 对应的圆心角 $\theta=144.43°$，试采用圆弧插补逼近法编制该零件椭圆曲线段的加工宏程序。

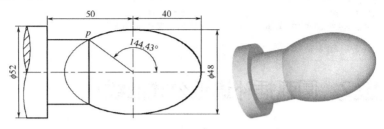

图 10-4　含椭圆曲线轴类零件

FANUC 宏程序

解: 椭圆曲线终点 P 对应的圆心角 $\theta = 144.43°$,则该点的离心角 t 值为:

$$t = \arctan\left(\frac{a}{b}\tan\theta\right) = \arctan\left(\frac{40}{24}\times\tan 144.43°\right) = \arctan\left(-\frac{40}{20}\times\tan 35.57°\right)$$

$$= 180° - \arctan\left(\frac{40}{24}\times\tan 35.57°\right) \approx 130°$$

采用圆弧插补逼近该椭圆曲线段的加工宏程序如下。

```
……
#1=40                      （椭圆长半轴赋值）
#2=24                      （椭圆短半轴赋值）
#3=0                       （曲线加工起点的离心角 t 值）
#4=130                     （曲线加工终点的离心角 t 值）
#5=0                       （椭圆中心在工件坐标系中的 X 坐标值）
#6=-40                     （椭圆中心在工件坐标系中的 Z 坐标值）
#7=10                      （离心角增量赋值）
#3=#3+#7                   （加工初始点的离心角值计算）
G00 X0 Z2                  （刀具定位）
G01 Z0                     （直线插补到曲线加工起点）
  WHILE [#3LE#4] DO1       （加工条件判断）
  #10=#2*SIN[#3]           （计算圆弧插补终点的 X 值）
  #11=#1*COS[#3]           （计算圆弧插补终点的 Z 值）
  #12=#2*COS[#3-#7*0.5]    （计算圆弧插补中间点的"bcost"值,见曲率
                            半径计算公式）
  #13=#1*SIN[#3-#7*0.5]    （计算圆弧插补中间点的"asint"值）
  #14=#12*#12+#13*#13      [计算"(asint)²+(bcost)²"的值]
  #15=#14*SQRT[#14]/[#1*#2]   （计算圆弧插补中间点的曲率半径 R 值）
  G03 X[2*#10+#5] Z[#11+#6] R#15   （圆弧插补逼近椭圆曲线）
```

```
#3=#3+#7                          （离心角 t 递增）
END1                              （循环结束）
……
```

华中宏程序

```
……
#1=40                             （椭圆长半轴赋值）
#2=24                             （椭圆短半轴赋值）
#3=0                              （曲线加工起点的离心角 t 值）
#4=130                            （曲线加工终点的离心角 t 值）
#5=0                              （椭圆中心在工件坐标系中的 X 坐
                                    标值）
#6=-40                            （椭圆中心在工件坐标系中的 Z 坐
                                    标值）
#7=10                             （离心角增量赋值）
#3=#3+#7                          （加工初始点的离心角值计算）
G00 X0 Z2                         （刀具定位）
G01 Z0                            （直线插补到曲线加工起点）
   WHILE #3LE#4                   （加工条件判断）
   #10=#2*SIN[#3*PI/180]          （计算圆弧插补终点的 X 值）
   #11=#1*COS[#3*PI/180]          （计算圆弧插补终点的 Z 值）
   #12=#2*COS[[#3-#7*0.5]*PI/180] （计算圆弧插补中间点的" bcost "值）
   #13=#1*SIN[[#3-#7*0.5]*PI/180] （计算圆弧插补中间点的" asint "值）

   #14=#12*#12+#13*#13            [计算" $(asint)^2+(bcost)^2$ "的值]
   #15=#14*SQRT[#14]/[#1*#2]      （计算圆弧插补中间点的曲率半径 R 值）
   G03 X[2*#10+#5] Z[#11+#6] R[#15] （圆弧插补逼近椭圆曲线）
   #3=#3+#7                       （离心角 t 递增）
   ENDW                           （循环结束）
……
```

SIEMENS 参数程序

```
……
R1=40                             （椭圆长半轴赋值）
R2=24                             （椭圆短半轴赋值）
R3=0                              （曲线加工起点的离心角 t 值）
R4=130                            （曲线加工终点的离心角 t 值）
R5=0                              （椭圆中心在工件坐标系中的 X 坐
                                    标值）
R6=-40                            （椭圆中心在工件坐标系中的 Z 坐
                                    标值）
R7=10                             （离心角增量赋值）
R3=R3+R7                          （加工初始点的离心角值计算）
G00 X0 Z2                         （刀具定位）
```

```
G01 Z0                              (直线插补到曲线加工起点)
AAA:                                (程序跳转标记符)
  R10=R2*SIN(R3)                    (计算圆弧插补终点的 X 值)
  R11=R1*COS(R3)                    (计算圆弧插补终点的 Z 值)
  R12=R2*COS(R3-R7*0.5)            (计算圆弧插补中间点的" bcost "
                                    值，见曲率半径计算公式)
  R13=R1*SIN(R3-R7*0.5)            (计算圆弧插补中间点的"asint"值)
  R14=R12*R12+R13*R13              [计算" $(asint)^2$+$(bcost)^2$ "的值]
  R15=R14*SQRT(R14)/(R1*R2)        (计算圆弧插补中间点的曲率半径 R 值)
  G03 X=2*R10+R5 Z=R11+R6 CR=R15  (圆弧插补逼近椭圆曲线)
  R3=R3+R7                         (离心角 t 递增)
IF R3<=R4 GOTOB AAA               (加工条件判断)
……
```

10.3 数值计算与加工循环分离编程加工公式曲线

宏指令是一种更接近高级语言的指令形式，具有顺序、分支选择、循环的流程结构，另外还有进行多种数学运算的能力。因此如何合理安排程序结构，使程序更易读、易维护，运行效率、加工效果更好，加工方式更合理是宏程序编写时必须解决的问题。如下程序段：

```
WHILE [#1LE3] DO1                 (加工条件判断)
#2=……                             (坐标值计算)
#3=……                             (坐标值计算)
G01 X#2 Y#3                       (插补加工)
#1=#1+1                           (计数器递增)
END1                             (加工循环结束)
```

在上面的程序中我们可以看到在循环内共有三个数值计算语句。数值计算会占用大量的机器时间，特别是当计算为浮点、三角函数、求根等运算时，占用机器时间更多。此时机床处于进给暂停状态。具有加工经验的人应该知道这种状态下在刀具停顿处会产生"过切"现象，从而造成工件表面出现刀痕影响表面质量，在大余量大进给切削条件下甚至会影响到尺寸精度。此时我们就要想办法尽量缩短机床的暂停时间。除了简化计算公式，优化加工路径等方法外，一个比较有效的方法就是设法将数值计算与加工循环分离。比如我们可将前面的程序改为下面的形式：

（数值计算循环）

```
#1=1                              （变量计数器赋初值）
WHILE [#1LE3*2] DO1               （数值计算循环条件判断）
  #[#1+1]=……                      （坐标值计算）
  #[#1+2]=……                      （坐标值计算）
  #1=#1+2                         （变量计数器递增）
END1                             （数值计算循环结束）
```

（加工循环）

```
#100=1                            （变量计数器赋初值）
WHILE [#100LE3] DO2               （加工条件判断）
  G01 X[#[#100+1]] Y[#[#100+2]]    （插补加工）
  #100=#100+2                     （变量计数器递增）
END2                             （加工循环结束）
```

从上面的例子可以看出我们将原循环中的数值计算部分单独拿出作为一个循环。在机床实际执行加工 G 代码之前先将占用大量机器时间的计算工作完成。这样一来在实际的加工循环中，原来复杂的数值计算就被简单的变量下标计算替代。这类计算都为简单的整数运算，大大缩短运算时间，从而使切削的连续性大大提高。

尽管从程序表面上看，这样做似乎增加了程序的长度，增大了程序输入量。但实际上这种程序结构由于将复杂的计算与标准 G 代码分离，使程序的可读性大大提高。

程序员在编制程序时可将精力更集中的解决单独的运算问题或加工指令上。避免了两种性质完全不同编程工作混杂在一起造成思路上的混乱。且程序的可维护性也大大提高，修改程序可单独的修改计算或加工段避免在一堆混杂的代码之间跳来跳去减少了出错的可能性。如果程序的计算量非常大，程序非常长，使用这种结构你会发现将大大节省修改、调试的时间。程序长度的少许增加换来后继工作时间的大大缩短还是相当合算的。

当然这种结构的缺点也很明显，就是占用了更多的变量。一般数控系统由于硬件的限制，变量寄存器的数量都非常有限。对于需要大量变量的加工为例，上面的结构显然会产生变量可用数目不足的问题。这种情况下，我们可将加工问题进行合理分解，利用循环嵌套多段数值计算和加工循环的方法来重复利用变量寄存器。程序结构如下（用伪代码表示）：

```
[WHILE，加工结束条件]
（阶段数值计算循环）
  [WHILE，变量计数器<最大可用变量标号]
  [#[变量标号计算]=数值计算]
……（更多数值计算）
  [变量计数器=变量计数器+赋值变量的个数]
  [END]
    （阶段加工循环）
    [WHILE，阶段加工循环条件]
    [加工循环]
    [END]
    [加工结束条件进行增量计算]
[END]
```

可以看到，简单的在循环后面加是否结束加工的判断就可以反复地利用同一个区段的变量与加工循环配合最终完成加工任务。利用这种结构就可重复利用变量寄存器，大大扩展可编程的空间。这种方法的难点并不在于编程，而在于操作者如何对加工轨迹进行合理的分解，从而使分段重复计算可行。

【例10-5】 数控车削加工如图 10-5 所示含椭圆曲线的轴类零件，试采用数值计算与加工循环分离编程加工公式曲线的方法来编程实现加工该零件椭圆曲线段的宏程序。

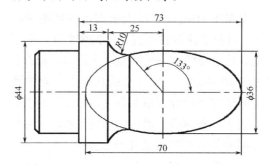

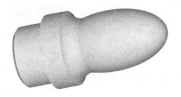

图 10-5　含椭圆曲线零件外轮廓的加工

FANUC 宏程序

解： 由于宏程序因计算延迟导致加工过程边算边加工出现停顿现象影响加工质量的问题始终无法得到有效解决，下面程序采用了将数值计算提前，并"转储"，待算完后再加工的加工编程思路。

```
……
#1=35                                   （椭圆长半轴赋值）
#2=18                                   （椭圆短半轴赋值）
#3=0                                    （曲线加工起点的圆心角赋值）
#4=133                                  （曲线加工终点的圆心角赋值）
#5=0                                    （椭圆中心在工件坐标系中的 X 坐标值）
#6=-35                                  （椭圆中心在工件坐标系中的 Z 坐标值）
#7=0.5                                  （离心角递增量）
#8=180-ATAN[TAN[180-#4]*#1/#2]          （计算曲线加工终点的离心角值）
  #10=10                                （存储地址计数器赋初值）
  WHILE [#3LE#8] DO1                     （数值计算循环条件判断）
  #[#10+1]=#2*SIN[#3]*2+#5               （计算 X 坐标值）
  #[#10+2]=#1*COS[#3]+#6                 （计算 Z 坐标值）
  #3=#3+#7                               （角度递增）
  #10=#10+2                              （存储地址计数器递增）
  END1                                  （循环结束）
    #500=10                             （读取地址计数器赋值）
    WHILE [#500LT#10] DO2                （加工条件判断）
    G01 X[#[#500+1]] Z[#[#500+2]]       （直线插补逼近曲线）
    #500=#500+2                         （读取地址计数器递增）
    END2                                （循环结束）
……
```

华中宏程序

```
……
#1=35                                   （椭圆长半轴赋值）
#2=18                                   （椭圆短半轴赋值）
#3=0                                    （曲线加工起点的圆心角赋值）
#4=133                                  （曲线加工终点的圆心角赋值）
```

```
#5=0                                    （椭圆中心在工件坐标系中的 X 坐
                                          标值）
#6=-35                                  （椭圆中心在工件坐标系中的 Z 坐
                                          标值）
#7=0.5                                  （离心角递增量）
#8=180-ATAN[TAN[[180-#4]*PI/180]*#1/#2]
                                        （计算曲线加工终点的离心角值）
  #10=10                                （存储地址计数器赋初值）
  WHILE #3LE#8                          （数值计算循环条件判断）
  #[#10+1]=#2*SIN[#3*PI/180]*2+#5       （计算 X 坐标值）
  #[#10+2]=#1*COS[#3*PI/180]+#6         （计算 Z 坐标值）
  #3=#3+#7                              （角度递增）
  #10=#10+2                             （存储地址计数器递增）
  ENDW                                  （循环结束）
    #500=10                             （读取地址计数器赋值）
    WHILE #500LT#10                     （加工条件判断）
    G01 X[#[#500+1]] Z[#[#500+2]]       （直线插补逼近曲线）
    #500=#500+2                         （读取地址计数器递增）
    ENDW                                （循环结束）
……
```

SIEMENS 参数程序

```
……
R1=35                                   （椭圆长半轴赋值）
R2=18                                   （椭圆短半轴赋值）
R3=0                                    （曲线加工起点的圆心角赋值）
R4=133                                  （曲线加工终点的圆心角赋值）
R5=0                                    （椭圆中心在工件坐标系中的 X 坐
                                          标值）
R6=-35                                  （椭圆中心在工件坐标系中的 Z 坐
                                          标值）
R7=0.5                                  （离心角递增量）
R8=180-ATAN2(TAN(180-R4)*R1/R2)         （计算曲线加工终点的离心角值）
  R10=10                                （存储地址计数器赋初值）
  AAA:                                  （跳转标记符）
  R[R10+1]=R2*SIN(R3)*2+R5              （计算 X 坐标值）
  R[R10+2]=R1*COS(R3)+R6                （计算 Z 坐标值）
  R3=R3+R7                              （角度递增）
  R10=R10+2                             （存储地址计数器递增）
  IF R3<=R8 GOTOB AAA                   （数值计算循环条件判断）
    R500=10                             （读取地址计数器赋值）
    BBB:                                （跳转标记符）
    G01 X=R(R500+1) Z=R(R500+2)         （直线插补逼近曲线）
    R500=R500+2                         （读取地址计数器递增）
    IF R500<R10 GOTOB BBB               （加工条件判断）
……
```

第11章
系列零件铣削

11.1 不同尺寸规格系列零件

加工生产中经常遇到形状相同，但尺寸数值不尽相同的系列零件加工的情况，加工程序基本相似又有区别，通常需要重新编程或通过修改原程序中的相应数值来满足加工要求，效率不高且容易出现错。针对这种系列零件的加工，我们可以事先编制出加工宏程序，加工时根据具体情况给变化的数值赋值即可，无须修改程序或重新编程。

【例11-1】 如图11-1所示，数控铣削加工矩形外轮廓，矩形长55mm，宽30mm，试编制可适用不同尺寸矩形外轮廓的加工宏程序。

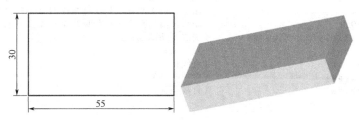

图 11-1 矩形外轮廓铣削加工

FANUC 宏程序

解：数控铣削加工的矩形外轮廓几何参数模型如图 11-2 所示，

设工件原点在矩形左前角，编制加工宏程序如下（为简化程序方便理解，本程序未编制工件坐标系设定、主轴控制及刀具半径补偿等部分内容，下同）。

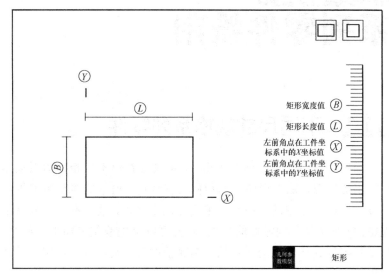

图 11-2　矩形几何参数模型

```
......
#1=30                    （矩形宽度 B 赋值）
#2=55                    （矩形长度 L 赋值）
#3=0                     （矩形左前角点在工件坐标系中的 X 坐标值）
#4=0                     （矩形左前角点在工件坐标系中的 Y 坐标值）
G00 X[#2+#3] Y[#1+#4+5]  （快进到切削起点）
G01 Y#4                  （直线插补）
X#3                      （直线插补）
Y[#1+#4]                 （直线插补）
X[#2+#3]                 （直线插补）
......
```

华中宏程序

```
......
#1=30                    （矩形宽度 B 赋值）
#2=55                    （矩形长度 L 赋值）
#3=0                     （矩形左前角点在工件坐标系中的 X 坐标值）
```

```
#4=0                              （矩形左前角点在工件坐标系中的 Y 坐标值）
G00  X[#2+#3]  Y[#1+#4+5]         （快进到切削起点）
G01  Y[#4]                        （直线插补）
X[#3]                             （直线插补）
Y[#1+#4]                          （直线插补）
X[#2+#3]                          （直线插补）
……
```

SIEMENS 参数程序

```
……
R1=30                             （矩形宽度 B 赋值）
R2=55                             （矩形长度 L 赋值）
R3=0                              （矩形左前角点在工件坐标系中的 X 坐标值）
R4=0                              （矩形左前角点在工件坐标系中的 Y 坐标值）
G00  X=R2+R3  Y=R1+R4+5           （快进到切削起点）
G01  Y=R4                         （直线插补）
X=R3                              （直线插补）
Y=R1+R4                           （直线插补）
X=R2+R3                           （直线插补）
……
```

【例 11-2】 如图 11-3 所示正六边形，其外接圆半径为 R20mm，数控铣削加工该零件外轮廓，试编制其加工宏程序。

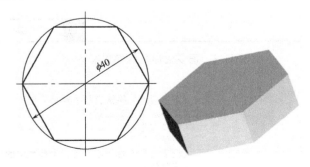

图 11-3　正六边形

FANUC 宏程序

解： 正多边形几何参数模型如图 11-4 所示，圆曲线本质上就是边数等于 n 的正多边形，所以圆的曲线方程实际上就是正多边形节点的坐标方程：

$$\begin{cases} x = R\cos t \\ y = R\sin t \end{cases}$$

其中 R 为正多边形外接圆半径，t 为正多边形节点与外接圆圆心的连线与 X 正半轴的夹角。设工件原点在正多边形的对称中心，编程如下。

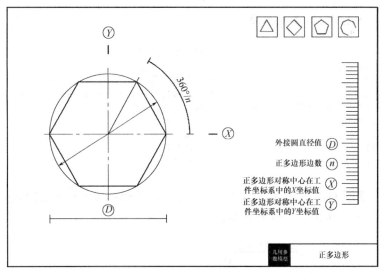

图 11-4　正多边形几何参数模型

......

```
#1=40                      （正多边形外接圆直径 D 赋值）
#2=6                       （正多边形边数 n 赋值）
#3=0                       （正多边形对称中心在工件坐标系中的 X 坐标
                            值赋值）
#4=0                       （正多边形对称中心在工件坐标系中的 Y 坐标
                            值赋值）
#10=360/#2                 （计算每边对应的角度）
#11=0                      （边数计数器置 0）
  WHILE [#11LE#2] DO1      （加工条件判断）
  #20=#1*0.5*COS[#11*#10]  （计算加工节点的 X 坐标值）
  #21=#1*0.5*SIN[#11*#10]  （计算加工节点的 Y 坐标值）
  G01 X[#20+#3] Y[#21+#4]  （直线插补）
  #11=#11+1                （边数计数器递增）
  END1                     （循环结束）
```

......

```
......
#1=40                          （正多边形外接圆直径 D 赋值）
#2=6                           （正多边形边数 n 赋值）
#3=0                           （正多边形对称中心在工件坐标系中的 X
                                 坐标值赋值）
#4=0                           （正多边形对称中心在工件坐标系中的 Y
                                 坐标值赋值）
#10=360/#2                     （计算每边对应的角度）
#11=0                          （边数计数器置 0）
  WHILE #11LE#2                （加工条件判断）
  #20=#1*0.5*COS[#11*#10*PI/180]    （计算加工节点的 X 坐标值）
  #21=#1*0.5*SIN[#11*#10*PI/180]    （计算加工节点的 Y 坐标值）
  G01 X[#20+#3] Y[#21+#4]      （直线插补）
  #11=#11+1                    （边数计数器递增）
  ENDW                         （循环结束）
......
```

SIEMENS 参数程序

```
......
R1=40                          （正多边形外接圆直径 D 赋值）
R2=6                           （正多边形边数 n 赋值）
R3=0                           （正多边形对称中心在工件坐标系中的 X
                                 坐标值赋值）
R4=0                           （正多边形对称中心在工件坐标系中的 Y
                                 坐标值赋值）
R10=360/R2                     （计算每边对应的角度）
R11=0                          （边数计数器置 0）
AAA:                           （程序跳转标记符）
  R20=R1*0.5*COS(R11*R10)      （计算加工节点的 X 坐标值）
  R21=R1*0.5*SIN(R11*R10)      （计算加工节点的 Y 坐标值）
  G01 X=R20+R3 Y=R21+R4        （直线插补）
  R11=R11+1                    （边数计数器递增）
IF R11<=R2 GOTOB AAA           （加工条件判断）
......
```

11.2 相同轮廓的重复铣削

在实际加工中，还有一类属于刀具轨迹相同但是位置参数不同的系列零件，即相同轮廓的重复加工。相同轮廓的重复加工主要有同一零件上相同轮廓在不同位置多次出现或在不同坯料上加工多个相同轮廓零件两种情况。如图 11-5 所示为同一零件上相同轮廓在深度[图（a）]、矩形阵列[图（b）]和环形阵列[图（c）]三种不同位置的重复铣削加工示意图。

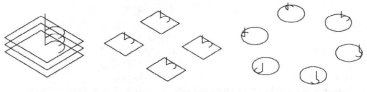

(a)深度重复铣削加工　　(b)矩形阵列重复铣削加工　　(c)环形阵列重复铣削加工

图 11-5　相同轮廓在不同位置的重复铣削加工示意图

实现相同轮廓重复铣削加工的方法主要有三种：

① 用增量方式定制轮廓加工子程序，在主程序中用绝对方式对轮廓进行定位，再调用子程序完成加工；

② 用绝对方式定制轮廓加工子程序，并解决坐标系平移的问题来完成加工；

③ 用参数程序来完成加工。

【例 11-3】　某等分圆弧槽零件如图 11-6 所示，其中包含 8 个圆缺，试编制适宜加工该类零件的程序完成该零件外轮廓的数控铣削加工。

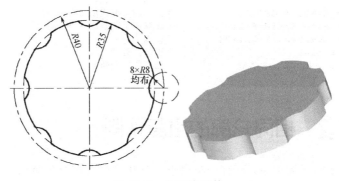

图 11-6　含圆缺零件

FANUC 宏程序

解：为方便理解和简化编程，将本题看作在一个 R35mm 的整圆上环形阵列铣削 8 个半径为 R8mm 的整圆而成。设工件坐标系原点在零件对称中心，编制宏程序如下。

```
……
#1=35                          （大圆半径赋值）
#2=40                          （圆缺圆心所在圆弧半径赋值）
#3=8                           （圆缺半径赋值）
#4=8                           （圆缺数量赋值）
#10=360/#4                     （等分角度计算）
#11=1                          （计数器置 1）
G00 X[#2+#3] Y0                （第一个圆缺加工定位）
G03 I-#3 J0                    （第一个圆缺加工）
  WHILE [#11LT#4] DO1          （加工条件判断）
  #20=[#2+#3]*COS[#11*#10]     （计算各加工定位点的 X 坐标值）
  #21=[#2+#3]*SIN[#11*#10]     （计算各加工定位点的 Y 坐标值）
  #22=#2*COS[#11*#10]          （计算各圆缺圆心的 X 坐标值）
  #23=#2*SIN[#11*#10]          （计算各圆缺圆心的 Y 坐标值）
  G03 X#20 Y#21 R[#2+#3]       （圆弧插补到定位点）
  I[#22-#20] J[#23-#21]        （加工圆缺）
  #11=#11+1                    （计数器递增）
  END1                         （循环结束）
……
```

上述程序是采用逐个圆缺的坐标值先计算然后加工的方式编制的，下面采用坐标旋转方式编程（为避免干涉，本程序采用工件表面之上进行刀具定位）。

```
……
#1=35                          （大圆半径赋值）
#2=40                          （圆缺圆心所在圆弧半径赋值）
#3=8                           （圆缺半径赋值）
#4=8                           （圆缺数量赋值）
#10=360/#4                     （等分角度计算）
#11=0                          （坐标旋转角度置 0）
  WHILE [#11LT360] DO1         （加工条件判断）
  G68 X0 Y0 R#11               （坐标旋转设定）
  G00 X[#2+#3] Y0              （定位）
  Z-2                          （下刀到加工平面）
  G03 I-#3 J0                  （圆缺加工）
  G00 Z50                      （抬刀）
  G69                          （取消坐标旋转）
  #11=#11+360/#4               （坐标旋转角度递增）
```

```
    END1                              (循环结束)
……
```

华中宏程序

```
……
#1=35                                 (大圆半径赋值)
#2=40                                 (圆缺圆心所在圆弧半径赋值)
#3=8                                  (圆缺半径赋值)
#4=8                                  (圆缺数量赋值)
#10=360/#4                            (等分角度计算)
#11=1                                 (计数器置1)
G00 X[#2+#3] Y0                       (第一个圆缺加工定位)
G03 I[-#3] J0                         (第一个圆缺加工)
    WHILE #11LT#4                     (加工条件判断)
    #20=[#2+#3]*COS[#11*#10*PI/180]   (计算各加工定位点的X坐标值)
    #21=[#2+#3]*SIN[#11*#10*PI/180]   (计算各加工定位点的Y坐标值)
    #22=#2*COS[#11*#10*PI/180]        (计算各圆缺圆心的X坐标值)
    #23=#2*SIN[#11*#10*PI/180]        (计算各圆缺圆心的Y坐标值)
    G03 X[#20] Y[#21] R[#2+#3]        (圆弧插补到定位点)
    I[#22-#20] J[#23-#21]             (加工圆缺)
    #11=#11+1                         (计数器递增)
    ENDW                              (循环结束)
……
```

SIEMENS 参数程序

```
……
R1=35                                 (大圆半径赋值)
R2=40                                 (圆缺圆心所在圆弧半径赋值)
R3=8                                  (圆缺半径赋值)
R4=8                                  (圆缺数量赋值)
R10=360/R4                            (等分角度计算)
R11=1                                 (计数器置1)
G00 X=R2+R3 Y0                        (第一个圆缺加工定位)
G03 I=-R3 J0                          (第一个圆缺加工)
AAA:                                  (程序跳转标记符)
    R20=(R2+R3)*COS(R11*R10)          (计算各加工定位点的X坐标值)
    R21=(R2+R3)*SIN(R11*R10)          (计算各加工定位点的Y坐标值)
    R22=R2*COS(R11*R10)               (计算各圆缺圆心的X坐标值)
    R23=R2*SIN(R11*R10)               (计算各圆缺圆心的Y坐标值)
    G03 X=R20 Y=R21 CR=R2+R3          (圆弧插补到定位点)
    I=R22-R20 J=R23-R21               (加工圆缺)
    R11=R11+1                         (计数器递增)
IF R11<R4 GOTOB AAA                   (加工条件判断)
……
```

11.3 刻线加工

【例 11-4】 如图 11-7 所示沿直线分布标线，长短标线均深 0.2mm，各标线间隔 3mm，试编制其加工宏程序。

图 11-7　沿直线分布标线

FANUC 宏程序

解： 设工件坐标原点在矩形坯料上表面左前角点，编制加工程序如下。

```
……
#1=6                      （短标线长度赋值）
#2=10                     （长标线长度赋值）
#3=3                      （标线间间隔赋值）
#4=60                     （刻线总宽度赋值）
#5=-0.2                   （加工深度赋值）
#10=0                     （加工 x 向坐标赋初值）
#11=5                     （线槽计数器赋初值）
  WHILE [#10LE#4] DO1     （加工条件判断）
  #20=#1                  （加工长度赋值）
  IF [#11NE5] GOTO100     （条件跳转）
  #20=#2                  （加工长度重新赋值）
  #11=0                   （线槽计数器重新赋值）
  N100                    （程序跳转标记符）
  G00 X#10 Y0             （刀具定位）
  G01 Z#5                 （Z 向下刀）
  Y#20                    （标线加工）
  G00 Z5                  （抬刀）
  #10=#10+#3              （加工 x 向坐标递增）
  #11=#11+1               （线槽计数器递增）
  END1                    （循环结束）
……
```

华中宏程序

......

```
#1=6              （短标线长度赋值）
#2=10             （长标线长度赋值）
#3=3              （标线间间隔赋值）
#4=60             （刻线总宽度赋值）
#5=-0.2           （加工深度赋值）
#10=0             （加工 x 向坐标赋初值）
#11=5             （线槽计数器赋初值）
  WHILE #10LE#4   （加工条件判断）
  #20=#1          （加工长度赋值）
  IF #11EQ5       （条件判断）
  #20=#2          （加工长度重新赋值）
  #11=0           （线槽计数器重新赋值）
  ENDIF           （条件终止）
  G00 X[#10] Y0   （刀具定位）
  G01 Z[#5]       （z 向下刀）
  Y[#20]          （标线加工）
  G00 Z5          （抬刀）
  #10=#10+#3      （加工 x 向坐标递增）
  #11=#11+1       （线槽计数器递增）
  ENDW            （循环结束）
```

......

SIEMENS 参数程序

......

```
R1=6                    （短标线长度赋值）
R2=10                   （长标线长度赋值）
R3=3                    （标线间间隔赋值）
R4=60                   （刻线总宽度赋值）
R5=-0.2                 （加工深度赋值）
R10=0                   （加工 x 向坐标赋初值）
R11=5                   （线槽计数器赋初值）
  AAA:                  （程序跳转标记符）
  R20=R1                （加工长度赋值）
  IF R11<>5 GOTOF BBB   （条件跳转）
  R20=R2                （加工长度重新赋值）
  R11=0                 （线槽计数器重新赋值）
  BBB:                  （程序跳转标记符）
  G00 X=R10 Y0          （刀具定位）
  G01 Z=R5              （z 向下刀）
  Y=R20                 （标线加工）
```

```
  G00 Z5                    （抬刀）
  R10=R10+R3                （加工 X 向坐标递增）
  R11=R11+1                 （线槽计数器递增）
  IF R10<=R4 GOTOB AAA      （加工条件判断）
......
```

【例 11-5】　如图 11-8 所示沿圆弧分布的标线，长短标线均深 0.2mm，各标线间隔 6°，试编制其加工宏程序。

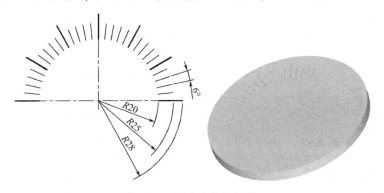

图 11-8　沿圆弧分布标线

FANUC 宏程序

解：设工件坐标系原点在圆心，编制加工宏程序如下。

```
......
#1=20                              （标线的起始半径赋值）
#2=25                              （短标线的终止半径赋值）
#3=28                              （长标线的终止半径赋值）
#4=6                               （标线间隔角度赋值）
#5=180                             （终止角度赋值）
#6=-0.2                            （加工深度赋值）
#10=0                              （加工标线角度赋初值）
#11=5                              （计数器赋初值）
  WHILE [#10LE#5] DO1              （加工条件判断）
  #20=#2                           （加工标线终止半径赋值）
  IF [#11NE5] GOTO100              （条件跳转）
  #20=#3                           （加工标线终止半径重新赋值）
  #11=0                            （计数器重新赋初值）
  N100                             （程序跳转标记符）
  G00 X[#1*COS[#10]] Y[#1*SIN[#10]]          （刀具定位）
  G01 Z#6                          （Z 向下刀）
```

```
      X[#20*COS[#10]] Y[#20*SIN[#10]]    (标线加工)
      G00 Z5                             (抬刀)
      #10=#10+#4                         (标线角度递增)
      #11=#11+1                          (计数器递增)
      END1                               (循环结束)
......
```

华中宏程序

```
......
#1=20                                    (标线的起始半径赋值)
#2=25                                    (短标线的终止半径赋值)
#3=28                                    (长标线的终止半径赋值)
#4=6                                     (标线间隔角度赋值)
#5=180                                   (终止角度赋值)
#6=-0.2                                  (加工深度赋值)
#10=0                                    (加工标线角度赋初值)
#11=5                                    (计数器赋初值)
  WHILE #10LE#5                          (加工条件判断)
  #20=#2                                 (加工标线终止半径赋值)
  IF #11NE5                              (条件判断)
  #20=#3                                 (加工标线终止半径重新赋值)
  #11=0                                  (计数器重新赋初值)
  ENDIF                                  (条件终止)
  G00 X[#1*COS[#10*PI/180]] Y[#1*SIN[#10*PI/180]]
                                         (刀具定位)
  G01 Z[#6]                              (Z向下刀)
  X[#20*COS[#10*PI/180]] Y[#20*SIN[#10*PI/180]]
                                         (标线加工)
  G00 Z5                                 (抬刀)
  #10=#10+#4                             (标线角度递增)
  #11=#11+1                              (计数器递增)
  ENDW                                   (循环结束)
......
```

SIEMENS 参数程序

```
......
R1=20                                    (标线的起始半径赋值)
R2=25                                    (短标线的终止半径赋值)
R3=28                                    (长标线的终止半径赋值)
R4=6                                     (标线间隔角度赋值)
R5=180                                   (终止角度赋值)
R6=-0.2                                  (加工深度赋值)
R10=0                                    (加工标线角度赋初值)
```

```
R11=5                                   （计数器赋初值）
  AAA：                                  （跳转标记符）
  R20=R2                                 （加工标线终止半径赋值）
  IF R11<>5 GOTOF BBB                    （条件跳转）
  R20=R3                                 （加工标线终止半径重新赋值）
  R11=0                                  （计数器重新赋初值）
  BBB：                                  （程序跳转标记符）
  G00 X=R1*COS(R10) Y=R1*SIN(R10)        （刀具定位）
  G01 Z=R6                               （Z向下刀）
  X=R20*COS(R10) Y=R20*SIN(R10)          （标线加工）
  G00 Z5                                 （抬刀）
  R10=R10+R4                             （标线角度递增）
  R11=R11+1                              （计数器递增）
  IF R10<=R5 GOTOB AAA                   （加工条件判断）
……
```

【例 11-6】　如图 11-9 所示为一五环槽，各槽深 0.3，试编制其铣削加工宏程序。

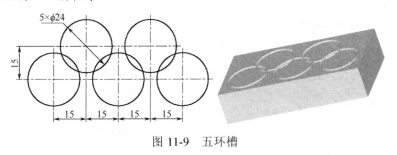

图 11-9　五环槽

FANUC 宏程序

解：设工件原点在工件上表面左边第一个圆的圆心，编制加工程序如下

```
……
#1=24                                   （槽直径赋值）
#2=5                                    （槽个数赋值）
#3=15                                   （行间距赋值）
#4=15                                   （列间距赋值）
#5=-0.3                                 （槽深度赋值）
#10=1                                   （槽加工个数赋初值）
#11=0                                   （角度赋初值）
  WHILE [#10LE#2] DO1                   （加工条件判断）
  #20=ABS[SIN[#11]]                     （0 与 1 周期性变化）
```

```
G00 X[[#10-1]*#4-#1*0.5] Y[#20*#3]          （刀具定位）
G01 Z#5                                      （Z 向下刀）
G02 I[#1*0.5] J0                             （槽加工）
G00 Z5                                       （抬刀）
#10=#10+1                                    （槽加工个数递增）
#11=#11+90                                   （角度递增）
END1                                         （循环结束）
……
```

华中宏程序

```
……
#1=24                                        （槽直径赋值）
#2=5                                         （槽个数赋值）
#3=15                                        （行间距赋值）
#4=15                                        （列间距赋值）
#5=-0.3                                      （槽深度赋值）
#10=1                                        （槽加工个数赋初值）
#11=0                                        （角度赋初值）
  WHILE #10LE#2                              （加工条件判断）
  #20=ABS[SIN[#11*PI/180]]                   （0 与 1 周期性变化）
  G00 X[[#10-1]*#4-#1*0.5] Y[#20*#3]         （刀具定位）
  G01 Z[#5]                                  （Z 向下刀）
  G02 I[#1*0.5] J0                           （槽加工）
  G00 Z5                                     （抬刀）
  #10=#10+1                                  （槽加工个数递增）
  #11=#11+90                                 （角度递增）
  ENDW                                       （循环结束）
……
```

SIEMENS 参数程序

```
……
R1=24                                        （槽直径赋值）
R2=5                                         （槽个数赋值）
R3=15                                        （行间距赋值）
R4=15                                        （列间距赋值）
R5=-0.3                                      （槽深度赋值）
R10=1                                        （槽加工个数赋初值）
R11=0                                        （角度赋初值）
  AAA:                                       （程序跳转标记符）
  R20=ABS(SIN(R11))                          （0 与 1 周期性变化）
  G00 X=(R10-1)*R4-R1*0.5 Y=R20*R3           （刀具定位）
  G01 Z=R5                                   （Z 向下刀）
  G02 I=R1*0.5 J0                            （槽加工）
```

```
G00 Z5                      （抬刀）
R10=R10+1                   （槽加工个数递增）
R11=R11+90                  （角度递增）
 IF R10<=R2 GOTOB AAA       （加工条件判断）
……
```

【例 11-7】 如图 11-10 所示数字刻线，根据控制变量赋值选择加工显示出"0~9"各数字，即类似于电子显示数字，若控制变量赋值 0 则加工"0"，赋值 1 则加工出"1"，依此类推，试编制其加工宏程序。

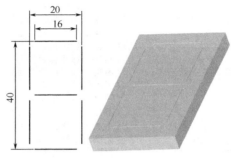

图 11-10 数字刻线

解：设工件坐标系原点在对称中心，编制加工宏程序如下（因程序太长，仅给出 FANUC 宏程序）。

```
……
#100=6                      （控制变量赋值）
#1=20                       （长度赋值）
#2=40                       （宽度赋值）
#3=16                       （线段长度赋值）
#4=-0.2                     （槽深赋值）
#10=1                       （中间刻线控制变量赋初值）
#11=1                       （右上刻线控制变量赋初值）
#12=1                       （上方刻线控制变量赋初值）
#13=1                       （左上刻线控制变量赋初值）
#14=1                       （左下刻线控制变量赋初值）
#15=1                       （下方刻线控制变量赋初值）
#16=1                       （右下刻线控制变量赋初值）
 IF [#100LT0] GOTO207       （若#100赋值错误跳转）
 IF [#100GT9] GOTO207       （若#100赋值错误跳转）
#21=[#2*0.5-#3]*0.5         （坐标值计算）
 IF [#100EQ0] GOTO100       （根据赋值0选择跳转）
```

```
IF [#100EQ1] GOTO101          （根据赋值 1 选择跳转）
IF [#100EQ2] GOTO102          （根据赋值 2 选择跳转）
IF [#100EQ3] GOTO103          （根据赋值 3 选择跳转）
IF [#100EQ4] GOTO104          （根据赋值 4 选择跳转）
IF [#100EQ5] GOTO105          （根据赋值 5 选择跳转）
IF [#100EQ6] GOTO106          （根据赋值 6 选择跳转）
IF [#100EQ7] GOTO107          （根据赋值 7 选择跳转）
IF [#100EQ8] GOTO108          （根据赋值 8 选择跳转）
IF [#100EQ9] GOTO109          （根据赋值 9 选择跳转）
N100                          （程序跳转标记符）
#10=0                         （不加工标线标记为 0）
GOTO200                       （无条件跳转）
N101                          （程序跳转标记符）
#10=0                         （不加工标线标记为 0）
#12=0                         （不加工标线标记为 0）
#13=0                         （不加工标线标记为 0）
#14=0                         （不加工标线标记为 0）
#15=0                         （不加工标线标记为 0）
GOTO200                       （无条件跳转）
N102                          （程序跳转标记符）
#13=0                         （不加工标线标记为 0）
#16=0                         （不加工标线标记为 0）
GOTO200                       （无条件跳转）
N103                          （程序跳转标记符）
#13=0                         （不加工标线标记为 0）
#14=0                         （不加工标线标记为 0）
GOTO200                       （无条件跳转）
N104                          （程序跳转标记符）
#12=0                         （不加工标线标记为 0）
#14=0                         （不加工标线标记为 0）
#15=0                         （不加工标线标记为 0）
GOTO200                       （无条件跳转）
N105                          （程序跳转标记符）
#11=0                         （不加工标线标记为 0）
#14=0                         （不加工标线标记为 0）
GOTO200                       （无条件跳转）
N106                          （程序跳转标记符）
#11=0                         （不加工标线标记为 0）
GOTO200                       （无条件跳转）
N107                          （程序跳转标记符）
#10=0                         （不加工标线标记为 0）
#13=0                         （不加工标线标记为 0）
#14=0                         （不加工标线标记为 0）
#15=0                         （不加工标线标记为 0）
GOTO200                       （无条件跳转）
N108                          （程序跳转标记符）
GOTO200                       （无条件跳转）
```

```
N109                                （程序跳转标记符）
#14=0                               （不加工标线标记为 0）
N200                                （程序跳转标记符）
IF [#10EQ0] GOTO201                 （若标线标记为 0，即不要求加工则直接跳转）
G00 X[-#3*0.5] Y0                   （定位）
G01 Z#4                             （下刀）
X[#3*0.5]                           （加工）
G00 Z5                             （抬刀）
N201 IF [#11EQ0] GOTO202           （若标线标记为 0，即不要求加工则直接跳转）
G00 X[#1*0.5] Y#21                  （定位）
G01 Z#4                             （下刀）
Y[#2*0.5-#21]                       （加工）
G00 Z5                             （抬刀）
N202 IF [#12EQ0] GOTO203           （若标线标记为 0，即不要求加工则直接跳转）
G00 X[#3*0.5] Y[#2*0.5]            （定位）
G01 Z#4                             （下刀）
X[-#3*0.5]                          （加工）
G00 Z5                             （抬刀）
N203 IF [#13EQ0] GOTO204           （若标线标记为 0，即不要求加工则直接跳转）
G00 X[-#1*0.5] Y[#2*0.5-#21]       （定位）
G01 Z#4                             （下刀）
Y#21                               （加工）
G00 Z5                             （抬刀）
N204 IF [#14EQ0] GOTO205           （若标线标记为 0，即不要求加工则直接跳转）
G00 X[-#1*0.5] Y[-#21]            （定位）
G01 Z#4                             （下刀）
Y[#21-#2*0.5]                       （加工）
G00 Z5                             （抬刀）
N205 IF[#15EQ0] GOTO206            （若标线标记为 0，即不要求加工则直接跳转）
G00 X[-#3*0.5] Y[-#2*0.5]         （定位）
G01 Z#4                             （下刀）
X[#3*0.5]                           （加工）
G00 Z5                             （抬刀）
N206 IF[#16EQ0] GOTO207            （若标线标记为 0，即不要求加工则直接跳转）
G00 X[#1*0.5] Y[#21-#2*0.5]        （定位）
G01 Z#4                             （下刀）
Y-#21                              （加工）
G00 Z5                             （抬刀）
N207                                （程序跳转标记符）
......
```

第12章

平面铣削

12.1 矩形平面

矩形平面铣削加工策略如图 12-1 所示，大体分为单向平行铣削[图 12-1（a）]、双向平行铣削[图 12-1（b）]和环绕铣削[图 12-1（c）]三种，从编程难易程度及加工效率等方面综合考虑以双向平行铣削加工为佳。

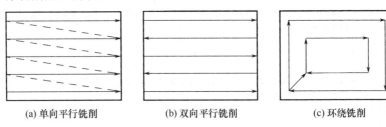

(a) 单向平行铣削   (b) 双向平行铣削   (c) 环绕铣削

图 12-1　矩形平面铣削加工策略

【例 12-1】　如图 12-2 所示，长方体零件上表面为一长 80mm 宽 50mm 的矩形平面，数控铣削加工该平面，铣削深度为 2mm，试编制其加工宏程序。

FANUC 宏程序

解：如图 12-3 所示矩形平面几何参数模型，设该矩形平面长 L，宽 B，铣削深度 H，采用直径为 D 的立铣刀铣削加工。设工件坐标原点在工件上表面的左前角，采用双向平行铣削加工，编制加工宏程序如下。

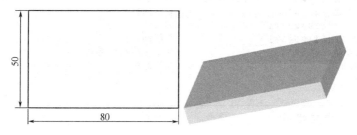

图 12-2 矩形平面铣削加工

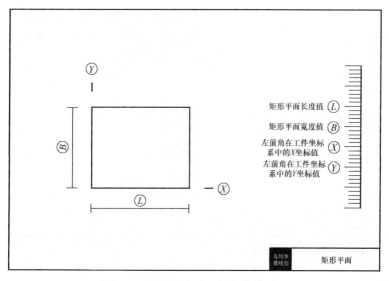

图 12-3 矩形平面几何参数模型

......

```
#1=80                （矩形平面长度 L 赋值）
#2=50                （矩形平面宽度 B 赋值）
#3=0                 （左前角在工件坐标系中的 X 坐标值）
#4=0                 （左前角在工件坐标系中的 Y 坐标值）
#5=2                 （加工深度赋值）
#6=12                （刀具直径值赋值）
#7=0.7*#6            （计算行距值，行距取 0.7 倍刀具直径）
#10=0                （加工 Y 坐标赋值初值）
G00 Z-#5             （下刀到加工平面）
```

```
WHILE [#10LE[#2-0.5*#6+#7]] DO1        （加工条件判断）
G00 X[#1+#6+#3] Y[#10+#4]              （刀具定位）
G01 X[-#6+#3]                         （直线插补）
G00 Y[#10+#7+#4]                      （刀具定位）
G01 X[#1+#6+#3]                       （直线插补）
#10=#10+2*#7                          （加工 Y 坐标递增）
END1                                  （循环结束）
……
```

华中宏程序

```
……
#1=80                     （矩形平面长度 L 赋值）
#2=50                     （矩形平面宽度 B 赋值）
#3=0                      （左前角在工件坐标系中的 X 坐标值）
#4=0                      （左前角在工件坐标系中的 Y 坐标值）
#5=2                      （加工深度赋值）
#6=12                     （刀具直径值赋值）
#7=0.7*#6                 （计算行距值，行距取 0.7 倍刀具直径）
#10=0                     （加工 Y 坐标赋初值）
G00 Z[-#5]                （下刀到加工平面）
  WHILE #10LE[#2-0.5*#6+#7]   （加工条件判断）
  G00 X[#1+#6+#3] Y[#10+#4]   （刀具定位）
  G01 X[-#6+#3]               （直线插补）
  G00 Y[#10+#7+#4]            （刀具定位）
  G01 X[#1+#6+#3]             （直线插补）
  #10=#10+2*#7                （加工 Y 坐标递增）
  ENDW                        （循环结束）
……
```

SIEMENS 参数程序

```
……
R1=80                     （矩形平面长度 L 赋值）
R2=50                     （矩形平面宽度 B 赋值）
R3=0                      （左前角在工件坐标系中的 X 坐标值）
R4=0                      （左前角在工件坐标系中的 Y 坐标值）
R5=2                      （加工深度赋值）
R6=12                     （刀具直径值赋值）
R7=0.7*R6                 （计算行距值，行距取 0.7 倍刀具直径）
R10=0                     （加工 Y 坐标赋初值）
G00 Z-R5                  （下刀到加工平面）
AAA:                      （程序跳转标记符）
  G00 X=R1+R6+R3 Y=R10+R4    （刀具定位）
  G01 X=-R6+R3               （直线插补）
  G00 Y=R10+R7+R4            （刀具定位）
```

```
 G01 X=R1+R6+R3                     (直线插补)
 R10=R10+2*R7                       (加工 Y 坐标递增)
IF R10<=R2-0.5*R6+R7 GOTOB AAA      (加工条件判断)
……
```

【例12-2】 如图 12-4 所示，在长方体毛坯上铣削一个长 70mm，宽 30mm，深 5mm 的台阶，试编制其加工宏程序。

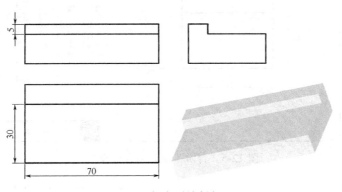

图 12-4　台阶面铣削加工

FANUC 宏程序

解：台阶平面几何参数模型如图 12-5 所示，由于加工零件时有台阶侧面，即最后一刀的刀具中心轨迹必须保证距离台阶侧面正好为 0.5 倍刀具直径，例 12-1 程序无法保证这一点，所以不能直接修改程序中的长宽等值用于该台阶面的加工，而应重新编制适用该类零件加工的宏程序。

设工件坐标原点在工件上表面左前角,选用刀具直径为 ϕ12mm 的立铣刀铣削加工该台阶面，编制加工宏程序如下。

```
……
#1=80            (台阶平面长度 L 赋值)
#2=50            (台阶平面宽度 B 赋值)
#3=0             (左前角在工件坐标系中的 X 坐标值)
#4=0             (左前角在工件坐标系中的 Y 坐标值)
#5=5             (加工深度赋值)
#6=12            (刀具直径值赋值)
#7=0.7*#6        (计算行距值，行距取 0.7 倍刀具直径)
#10=-#7          (加工 Y 坐标赋初值)
```

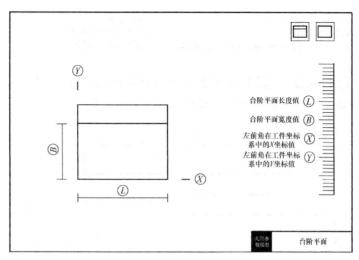

图 12-5　台阶平面几何参数模型

```
#11=#1+#6                          （计算 X 轴方向刀具运行距离值）
G00 X[#1+0.5*#6+#3] Y#4            （刀具定位）
Z-#5                               （下刀到加工平面）
  WHILE [#10LT[#2-0.5*#6]] DO1     （加工条件判断）
  #10=#10+#7                       （Y 坐标递增）
  #11=-1*#11                       （反向）
  IF [#10GE[#2-0.5*#6]] THEN #10=#2-0.5*#6   （最后一刀条件判断）
  G90 G00 Y[#10+#4]                （Y 轴定位）
  G91 G01 X#11                     （行切加工）
  END1                             （循环结束）
G90                                （恢复绝对坐标值编程）
……
```

华中宏程序

```
……
#1=80                              （台阶平面长度 L 赋值）
#2=50                              （台阶平面宽度 B 赋值）
#3=0                               （左前角在工件坐标系中的 X 坐标值）
#4=0                               （左前角在工件坐标系中的 Y 坐标值）
#5=5                               （加工深度赋值）
#6=12                              （刀具直径值赋值）
#7=0.7*#6                          （计算行距值，行距取 0.7 倍刀具直径）
#10=-#7                            （加工 Y 坐标赋初值）
#11=#1+#6                          （计算 X 轴方向刀具运行距离值）
```

```
G00 X[#1+0.5*#6+#3] Y[#4]          （刀具定位）
Z[-#5]                             （下刀到加工平面）
  WHILE #10LT[#2-0.5*#6]           （加工条件判断）
  #10=#10+#7                       （Y坐标递增）
  #11=-1*#11                       （反向）
  IF #10GE[#2-0.5*#6]              （最后一刀条件判断）
  #10=#2-0.5*#6                    （Y坐标赋值）
  ENDIF                            （条件结束）
  G90 G00 Y[#10+#4]                （Y轴定位）
  G91 G01 X#11                     （行切加工）
  ENDW                             （循环结束）
G90                                （恢复绝对坐标值编程）
……
```

SIEMENS 参数程序

```
……
R1=80                              （台阶平面长度L赋值）
R2=50                              （台阶平面宽度B赋值）
R3=0                               （左前角在工件坐标系中的X坐标值）
R4=0                               （左前角在工件坐标系中的Y坐标值）
R5=5                               （加工深度赋值）
R6=12                              （刀具直径值赋值）
R7=0.7*R6                          （计算行距值，行距取0.7倍刀具直径）
R10=-R7                            （加工Y坐标赋初值）
R11=R1+R6                          （计算X轴方向刀具运行距离值）
G00 X=R1+0.5*R6+R3 Y=R4            （刀具定位）
Z=-R5                              （下刀到加工平面）
  AAA:                             （程序跳转标记符）
  R10=R10+R7                       （Y坐标递增）
  R11=-1*R11                       （反向）
  IF R10<R2-0.5*R6 GOTOF BBB       （最后一刀条件判断）
  R10=R2-0.5*R6                    （Y坐标赋值）
  BBB:                             （程序跳转标记符）
  G90 G00 Y=R10+R4                 （Y轴定位）
  G91 G01 X=R11                    （行切加工）
  IF R10<R2-0.5*R6 GOTOB AAA       （加工循环条件判断）
G90                                （恢复绝对坐标值编程）
……
```

12.2 圆形平面

数控铣削加工圆形平面的策略（方法）主要有如图 12-6（a）

所示双向平行铣削和如图 12-6（b）所示环绕铣削两种。比较而言，环绕铣削加工方法比平行铣削加工方法更容易编程实现。

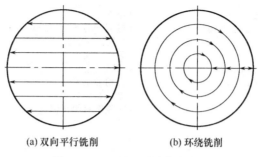

(a) 双向平行铣削   (b) 环绕铣削

图 12-6　圆形平面铣削策略

【例 12-3】　　如图 12-7 所示，在圆柱体零件毛坯上铣削加工一个圆环形平面，圆环外圆周直径为 $\phi70mm$，内圆周直径为 $\phi20mm$，高度 5mm，试编制其铣削加工宏程序。

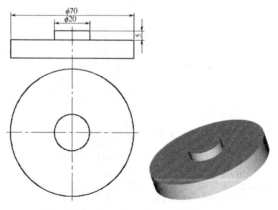

图 12-7　圆环形平面铣削

FANUC 宏程序

解： 圆环形平面几何参数模型如图 12-8 所示。设工件坐标原点在工件上表面圆心，选用刀具直径 $\phi12mm$ 的立铣刀铣削加工该平面，编制加工宏程序如下。

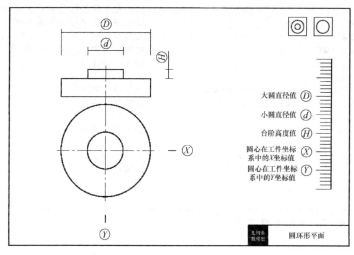

图 12-8　圆环形平面几何参数模型

......
```
#1=70                              （大圆直径 D 赋值）
#2=20                              （小圆直径 d 赋值）
#3=5                               （深度 H 赋值）
#4=0                               （圆心在工件坐标系中的 X 坐标值）
#5=0                               （圆心在工件坐标系中的 Y 坐标值）
#6=12                              （刀具直径赋值）
#7=0.7*#6                          （行距赋值为 0.7 倍刀具直径）
#10=0.5*#1                         （加工半径计算）
G00 Z-#3                           （下刀到加工平面）
  WHILE [#10GT0.5*#2+0.5*#6] DO1   （加工条件判断）
  G01 X[#10+#4] Y#5                （直线插补定位）
  G02 I-#10                        （圆弧插补）
  #10=#10-#7                       （加工半径递减）
  END1                             （循环结束）
G01 X[0.5*#2+0.5*#6+#4]            （直线插补定位）
G02 I[-0.5*#2-0.5*#6]             （圆弧插补）
```
......

华中宏程序

......
```
#1=70                              （大圆直径 D 赋值）
```

```
#2=20                                    （小圆直径 d 赋值）
#3=5                                     （深度 H 赋值）
#4=0                                     （圆心在工件坐标系中的 X 坐标值）
#5=0                                     （圆心在工件坐标系中的 Y 坐标值）
#6=12                                    （刀具直径赋值）
#7=0.7*#6                                （行距赋值为 0.7 倍刀具直径）
#10=0.5*#1                               （加工半径计算）
G00 Z[-#3]                               （下刀到加工平面）
  WHILE #10GT0.5*#2+0.5*#6               （加工条件判断）
  G01 X[#10+#4] Y[#5]                    （直线插补定位）
  G02 I[-#10]                            （圆弧插补）
  #10=#10-#7                             （加工半径递减）
  ENDW                                   （循环束束）
G01 X[0.5*#2+0.5*#6+#4]                  （直线插补定位）
G02 I[-0.5*#2-0.5*#6]                    （圆弧插补）
……
```

SIEMENS 参数程序

```
……
R1=70                                    （大圆直径 D 赋值）
R2=20                                    （小圆直径 d 赋值）
R3=5                                     （深度 H 赋值）
R4=0                                     （圆心在工件坐标系中的 X 坐标值）
R5=0                                     （圆心在工件坐标系中的 Y 坐标值）
R6=12                                    （刀具直径赋值）
R7=0.7*R6                                （行距赋值为 0.7 倍刀具直径）
R10=0.5*R1                               （加工半径计算）
G00 Z=-R3                                （下刀到加工平面）
AAA:                                     （加工条件判断）
  G01 X=R10+R4 Y=R5                      （直线插补定位）
  G02 I=-R10                             （圆弧插补）
  R10=R10-R7                             （加工半径递减）
IF R10>0.5*R2+0.5*R6 GOTOB AAA           （循环束束）
G01 X=0.5*R2+0.5*R6+R4                   （直线插补定位）
G02 I=-0.5*R2-0.5*R6                     （圆弧插补）
……
```

第13章
椭圆曲线铣削

13.1 完整正椭圆曲线

【例 13-1】 如图 13-1 所示椭圆，椭圆长轴长 60mm，短轴长 32mm，试编制数控铣削加工该椭圆外轮廓的宏程序。

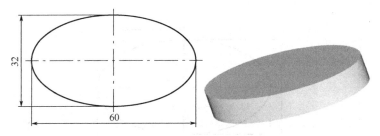

图 13-1 椭圆外轮廓加工

FANUC 宏程序

解：（1）采用标准方程加工椭圆

椭圆标准方程为

$$\frac{x^2}{a^2} + \frac{y^2}{b^2} = 1$$

如图 13-2 所示，图中 a 为椭圆长半轴长，b 为椭圆短半轴长。采用标准方程编程时，以 x 或 y 为自变量进行分段逐步插补加工椭圆曲线均可。若以 x 坐标为自变量，则 y 坐标为因变量，那么可将标准方程转换成用 x 表示 y 的方程为：

$$y = \pm b \times \sqrt{1 - \frac{x^2}{a^2}}$$

当加工椭圆曲线上任一点 P 在以椭圆中心建立的自身坐标系中第 I 或第 II 象限时

$$y = b \times \sqrt{1 - \frac{x^2}{a^2}}$$

而在第 III 或第 IV 象限时

$$y = -b \times \sqrt{1 - \frac{x^2}{a^2}}$$

因此在数控铣床上采用标准方程加工椭圆时一个循环内只能加工椭圆曲线的局部，最多一半，第 I 和第 II 象限或第 III 和第 IV 象限内可以在一次循环中加工完毕的，若是要加工完整椭圆，必须至少分两次循环编程。

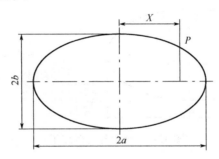

图 13-2 椭圆标准方程参数模型

设工件坐标系原点在椭圆中心，编制加工程序如下。

```
……
#1=30                    （椭圆长半轴 a 赋值）
#2=16                    （椭圆短半轴 b 赋值）
#3=0                     （椭圆中心在工件坐标系中的 X 坐标赋值）
#4=0                     （椭圆中心在工件坐标系中的 Y 坐标赋值）
#5=0.2                   （坐标增量赋值，改变该值实现加工精度的控制）
#10=#1                   （加工 X 坐标值赋初值）
  WHILE [#10GT-#1] DO1   （III、IV 象限椭圆曲线加工循环条件判断）
  #11=-#2*SQRT[1-#10*#10/[#1*#1]]  （计算 y 坐标值）
  G01 X[#10+#3] Y[#11+#4]  （直线插补逼近椭圆曲线）
```

```
#10=#10-0.2                              （x坐标值递减）
END1                                     （循环结束）
  WHILE [#10LE#1] DO2                     （Ⅰ、Ⅱ象限椭圆曲线加工循环条件
                                            判断）
  #11=#2*SQRT[1-#10*#10/[#1*#1]]          （计算y坐标值）
  G01 X[#10+#3] Y[#11+#4]                 （直线插补逼近椭圆曲线）
  #10=#10+#5                              （x坐标值递增）
  END2                                    （循环结束）
```
……

（2）采用参数方程加工椭圆

椭圆参数方程为

$$\begin{cases} x = a\cos t \\ y = b\sin t \end{cases}$$

如图 13-3 所示，方程中 a、b 分别为椭圆长、短半轴长，t 为离心角，是与 P 点对应的同心圆（半径为 a，b）的半径与 X 坐标轴正方向的夹角。

在数控铣床上通过参数方程编制宏程序加工椭圆可以加工任意角度，即使是完整椭圆也不需要分两次循环编程，直接通过参数方程编制宏程序加工即可。

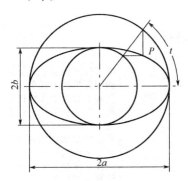

图 13-3　椭圆参数方程参数模型

……
```
#1=30                                    （椭圆长半轴a赋值）
#2=16                                    （椭圆短半轴b赋值）
#3=0                                     （椭圆中心在工件坐标系中的x坐标赋值）
#4=0                                     （椭圆中心在工件坐标系中的y坐标赋值）
#5=0.5                                   （离心角增量赋值）
```

```
#10=0                          （离心角 t 赋初值）
  WHILE [#10LE360] DO1         （加工条件判断）
  #11=#1*COS [#10]             （计算 x 坐标值）
  #12=#2*SIN [#10]             （计算 y 坐标值）
  G01 X[#11+#3] Y[#12+#4]      （直线插补逼近椭圆曲线）
  #10=#10+#5                   （离心角递增）
  END1                         （循环结束）
……
```

华中宏程序

```
……
#1=30                          （椭圆长半轴 a 赋值）
#2=16                          （椭圆短半轴 b 赋值）
#3=0                           （椭圆中心在工件坐标系中的 X 坐标赋值）
#4=0                           （椭圆中心在工件坐标系中的 Y 坐标赋值）
#5=0.5                         （离心角增量赋值）
#10=0                          （离心角 t 赋初值）
  WHILE #10LE360               （加工条件判断）
  #11=#1*COS [#10*PI/180]      （计算 x 坐标值）
  #12=#2*SIN [#10*PI/180]      （计算 y 坐标值）
  G01 X[#11+#3] Y[#12+#4]      （直线插补逼近椭圆曲线）
  #10=#10+#5                   （离心角递增）
  ENDW                         （循环结束）
……
```

SIEMENS 参数程序

```
……
R1=30                          （椭圆长半轴 a 赋值）
R2=16                          （椭圆短半轴 b 赋值）
R3=0                           （椭圆中心在工件坐标系中的 X 坐标赋值）
R4=0                           （椭圆中心在工件坐标系中的 Y 坐标赋值）
R5=0.5                         （离心角增量赋值）
R10=0                          （离心角 t 赋初值）
AAA:                           （加工条件判断）
  R11=R1*COS (R10)             （计算 x 坐标值）
  R12=R2*SIN (R10)             （计算 y 坐标值）
  G01 X=R11+R3 Y=R12+R4        （直线插补逼近椭圆曲线）
  R10=R10+R5                   （离心角递增）
IF R10<=360 GOTOB AAA          （循环结束）
……
```

13.2 正椭圆曲线段

【例 13-2】 数控加工如图 13-4 所示椭圆凸台，椭圆长轴长 60mm，短轴长 40mm，高 5mm，试编制该椭圆凸台外轮廓的加工程序。

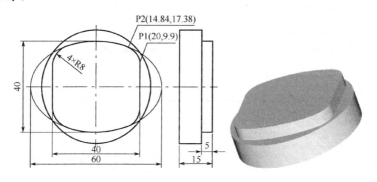

图 13-4 椭圆凸台外轮廓加工

FANUC 宏程序

解：设工件坐标系原点在工件上表面的椭圆中心，采用椭圆标准方程编制加工程序如下。

```
……
#1=30                          （椭圆长半轴 a 赋值）
#2=20                          （椭圆短半轴 b 赋值）
#3=5                           （加工深度赋值）
#4=14.84                       （曲线段起点的 x 坐标）
#5=0                           （椭圆中心在工件坐标系中的 x 坐标值）
#6=0                           （椭圆中心在工件坐标系中的 y 坐标值）
#7=0.2                         （坐标递变量赋值）
#10=#4                         （加工 x 坐标赋初值）
G00 X100 Y100 Z50              （进刀到起刀点）
Z-#3                           （下刀到加工平面）
G41 X20 Y15 D01               （建立刀具半径补偿）
G01 Y-9.9                      （直线插补）
G02 X14.84 Y-17.38 R8         （圆弧插补）
  WHILE [#10GT-#4] DO1         （加工条件判断）
```

```
    #10=#10-#7                              （加工 x 坐标递减）
    #11=-#2*SQRT[1-#10*#10/[#1*#1]]         （计算 y 坐标值）
    G01 X[#10+#5] Y[#11+#6]                 （直线插补逼近椭圆曲线）
    END1                                    （循环结束）
G02 X-20 Y-9.9 R8                           （圆弧插补）
G01 Y9.9                                    （直线插补）
G02 X-14.84 Y17.38 R8                       （圆弧插补）
    WHILE [#10LT#4] DO2                      （加工条件判断）
    #10=#10+#7                              （加工 x 坐标递增）
    #11=#2*SQRT[1-#10*#10/[#1*#1]]          （计算 y 坐标值）
    G01 X[#10+#5] Y[#11+#6]                 （直线插补逼近椭圆曲线）
    END2                                    （循环结束）
G02 X20 Y9.9 R8                             （圆弧插补）
G40 G00 X100 Y100                           （返回起刀点）
Z50                                         （抬刀）
……
```

华中宏程序

```
……
#1=30                                       （椭圆长半轴 a 赋值）
#2=20                                       （椭圆短半轴 b 赋值）
#3=5                                        （加工深度赋值）
#4=14.84                                    （曲线段起点的 x 坐标）
#5=0                                        （椭圆中心在工件坐标系中的 x 坐
                                              标值）
#6=0                                        （椭圆中心在工件坐标系中的 y 坐
                                              标值）
#7=0.2                                      （坐标递变量赋值）
#10=#4                                      （加工 x 坐标赋初值）
G00 X100 Y100 Z50                           （进刀到起刀点）
Z-#3                                        （下刀到加工平面）
G41 X20 Y15 D01                             （建立刀具半径补偿）
G01 Y-9.9                                   （直线插补）
G02 X14.84 Y-17.38 R8                       （圆弧插补）
    WHILE #10GT-#4                           （加工条件判断）
    #10=#10-#7                              （加工 x 坐标递减）
    #11=-#2*SQRT[1-#10*#10/[#1*#1]]         （计算 y 坐标值）
    G01 X[#10+#5] Y[#11+#6]                 （直线插补逼近椭圆曲线）
    ENDW                                    （循环结束）
G02 X-20 Y-9.9 R8                           （圆弧插补）
G01 Y9.9                                    （直线插补）
G02 X-14.84 Y17.38 R8                       （圆弧插补）
    WHILE #10LT#4                            （加工条件判断）
    #10=#10+#7                              （加工 x 坐标递增）
    #11=#2*SQRT[1-#10*#10/[#1*#1]]          （计算 y 坐标值）
```

```
    G01 X[#10+#5] Y[#11+#6]          （直线插补逼近椭圆曲线）
    ENDW                             （循环结束）
G02 X20 Y9.9 R8                       （圆弧插补）
G40 G00 X100 Y100                     （返回起刀点）
Z50                                   （抬刀）
……
```

SIEMENS 参数程序

```
……
R1=30                                （椭圆长半轴 a 赋值）
R2=20                                （椭圆短半轴 b 赋值）
R3=5                                 （加工深度赋值）
R4=14.84                             （曲线段起点的 x 坐标）
R5=0                                 （椭圆中心在工件坐标系中的 x 坐标值）
R6=0                                 （椭圆中心在工件坐标系中的 y 坐标值）
R7=0.2                               （坐标递变量赋值）
R10=R4                               （加工 x 坐标赋初值）
G00 X100 Y100 Z50                    （进刀到起刀点）
Z=-R3                                （下刀到加工平面）
G41 X20 Y15 D01                      （建立刀具半径补偿）
G01 Y-9.9                            （直线插补）
G02 X14.84 Y-17.38 CR=8              （圆弧插补）
AAA:                                 （程序跳转标记符）
  R10=R10-R7                         （加工 x 坐标递减）
  R11=-R2*SQRT(1-R10*R10/(R1*R1))]   （计算 y 坐标值）
  G01 X=R10+R5 Y=R11+R6              （直线插补逼近椭圆曲线）
IF R10>-R4 GOTOB AAA                 （加工条件判断）
G02 X-20 Y-9.9 CR=8                  （圆弧插补）
G01 Y9.9                             （直线插补）
G02 X-14.84 Y17.38 CR=8             （圆弧插补）
BBB:                                 （程序跳转标记符）
  R10=R10+R7                         （加工 x 坐标递增）
  R11=R2*SQRT(1-R10*R10/(R1*R1))     （计算 y 坐标值）
  G01 X=R10+R5 Y=R11+R6              （直线插补逼近椭圆曲线）
IF R10<R4 GOTOB BBB                  （加工条件判断）
G02 X20 Y9.9 CR=8                    （圆弧插补）
G40 G00 X100 Y100                    （返回起刀点）
Z50                                  （抬刀）
……
```

【例 13-3】 数控铣削加工如图 13-5 所示含椭圆曲线零件的外轮廓，椭圆长轴 50mm，短轴 35mm，椭圆圆心角为 45°，试编制其加工宏程序。

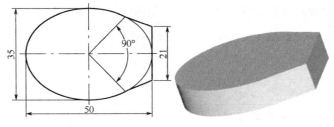

图 13-5　含椭圆曲线段零件

FANUC 宏程序

解：椭圆上任一点与椭圆中心的连线与水平向右轴线（X 坐标轴）的夹角称为圆心角，与任一点对应的同心圆（半径为 a，b）的半径与 X 轴正方向的夹角称为离心角。如图 13-6 所示，椭圆上 P 点的椭圆圆心角为 θ，离心角为 t。

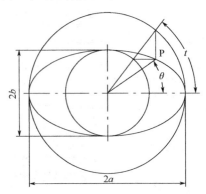

图 13-6　椭圆圆心角 θ 与离心角 t 的关系示意图

确定离心角 t 应按照椭圆的参数方程来确定，因为它们并不总是等于椭圆圆心角 θ，仅当 $\theta = \dfrac{K\pi}{2}$ 时，才使 $\theta = t$。设 P 点坐标值（x，y），由

$$\tan\theta = \frac{y}{x} = \frac{b\sin t}{a\cos t} = \frac{b}{a}\tan t$$

可得

$$t = \arctan\left(\frac{a}{b}\tan\theta\right)$$

另外，通过直接计算出来的数值与实际角度有 0°、180° 或 360° 的差距需要考虑。由图 13-5 可得 a=25，b=17.5，θ=45°，则

$$t = \arctan\left(\frac{a}{b}\tan\theta\right) = \arctan\left(\frac{25}{17.5}\tan 45\right) \approx 55°$$

设工件坐标系原点在椭圆中心，采用椭圆参数方程编制曲线段加工程序如下。

```
......
#1=25                          （椭圆长半轴 a 赋值）
#2=17.5                        （椭圆短半轴 b 赋值）
#3=45                          （圆心角 θ 赋值）
#4=0                           （椭圆中心在工件坐标系中的 X 坐标值）
#5=0                           （椭圆中心在工件坐标系中的 Y 坐标值）
#6=0.5                         （离心角递增量赋值）
#10=ATAN[#1*TAN[#3]/#2]        （起点离心角 t 值计算）
#11=#10                        （加工离心角 t 赋初值）
WHILE [#11LT360-#10] DO1       （加工条件判断）
  #20=#1*COS[#11]              （计算 x 坐标值）
  #21=#2*SIN[#11]              （计算 y 坐标值）
  G01 X[#20+#4] Y[#21+#5]      （直线插补逼近）
  #11=#11+#6                   （离心角递增）
END1                           （循环结束）
......
```

华中宏程序

```
......
#1=25                                （椭圆长半轴 a 赋值）
#2=17.5                              （椭圆短半轴 b 赋值）
#3=45                                （圆心角 θ 赋值）
#4=0                                 （椭圆中心在工件坐标系中的 X 坐标值）
#5=0                                 （椭圆中心在工件坐标系中的 Y 坐标值）
#6=0.5                               （离心角递增量赋值）
#10=ATAN[#1*TAN[#3*PI/180]/#2]       （起点离心角 t 值计算）
#11=#10                              （加工离心角 t 赋初值）
WHILE #11LT360-#10                   （加工条件判断）
  #20=#1*COS[#11*PI/180]             （计算 x 坐标值）
  #21=#2*SIN[#11*PI/180]             （计算 y 坐标值）
  G01 X[#20+#4] Y[#21+#5]            （直线插补逼近）
```

```
    #11=#11+#6                    （离心角递增）
    ENDW                          （循环结束）
    ......
```

SIEMENS 参数程序

```
......
R1=25                          （椭圆长半轴 a 赋值）
R2=17.5                        （椭圆短半轴 b 赋值）
R3=45                          （圆心角 θ 赋值）
R4=0                           （椭圆中心在工件坐标系中的 X 坐标值）
R5=0                           （椭圆中心在工件坐标系中的 Y 坐标值）
R6=0.5                         （离心角递增量赋值）
R10=ATAN2(R1*TAN(R3)/R2)       （起点离心角 t 值计算）
R11=R10                        （加工离心角 t 赋初值）
AAA:                           （程序跳转标记符）
  R20=R1*COS(R11)              （计算 x 坐标值）
  R21=R2*SIN(R11)              （计算 y 坐标值）
  G01 X=R20+R4 Y=R21+R5        （直线插补逼近）
  R11=R11+R6                   （离心角递增）
IF R11<360-R10 GOTOB AAA       （加工条件判断）
......
```

13.3 倾斜椭圆曲线

倾斜椭圆类零件铣削加工编程可利用高等数学中的坐标变换公式进行坐标变换或者利用坐标旋转指令来实现。

（1）坐标变换

如图 13-7 所示为倾斜椭圆曲线几何参数模型，利用旋转转换矩阵

$$\begin{bmatrix} \cos\beta & -\sin\beta \\ \sin\beta & \cos\beta \end{bmatrix}$$

对曲线方程进行旋转变换可得如下方程（旋转后的曲线在原坐标系下的方程）：

$$\begin{cases} x' = x\cos\beta - y\sin\beta \\ y' = x\sin\beta + y\cos\beta \end{cases}$$

其中，xy 为旋转前的坐标值，$x'y'$ 为旋转后的坐标值，β 为曲线旋转角度。

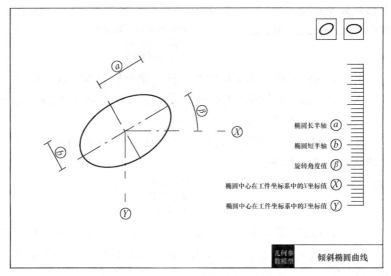

图 13-7　倾斜椭圆曲线几何参数模型

（2）坐标旋转

使用坐标旋转功能后，会根据旋转角度建立一个当前坐标系，新输入的尺寸均为此坐标系中的尺寸。

① FANUC 系统坐标旋转指令（G68/G69）　FANUC 系统坐标旋转指令格式如下：

```
G68  X____ Y____ R____    （坐标旋转模式建立）
……                       （坐标旋转模式）
G69                       （坐标旋转取消）
```

其中，XY 为指定的旋转中心坐标，缺省值为 X0 Y0，即省略不写 X 和 Y 值时认为当前工件坐标系原点为旋转中心。R 为旋转角度，逆时针方向角度为正，反之为负。

需要特别注意的是：刀具半径补偿的建立和取消应该在坐标旋转模式中完成，即有刀具半径补偿时的编程顺序应为 G68→G41

（G42）→G40→G69。

② 华中系统坐标旋转指令（G68/G69）　华中系统坐标旋转指令格式如下：

```
G68  X____  Y____  P____          （坐标旋转模式建立）
……                                （坐标旋转模式）
G69                                （坐标旋转取消）
```

其中，XY 为指定的旋转中心坐标，缺省值为 X0 Y0，即省略不写 X 和 Y 值时认为当前工件坐标系原点为旋转中心。P 为旋转角度，逆时针方向角度为正，反之为负。

③ SIEMENS 系统坐标旋转指令（ROT）　SIEMENS 系统坐标旋转指令格式如下：

```
ROT  RPL=____                     （坐标旋转模式建立）
……                                （坐标旋转模式）
ROT                                （坐标旋转取消）
```

其中，ROT 指令为绝对可编程零位旋转，以当前工件坐标系（G54～G59 设定）原点为旋转中心。RPL 为旋转角度，单位为（°），在 XOY 平面内，逆时针方向角度为正，反之为负。

【例 13-4】　如图 13-8 所示，椭圆长轴长 50mm，椭圆短轴长 30mm，绕 X 轴旋转 30°，试编制铣削加工该零件外轮廓的宏程序。

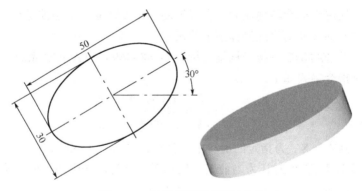

图 13-8　斜椭圆数控铣削加工

FANUC 宏程序

解： 设工件坐标系原点在椭圆中心，编制加工程序如下。

① 采用坐标变换公式结合椭圆参数方程编程

······

```
#1=25                              (椭圆长半轴长 a 赋值)
#2=15                              (椭圆短半轴长 b 赋值)
#3=30                              (旋转角度 β 赋值)
#4=0                               (椭圆中心在工件坐标系中的 X 坐标赋值)
#5=0                               (椭圆中心在工件坐标系中的 Y 坐标赋
值)
#6=0.5                             (离心角递变量赋值)
#10=0                              (离心角 t 赋初值)
WHILE [#10LE360] DO1               (加工条件判断)
  #20=#1*COS[#10]                  (计算 x 坐标值)
  #21=#2*SIN[#10]                  (计算 y 坐标值)
  #30=#20*COS[#3]-#21*SIN[#3]      (计算 x′ 坐标值)
  #31=#20*SIN[#3]+#21*COS[#3]      (计算 y′ 坐标值)
  G01 X[#30+#4] Y[#31+#5]          (直线插补逼近)
  #10=#10+#6                       (离心角 t 递增)
END1                               (循环结束)
```

······

② 采用坐标变换公式结合椭圆标准方程编程

······

```
#1=25                              (椭圆长半轴长 a 赋值)
#2=15                              (椭圆短半轴长 b 赋值)
#3=30                              (旋转角度 β 赋值)
#4=0                               (椭圆中心在工件坐标系中的 X 坐标赋值)
#5=0                               (椭圆中心在工件坐标系中的 Y 坐标赋值)
#6=0.2                             (坐标递变量赋值)
#10=#1                             (加工 x 坐标赋初值)
WHILE [#10GE-#1] DO1               (加工条件判断)
  #11=#2*SQRT[1-#10*#10/[#1*#1]]         (计算 y 坐标值)
  #20=#10*COS[#3]-#11*SIN[#3]      (计算 x′ 坐标值)
  #21=#10*SIN[#3]+#11*COS[#3]      (计算 y′ 坐标值)
  G01 X[#20+#4] Y[#21+#5]          (直线插补逼近)
  #10=#10-#6                       (加工 x 坐标递减)
END1                               (循环结束)
#10=-#1                            (加工 x 坐标赋初值)
WHILE [#10LE#1] DO2                (加工条件判断)
  #11=-#2*SQRT[1-#10*#10/[#1*#1]]        (计算 y 坐标值)
  #20=#10*COS[#3]-#11*SIN[#3]      (计算 x′ 坐标值)
  #21=#10*SIN[#3]+#11*COS[#3]      (计算 y′ 坐标值)
  G01 X[#20+#4] Y[#21+#5]          (直线插补逼近)
```

```
  #10=#10+#6                        （加工 x 坐标递增）
END2                               （循环结束）
……
```

③ 采用坐标旋转指令编程

```
……
#1=25                              （椭圆长半轴长 a 赋值）
#2=15                              （椭圆短半轴长 b 赋值）
#3=30                              （旋转角度 β 赋值）
#4=0                               （椭圆中心在工件坐标系中的 x 坐标赋值）
#5=0                               （椭圆中心在工件坐标系中的 Y 坐标赋值）
#6=0.5                             （离心角递变量赋值）
#10=0                              （离心角 t 赋初值）
G68 X#4 Y#5 R#3                    （坐标旋转设定）
WHILE [#10LE360] DO1               （加工条件判断）
  #20=#1*COS[#10]                  （计算 x 坐标值）
  #21=#2*SIN[#10]                  （计算 y 坐标值）
  G01 X[#20+#4] Y[#21+#5]          （直线插补逼近）
  #10=#10+#6                       （离心角 t 递增）
END1                               （循环结束）
G69                                （取消坐标旋转）
……
```

华中宏程序

```
……
#1=25                              （椭圆长半轴长 a 赋值）
#2=15                              （椭圆短半轴长 b 赋值）
#3=30                              （旋转角度 β 赋值）
#4=0                               （椭圆中心在工件坐标系中的 x 坐标赋值）
#5=0                               （椭圆中心在工件坐标系中的 Y 坐标赋值）
#6=0.5                             （离心角递变量赋值）
#10=0                              （离心角 t 赋初值）
WHILE #10LE360                     （加工条件判断）
  #20=#1*COS[#10*PI/180]           （计算 x 坐标值）
  #21=#2*SIN[#10*PI/180]           （计算 y 坐标值）
  #30=#20*COS[#3*PI/180]-#21*SIN[#3*PI/180]   （计算 x′ 坐标值）
  #31=#20*SIN[#3*PI/180]+#21*COS[#3*PI/180]   （计算 y′ 坐标值）
  G01 X[#30+#4] Y[#31+#5]          （直线插补逼近）
  #10=#10+#6                       （离心角 t 递增）
ENDW                               （循环结束）
……
```

SIEMENS 参数程序

```
……
```

```
R1=25                           （椭圆长半轴长 a 赋值）
R2=15                           （椭圆短半轴长 b 赋值）
R3=30                           （旋转角度 β 赋值）
R4=0                            （椭圆中心在工件坐标系中的 x 坐标赋值）
R5=0                            （椭圆中心在工件坐标系中的 y 坐标赋值）
R6=0.5                          （离心角递变量赋值）
R10=0                           （离心角 t 赋初值）
AAA:                            （程序跳转标记符）
  R20=R1*COS(R10)               （计算 x 坐标值）
  R21=R2*SIN(R10)               （计算 y 坐标值）
  R30=R20*COS(R3)-R21*SIN(R3)   （计算 x′ 坐标值）
  R31=R20*SIN(R3)+R21*COS(R3)   （计算 y′ 坐标值）
  G01 X=R30+R4 Y=R31+R5         （直线插补逼近）
  R10=R10+R6                    （离心角 t 递增）
IF R10<=360 GOTOB AAA           （加工条件判断）
……
```

第14章
抛物曲线铣削

抛物线方程、图形和顶点如表 14-1 所示。由于右边三个图可看成是将左图分别逆时针方向旋转 180°、90°、270° 后得到，因此可以只用标准方程 $y^2 = 2px$ 和其图形编制加工宏程序即可。

表 14-1　抛物线方程、图形和顶点

方程	$y^2 = 2px$（标准方程）	$y^2 = -2px$	$x^2 = 2py$	$x^2 = -2py$
图形				
顶点	A（0，0）	A（0，0）	A（0，0）	A（0，0）
对称轴	X 正半轴	X 负半轴	Y 正半轴	Y 负半轴

【例 14-1】　如图 14-1 所示，数控铣削加工含抛物曲线段零件的外轮廓，抛物曲线方程为 $y^2 = 18x$，试编制其加工宏程序。

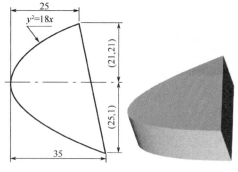

图 14-1　含抛物曲线段零件

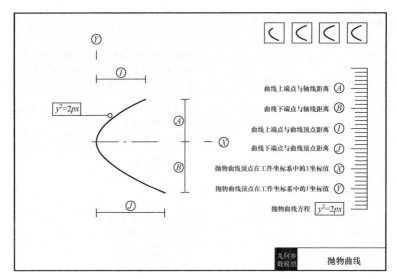

图 14-2　抛物曲线几何参数模型

FANUC 宏程序

解： 抛物曲线几何参数模型如图 14-2 所示。设工件坐标系原点在抛物曲线顶点，编制加工程序如下。

……

#1=25	（曲线上端点与曲线顶点距离 I 赋值）
#2=35	（曲线下端点与曲线顶点距离 J 赋值）
#3=21.21	（曲线上端点与轴线距离 A 赋值，可根据曲线公式计算）
#4=-25.1	（曲线下端点与轴线距离 B 赋值，可根据曲线公式计算）
#5=0	（曲线顶点在工件坐标系中的 X 坐标值）
#6=0	（曲线顶点在工件坐标系中的 Y 坐标值）
#7=0.2	（坐标递增变量赋值）
#10=#3	（加工 Y 坐标赋初值）
WHILE [#10GE#4] DO1	（加工条件判断）
#11=#10*#10/18	（计算 X 坐标值）
G01 X[#11+#5] Y[#10+#6]	（直线插补逼近曲线）
#10=#10-#7	（加工 Y 坐标递减）
END1	（循环结束）

……

上述程序选择 Y 坐标为自变量，若选择 X 坐标为自变量编制加工程序如下。

……

```
#1=25                          （曲线上端点与曲线顶点距离 I 赋值）
#2=35                          （曲线下端点与曲线顶点距离 J 赋值）
#3=21.21                       （曲线上端点与轴线距离 A 赋值，可根据
                                 曲线公式计算）
#4=-25.1                       （曲线下端点与轴线距离 B 赋值，可根据
                                 曲线公式计算）
#5=0                           （曲线顶点在工件坐标系中的 X 坐标值）
#6=0                           （曲线顶点在工件坐标系中的 Y 坐标值）
#7=0.2                         （坐标递变量赋值）
#10=#1                         （加工 X 坐标赋初值）
WHILE [#10GE0] DO1             （加工条件判断）
  #11=SQRT[18*#10]             （计算 Y 坐标值）
  G01 X[#10+#5] Y[#11+#6]      （直线插补逼近曲线）
  #10=#10-#7                   （加工 X 坐标递减）
END1                           （循环结束）
#10=0                          （加工 X 坐标赋初值）
WHILE [#10LE#2] DO2            （加工条件判断）
  #11=-SQRT[18*#10]            （计算 Y 坐标值）
  G01 X[#10+#5] Y[#11+#6]      （直线插补逼近曲线）
  #10=#10+#7                   （加工 X 坐标递减）
END2                           （循环结束）
```

……

华中宏程序

……

```
#1=25                          （曲线上端点与曲线顶点距离 I 赋值）
#2=35                          （曲线下端点与曲线顶点距离 J 赋值）
#3=21.21                       （曲线上端点与轴线距离 A 赋值，可根据
                                 曲线公式计算）
#4=-25.1                       （曲线下端点与轴线距离 B 赋值，可根据
                                 曲线公式计算）
#5=0                           （曲线顶点在工件坐标系中的 X 坐标值）
#6=0                           （曲线顶点在工件坐标系中的 Y 坐标值）
#7=0.2                         （坐标递变量赋值）
#10=#3                         （加工 Y 坐标赋初值）
WHILE #10GE#4                  （加工条件判断）
  #11=#10*#10/18               （计算 X 坐标值）
  G01 X[#11+#5] Y[#10+#6]      （直线插补逼近曲线）
  #10=#10-#7                   （加工 Y 坐标递减）
ENDW                           （循环结束）
```

……

SIEMENS 参数程序

......

R1=25	（曲线上端点与曲线顶点距离 I 赋值）
R2=35	（曲线下端点与曲线顶点距离 J 赋值）
R3=21.21	（曲线上端点与轴线距离 A 赋值，可根据曲线公式计算）
R4=-25.1	（曲线下端点与轴线距离 B 赋值，可根据曲线公式计算）
R5=0	（曲线顶点在工件坐标系中的 X 坐标值）
R6=0	（曲线顶点在工件坐标系中的 Y 坐标值）
R7=0.2	（坐标递变量赋值）
R10=R3	（加工 Y 坐标赋初值）
AAA:	（加工条件判断）
R11=R10*R10/18	（计算 X 坐标值）
G01 X=R11+R5 Y=R10+R6	（直线插补逼近曲线）
R10=R10-R7	（加工 Y 坐标递减）
IF R10>=R4 GOTOB AAA	（循环结束）

......

第15章
双曲线铣削

双曲线方程、图形与中心坐标如表 15-1 所示。

表 15-1　双曲线方程、图形与中心

方程	$\dfrac{x^2}{a^2}-\dfrac{y^2}{b^2}=1$（标准方程）	$-\dfrac{x^2}{a^2}+\dfrac{y^2}{b^2}=1$
图形		
中心坐标	G（0，0）	G（0，0）
半轴	实半轴 a、虚半轴 b	实半轴 b、虚半轴 a

表 15-1 中左图第Ⅰ、Ⅳ象限（右部）内的双曲线段可表示为

$$x=a\sqrt{1+\frac{y^2}{b^2}}$$

第Ⅱ、Ⅲ象限（左部）内的双曲线可以看作由该双曲线段绕中心旋转 180°所得；（b）图中第Ⅰ、Ⅱ象限（上部）内的双曲线段可以看作由该双曲线段旋转 90°所得，第Ⅲ、Ⅳ象限（下部）内的双曲线段可以看作由该双曲线段旋转 270°所得。也就是说任何一段双曲线段均可看作由 $x=a\sqrt{1+\dfrac{y^2}{b^2}}$ 的双曲线段经过适当旋转所得。

【例 15-1】　如图 15-1 所示含双曲线段的凸台零件，双曲线方

程为 $\dfrac{x^2}{4^2} - \dfrac{y^2}{3^2} = 1$，试编制该零件双曲线部分轮廓的加工程序。

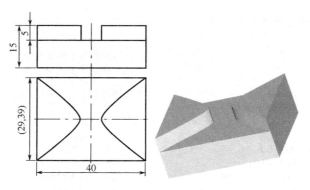

图 15-1　含双曲线凸台零件的加工

FANUC 宏程序

解：设工件坐标原点在双曲线中心，编制加工程序如下。

......

```
#1=4                              （双曲线实半轴 a 赋值）
#2=3                              （双曲线虚半轴 b 赋值）
#3=5                              （加工深度 H 赋值）
#4=14.695                         （曲线加工起点 y 坐标值赋值，可根
                                    据曲线公式计算）
#5=0.2                            （加工坐标递变量）
#10=0                             （坐标旋转角度赋初值）
WHILE [#10LE180] DO1              （循环条件判断）
G68 X0 Y0 R#10                    （坐标旋转设定）
G00 G42 X20 Y#4 D01               （建立刀具半径补偿）
G01 Z-#3                          （下刀到加工平面）
  #20=#4                          （加工 y 坐标值赋初值）
  WHILE [#20GE-#4] DO2            （加工条件判断）
  #21=#1*SQRT[1+#20*#20/[#2*#2]]  （计算 x 坐标值）
  G01 X#21 Y#20                   （直线插补逼近双曲线段）
  #20=#20-#5                      （y 坐标值递减）
  END2                           （循环结束）
G00 Z10                           （抬刀）
G40 X50 Y50                       （取消刀具半径补偿）
G69                               （取消坐标旋转）
#10=#10+180                       （坐标旋转角度递增）
END1                              （循环结束）
```

```
G00 Z50                                （抬刀）
……
```

华中宏程序

```
……
#1=4                                    （双曲线实半轴 a 赋值）
#2=3                                    （双曲线虚半轴 b 赋值）
#3=5                                    （加工深度 H 赋值）
#4=14.695                               （曲线加工起点 y 坐标值赋值，可根
                                         据曲线公式计算）
#5=0.2                                  （加工坐标递变量）
#10=0                                   （坐标旋转角度赋初值）
WHILE #10LE180                          （循环条件判断）
G68 X0 Y0 P[#10]                        （坐标旋转设定）
G00 G42 X20 Y[#4] D01                   （建立刀具半径补偿）
G01 Z[-#3]                              （下刀到加工平面）
  #20=#4                                （加工 y 坐标赋初值）
  WHILE #20GE-#4                        （加工条件判断）
  #21=#1*SQRT[1+#20*#20/[#2*#2]]        （计算 x 坐标值）
  G01 X[#21] Y[#20]                     （直线插补逼近双曲线段）
  #20=#20-#5                            （y 坐标值递减）
  ENDW                                  （循环结束）
G00 Z10                                 （抬刀）
G40 X50 Y50                             （取消刀具半径补偿）
G69                                     （取消坐标旋转）
#10=#10+180                             （坐标旋转角度递增）
ENDW                                    （循环结束）
G00 Z50                                 （抬刀）
……
```

SIEMENS 参数程序

```
R1=4                                    （双曲线实半轴 a 赋值）
R2=3                                    （双曲线虚半轴 b 赋值）
R3=5                                    （加工深度 H 赋值）
R4=14.695                               （曲线加工起点 y 坐标值赋值，可根
                                         据曲线公式计算）
R5=0.2                                  （加工坐标递变量）
R10=0                                   （坐标旋转角度赋初值）
AAA:                                    （程序跳转标记符）
ROT RPL=R10                             （坐标旋转设定）
G00 G42 X20 YR4 D01                     （建立刀具半径补偿）
G01 Z-R3                                （下刀到加工平面）
  R20=R4                                （加工 y 坐标赋初值）
```

```
  BBB:                                    （程序跳转标记符）
  R21=R1*SQRT(1+R20*R20/(R2*R2))          （计算 x 坐标值）
  G01 X=R21 Y=R20                         （直线插补逼近双曲线段）
  R20=R20-R5                              （y 坐标值递减）
  IF R20>=-R4 GOTOB BBB                   （加工条件判断）
G00 Z10                                   （抬刀）
G40 X50 Y50                               （取消刀具半径补偿）
ROT                                       （取消坐标旋转）
R10=R10+180                               （坐标旋转角度递增）
IF R10<=180 GOTOB AAA                     （加工条件判断）
G00 Z50                                   （抬刀）
……
```

第16章
正弦曲线铣削

【例 16-1】 数控铣削加工如图 16-1 所示空间曲线槽，该曲线槽由一个周期的两条正弦曲线 $y=25\sin\theta$ 和 $z=5\sin\theta$ 叠加而成，刀具中心轨迹如图 16-2 所示。试编制其加工程序。

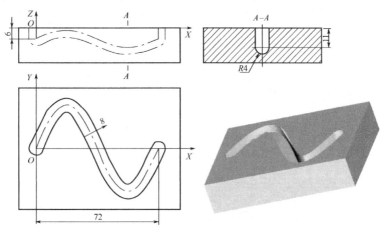

图 16-1 正弦曲线槽铣削加工

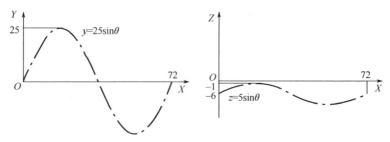

图 16-2 正弦曲线 $y=25\sin\theta$ 和 $z=5\sin\theta$

FANUC 宏程序

解:为了方便编制程序,采用粗微分方法忽略插补误差来加工,即以 X 为自变量,取相邻两点间的 X 向距离相等,间距为 0.2mm,然后用正弦曲线方程 $y=25\sin\theta$ 和 $z=5\sin\theta$ 分别计算出各点对应的 Y 值和 Z 值,进行空间直线插补,以空间直线来逼近空间曲线。正弦曲线一个周期(360°)对应的 X 轴长度为 72mm,因此任意 X 值对应角度 $\theta=\dfrac{360x}{72}$。正弦空间曲线槽槽底为 R4mm 的圆弧,加工时采用球半径为 SR4mm 的球头铣刀在平面实体零件上铣削出该空间曲线槽。

......

```
#1=0                        (加工起点坐标赋值)
#2=72                       (加工终点坐标赋值)
#3=0.2                      (坐标递变量赋值)
#4=6                        (加工深度赋值)
#5=1                        (加工深度 z 坐标值赋初值)
WHILE [#5LE#4] DO1          (加工深度条件判断)
G01 Z-#5                    (直线插补切削至加工深度)
  #10=#1                    (x 值赋初值)
  WHILE [#10LT#2] DO2       (加工条件判断)
  #10=#10+#3               (x 值加增量)
  #11=360*#10/72            (计算对应的角度值)
  #12=25*SIN[#11]           (计算 y 坐标值)
  #13=5*SIN[#11]-#5         (计算 z 坐标值)
  G01 X[#10] Y[#12] Z[#13]  (切削空间直线逐段逼近空间曲线)
  END2                      (循环结束)
G00 Z30                     (退刀)
X0 Y0                       (加工起点上平面定位)
#5=#5+2.5                   (加工深度递增)
END1                        (循环结束)
```

......

华中宏程序

......

```
#1=0                        (加工起点坐标赋值)
#2=72                       (加工终点坐标赋值)
#3=0.2                      (坐标递变量赋值)
#4=6                        (加工深度赋值)
```

```
#5=1                                    （加工深度 z 坐标值赋初值）
WHILE #5LE#4                            （加工深度条件判断）
G01 Z[-#5]                             （直线插补切削至加工深度）
  #10=#1                               （x 值赋初值）
  WHILE #10LT#2                        （加工条件判断）
  #10=#10+#3                           （x 值加增量）
  #11=360*#10/72                       （计算对应的角度值）
  #12=25*SIN[#11*PI/180]               （计算 y 坐标值）
  #13=5*SIN[#11*PI/180]-#5             （计算 z 坐标值）
  G01 X[#10] Y[#12] Z[#13]             （切削空间直线逐段逼近空间曲线）
  ENDW                                 （循环结束）
G00 Z30                                （退刀）
X0 Y0                                  （加工起点上平面定位）
#5=#5+2.5                              （加工深度递增）
ENDW                                   （循环结束）
……
```

SIEMENS 参数程序

```
……
R1=0                                   （加工起点坐标赋值）
R2=72                                  （加工终点坐标赋值）
R3=0.2                                 （坐标递变量赋值）
R4=6                                   （加工深度赋值）
R5=1                                   （加工深度 z 坐标值赋初值）
AAA:                                   （程序跳转标记符）
G01 Z=-R5                              （直线插补切削至加工深度）
  R10=R1                               （x 值赋初值）
  BBB:                                 （程序跳转标记符）
  R10=R10+R3                           （x 值加增量）
  R11=360*R10/72                       （计算对应的角度值）
  R12=25*SIN(R11)                      （计算 y 坐标值）
  R13=5*SIN(R11)-R5                    （计算 z 坐标值）
  G01 X=R10 Y=R12 Z=R13               （切削空间直线逐段逼近空间曲线）
  IF R10<R2 GOTOB BBB                 （加工条件判断）
G00 Z30                                （退刀）
X0 Y0                                  （加工起点上平面定位）
R5=R5+2.5                              （加工深度递增）
IF R5<=R4 GOTOB AAA                   （加工条件判断）
……
```

第17章
阿基米德螺线铣削

阿基米德螺线参数方程式为

$$\begin{cases} R = \alpha T / 360 \\ x = R\cos\alpha \\ y = R\sin\alpha \end{cases}$$

式中，R 为阿基米德螺线上旋转角为 α 的点的半径值，T 为螺线螺距，x 和 y 分别为该点在螺线自身坐标系中的 X 和 Y 坐标值。

【例 17-1】 数控铣削加工如图 17-1 所示阿基米德螺线凹槽，试编制该凹槽的加工宏程序。

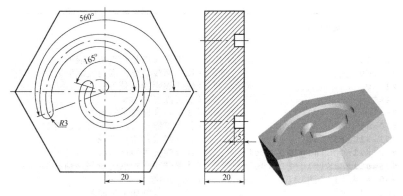

图 17-1 阿基米德螺线凹槽类零件铣削加工

FANUC 宏程序

解：如图所示，螺线螺距为 20mm，加工螺线段起始点角度为 165°，终止点角度为 560°，凹槽宽度 6mm，深度 5mm。设工件坐标原点在工件上表面的阿基米德螺线中心上，选择φ6mm键槽立铣刀加工，编制加工宏程序如下。

```
……
#1=165                    （加工螺线段起始点角度赋值）
#2=560                    （加工螺线段终止点角度赋值）
#3=20                     （螺线螺距 T 赋值）
#4=5                      （加工深度 H 赋值）
#5=1                      （加工角度递变量赋值）
#10=#1                    （将加工螺线段起始点角度赋给#10）
#11=#10*#3/360            （计算螺线起始点半径 R）
#12=#11*COS[#10]          （计算螺线起始点的 x 坐标值）
#13=#11*SIN[#10]          （计算螺线起始点的 y 坐标值）
G00 X#12 Y#13             （刀具定位）
G01 Z-#4                  （刀具下降到加工平面）
  WHILE [#10LE#2] DO1     （加工条件判断）
  #11=#10*#3/360          （计算加工点的 R 值）
  #12=#11*COS[#10]        （计算加工点的 x 坐标值）
  #13=#11*SIN[#10]        （计算加工点的 y 坐标值）
  G03 X[#12] Y[#13] R[#11] （圆弧插补逼近螺线）
  #10=#10+#5              （加工角度递增）
  END1                    （循环结束）
……
```

华中宏程序

```
……
#1=165                         （加工螺线段起始点角度赋值）
#2=560                         （加工螺线段终止点角度赋值）
#3=20                          （螺线螺距 T 赋值）
#4=5                           （加工深度 H 赋值）
#5=1                           （加工角度递变量赋值）
#10=#1                         （将加工螺线段起始点角度赋给#10）
#11=#10*#3/360                 （计算螺线起始点半径 R）
#12=#11*COS[#10*PI/180]        （计算螺线起始点的 x 坐标值）
#13=#11*SIN[#10*PI/180]        （计算螺线起始点的 y 坐标值）
G00 X[#12] Y[#13]              （刀具定位）
G01 Z[-#4]                     （刀具下降到加工平面）
  WHILE #10LE#2                （加工条件判断）
  #11=#10*#3/360               （计算加工点的 R 值）
  #12=#11*COS[#10*PI/180]      （计算加工点的 x 坐标值）
  #13=#11*SIN[#10*PI/180]      （计算加工点的 y 坐标值）
  G03 X[#12] Y[#13] R[#11]     （圆弧插补逼近螺线）
  #10=#10+#5                   （加工角度递增）
  ENDW                         （循环结束）
……
```

SIEMENS 参数程序

......

```
R1=165                           （加工螺线段起始点角度赋值）
R2=560                           （加工螺线段终止点角度赋值）
R3=20                            （螺线螺距 T 赋值）
R4=5                             （加工深度 H 赋值）
R5=1                             （加工角度递变量赋值）
R10=R1                           （将加工螺线段起始点角度赋给 R10）
R11=R10*R3/360                   （计算螺线起始点半径 R）
R12=R11*COS(R10)                 （计算螺线起始点的 x 坐标值）
R13=R11*SIN(R10)                 （计算螺线起始点的 y 坐标值）
G00 X=R12 Y=R13                  （刀具定位）
G01 Z=-R4                        （刀具下降到加工平面）
  AAA:                           （程序跳转标记符）
  R11=R10*R3/360                 （计算加工点的 R 值）
  R12=R11*COS(R10)               （计算加工点的 x 坐标值）
  R13=R11*SIN(R10)               （计算加工点的 y 坐标值）
  G03 X=R12 Y=R13 CR=R11         （圆弧插补逼近螺线）
  R10=R10+R5                     （加工角度递增）
  IF R10<=R2 GOTOB AAA           （加工条件判断）
```

......

第18章
其他公式曲线铣削

利用变量编制零件的加工宏程序，一方面针对具有相似要素的零件，另一方面是针对具有某些规律需要进行插补运算的零件（如由非圆曲线构成的轮廓）。对这些要素编程就如同解方程，首先要寻找模型的参数，确定变量及其限定条件，设计逻辑关系，然后编写加工程序。

【例18-1】 星形线方程为

$$\begin{cases} x = a\cos^3 \theta \\ y = a\sin^3 \theta \end{cases}$$

其中 a 为定圆半径。如图18-1所示为定圆直径 $\phi80\text{mm}$ 的星形线凸台零件，所以该曲线的方程为

$$\begin{cases} x = 40\cos^3 \theta \\ y = 40\sin^3 \theta \end{cases}$$

试编制数控铣削精加工该曲线外轮廓的宏程序。

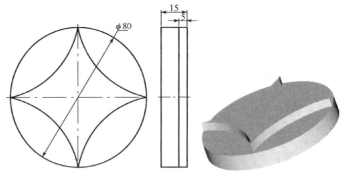

图 18-1　星形线凸台零件

FANUC 宏程序

解：设工件坐标原点在工件上表面对称中心，编制精加工宏程序如下（未考虑刀具半径补偿）。

```
……
#1=40                                      （定圆半径 a 赋值）
#2=0.5                                      （角度递变量赋值）
#10=0                                       （θ 赋初值）
  WHILE [#10LE360] DO1                      （加工条件判断）
  #20=#1*COS[#10]*COS[#10]*COS[#10]         （计算 X 坐标值）
  #21=#1*SIN[#10]*SIN[#10]*SIN[#10]         （计算 Y 坐标值）
  G01 X#20 Y#21                             （直线插补逼近星形线）
  #10=#10+#2                                （θ 递增）
  END1                                      （循环结束）
……
```

下面是考虑刀具半径补偿后编制的加工宏程序。

```
……
#1=40                                      （定圆半径 a 赋值）
#2=-5                                       （加工 Z 坐标赋值）
#3=0.5                                      （角度递变量赋值）
#10=0                                       （旋转角度赋初值）
WHILE [#10LT360] DO1                        （旋转条件判断）
G68 X0 Y0 R#10                             （坐标旋转设定）
G00 G42 X50 Y0 D01                          （建立刀具半径补偿）
Z#2                                         （刀具下降）
G01 X40                                     （直线插补至曲线加工起点）
#20=0                                       （θ 赋初值）
  WHILE [#20LE90] DO2                       （加工条件判断）
  #30=#1*COS[#20]*COS[#20]*COS[#20]         （计算 X 坐标值）
  #31=#1*SIN[#20]*SIN[#20]*SIN[#20]         （计算 Y 坐标值）
  G01 X#30 Y#31                             （直线插补逼近星形线）
  #20=#20+#3                                （θ 递增）
  END2                                      （循环结束）
G00 Z50                                     （抬刀）
G40 X100 Y100                               （取消刀具半径补偿）
G69                                         （取消坐标旋转）
#10=#10+90                                  （旋转角度递增）
END1                                        （循环结束）
……
```

华中宏程序

```
……
#1=40                                      （定圆半径 a 赋值）
```

```
#2=-5                                              （加工 Z 坐标赋值）
#3=0.5                                             （角度递变量赋值）
#10=0                                             （旋转角度赋初值）
WHILE #10LT360                                     （旋转条件判断）
G68 X0 Y0 P[#10]                                   （坐标旋转设定）
G00 G42 X50 Y0 D01                                 （建立刀具半径补偿）
Z[#2]                                             （刀具下降）
G01 X40                                           （直线插补至曲线加工起点）
#20=0                                             （θ赋初值）
  WHILE #20LE90                                    （加工条件判断）
  #30=#1*COS[#20*PI/180]*COS[#20*PI/180]*COS[#20*PI/180]
                                                  （计算 X 坐标值）
  #31=#1*SIN[#20*PI/180]*SIN[#20*PI/180]*SIN[#20*PI/180]
                                                  （计算 Y 坐标值）
  G01 X[#30] Y[#31]                                （直线插补逼近星形线）
  #20=#20+#3                                       （θ递增）
  ENDW                                            （循环结束）
G00 Z50                                           （抬刀）
G40 X100 Y100                                      （取消刀具半径补偿）
G69                                               （取消坐标旋转）
#10=#10+90                                         （旋转角度递增）
ENDW                                              （循环结束）
……
```

SIEMENS 参数程序

```
……
R1=40                                             （定圆半径 a 赋值）
R2=-5                                             （加工 Z 坐标赋值）
R3=0.5                                            （角度递变量赋值）
R10=0                                             （旋转角度赋初值）
AAA:                                              （程序跳转标记符）
G68 X0 Y0 R=R10                                    （坐标旋转设定）
G00 G42 X50 Y0 D01                                 （建立刀具半径补偿）
Z=R2                                              （刀具下降）
G01 X40                                           （直线插补至曲线加工起点）
R20=0                                             （θ赋初值）
  BBB:                                            （程序跳转标记符）
  R30=R1*COS(R20)*COS(R20)*COS(R20)               （计算 X 坐标值）
  R31=R1*SIN(R20)*SIN(R20)*SIN(R20)               （计算 Y 坐标值）
  G01 X=R30 Y=R31                                  （直线插补逼近星形线）
  R20=R20+R3                                       （θ递增）
  IF R20<=90 GOTOB BBB                             （加工条件判断）
G00 Z50                                           （抬刀）
G40 X100 Y100                                      （取消刀具半径补偿）
G69                                               （取消坐标旋转）
```

```
R10=R10+90                    （旋转角度递增）
IF R10<360 GOTOB AAA          （循环条件判断）
……
```

【例 18-2】 数控铣削加工如图 18-2 所示由上下对称的两段渐开线组成的零件，试编制其加工宏程序（不考虑刀具半径）。

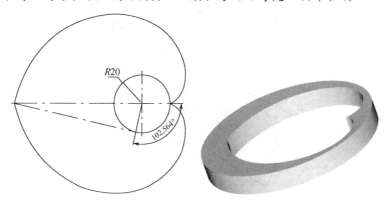

图 18-2 渐开线曲线的加工

FANUC 宏程序

解： 如图 18-3 所示，当直线 AB 沿半径为 r 的圆作纯滚动，直线上任一点 P 的轨迹 DPE 称为该圆的渐开线，这个圆称为渐开线的基圆，直线 AB 称为发生线。渐开线方程为：

$$\begin{cases} x = r(\cos\theta + \theta\sin\theta) \\ y = r(\sin\theta - \theta\cos\theta) \end{cases}$$

式中，x、y 为渐开线上任一点 P 的 X、Y 坐标值，r 为渐开线基圆半径，θ 为 OC 与 X 轴的夹角，实际计算时将 θ 转换为弧度制，则方程变换为：

$$\begin{cases} x = r\left(\cos\theta + \dfrac{\theta\pi}{180}\sin\theta\right) \\ y = r\left(\sin\theta - \dfrac{\theta\pi}{180}\cos\theta\right) \end{cases}$$

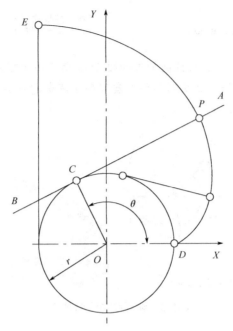

图 18-3　渐开线的形成示意图

　　由图可得，上半段渐开线的起始角度为 0°，终止角度为 257.436°（360°-102.564°），渐开线基圆半径为 20mm，设工件坐标原点在渐开线基圆中心，编制加工宏程序如下。

......

```
#1=20                                   （渐开线基圆半径 r 赋值）
#2=0                                    （上半段渐开线起始角度赋值）
#3=257.436                              （上半段渐开线终止角度赋值）
#4=1                                    （角度递变量赋值）
#10=#2                                  （将角度初始值赋给#10）
G01 X#1 Y0                              （直线插补到切削起点）
WHILE [#10LE#3] DO1                     （上半段曲线加工条件判断）
#11=#1*[COS[#10]+[#10*PI/180]*SIN[#10]]   （计算 x 坐标值）
#12=#1*[SIN[#10]-[#10*PI/180]*COS[#10]]   （计算 y 坐标值）
G01 X#11 Y#12                           （直线插补逼近曲线）
#10=#10+#4                              （角度 θ 递增）
END1                                    （循环结束）
  #10=#3                                （将角度初始值赋给#10）
  WHILE [#10GE#2] DO2                   （下半段曲线加工条件判断）
```

```
#11=#1*[COS[#10]+[#10*PI/180]*SIN[#10]]   （计算 x 坐标值）
#12=#1*[SIN[#10]-[#10*PI/180]*COS[#10]]   （计算 y 坐标值）
G01 X#11 Y-#12              （直线插补逼近曲线）
#10=#10-#4                 （角度 θ 递减）
END2                       （循环结束）
……
```

华中宏程序

```
……
#1=20                              （渐开线基圆半径 r 赋值）
#2=0                               （上半段渐开线起始角度赋值）
#3=257.436                         （上半段渐开线终止角度赋值）
#4=1                               （角度递变量赋值）
#10=#2                             （将角度初始值赋给#10）
G01 X[#1]                          （直线插补到切削起点）
WHILE #10LE#3                      （上半段曲线加工条件判断）
#11=#1*[COS[#10*PI/180]+[#10*PI/180]*SIN[#10*PI/180]]
                                   （计算 x 坐标值）
#12=#1*[SIN[#10*PI/180]-[#10*PI/180]*COS[#10*PI/180]]
                                   （计算 y 坐标值）
G01 X[#11] Y[#12]                  （直线插补逼近曲线）
#10=#10+#4                         （角度 θ 递增）
ENDW                               （循环结束）
  #10=#3                           （将角度初始值赋给#10）
  WHILE #10GE#2                    （下半段曲线加工条件判断）
  #11=#1*[COS[#10*PI/180]+[#10*PI/180]*SIN[#10*PI/180]]
                                   （计算 x 坐标值）
  #12=#1*[SIN[#10*PI/180]-[#10*PI/180]*COS[#10*PI/180]]
                                   （计算 y 坐标值）
  G01 X[#11] Y[-#12]               （直线插补逼近曲线）
  #10=#10-#4                       （角度 θ 递减）
  ENDW                             （循环结束）
……
```

SIEMENS 参数程序

```
……
R1=20                      （渐开线基圆半径 r 赋值）
R2=0                       （上半段渐开线起始角度赋值）
R3=257.436                 （上半段渐开线终止角度赋值）
R4=1                       （角度递变量赋值）
R10=R2                     （将角度初始值赋给 R10）
G01 X=R1 Y0                （直线插补到切削起点）
AAA:                       （程序跳转标记符）
```

第 18 章 其他公式曲线铣削 ▶▶ 247

```
R11=R1*(COS(R10)+(R10*PI/180)*SIN(R10))    （计算 x 坐标值）
R12=R1*(SIN(R10)-(R10*PI/180)*COS(R10))    （计算 y 坐标值）
G01 X=R11 Y=R12                            （直线插补逼近曲线）
R10=R10+R4                                 （角度 θ 递增）
IF R10<=R3 GOTOB AAA                       （上半段曲线加工条件判断）
 R10=R3                                    （将角度初始值赋给 R10）
 BBB：                                     （程序跳转标记符）
 R11=R1*(COS(R10)+(R10*PI/180)*SIN(R10))   （计算 x 坐标值）
 R12=R1*(SIN(R10)-(R10*PI/180)*COS(R10))   （计算 y 坐标值）
 G01 X=R11 Y=-R12                          （直线插补逼近曲线）
 R10=R10-R4                                （角度 θ 递减）
 IF R10>=R2 GOTOB BBB                      （下半段曲线加工条件判断）
……
```

第19章
孔系铣削

19.1 直线分布孔系

【例 19-1】 数控铣削加工如图 19-1 所示直线点阵孔系，该孔系共 8 个，孔间距为 11mm，孔系中心线与 X 轴正半轴夹角为 30°，试编制其加工宏程序。

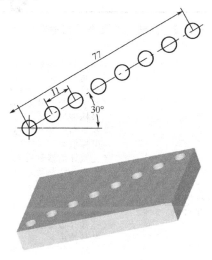

图 19-1 直线点阵孔系

FANUC 宏程序

解： 直线分布孔系几何参数模型图如图 19-2 所示。设工件坐标原点在左下角第一孔圆心，编制加工程序如下。

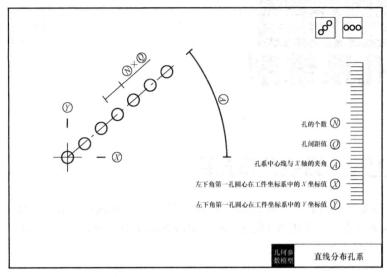

图 19-2　直线分布孔系几何参数模型

……

#1=8	（孔个数 N 赋值）
#2=11	（孔间距 Q 赋值）
#3=30	（孔系中心线与 X 轴的夹角 A 赋值）
#4=0	（左下角第一孔圆心在工件坐标系中的 X 坐标值）
#5=0	（左下角第一孔圆心在工件坐标系中的 Y 坐标值）
#10=1	（孔数计数器赋初值）
WHILE [#10LE#1] DO1	（加工条件判断）
#11=[#10-1]*#2*COS[#3]+#4	（计算 X 坐标值）
#12=[#10-1]*#2*SIN[#3]+#5	（计算 Y 坐标值）
G99 G81 X#11 Y#12 Z-5 R2	（孔加工）
#10=#10+1	（孔数计数器递增）
END1	（循环结束）

……

华中宏程序

……

#1=8	（孔个数 N 赋值）
#2=11	（孔间距 Q 赋值）

250 ◀◀ 数控宏程序编程手册

```
#3=30                              （孔系中心线与 X 轴的夹角 A 赋值）
#4=0                               （左下角第一孔圆心在工件坐标系中的 X
                                     坐标值）
#5=0                               （左下角第一孔圆心在工件坐标系中的 Y
                                     坐标值）
#10=1                              （孔数计数器赋初值）
  WHILE #10LE#1                    （加工条件判断）
  #11=[#10-1]*#2*COS[#3*PI/180]+#4     （计算 X 坐标值）
  #12=[#10-1]*#2*SIN[#3*PI/180]+#5     （计算 Y 坐标值）
  G99 G81 X[#11] Y[#12] Z-5 R2         （孔加工）
  #10=#10+1                        （孔数计数器递增）
  ENDW                             （循环结束）
......
```

SIEMENS 参数程序

```
......
R1=8                               （孔个数 N 赋值）
R2=11                              （孔间距 Q 赋值）
R3=30                              （孔系中心线与 X 轴的夹角 A 赋值）
R4=0                               （左下角第一孔圆心在工件坐标系中的 X
                                     坐标值）
R5=0                               （左下角第一孔圆心在工件坐标系中的 Y
                                     坐标值）
R10=1                              （孔数计数器赋初值）
  AAA:                             （程序跳转标记符）
  R11=(R10-1)*R2*COS(R3)+R4        （计算 X 坐标值）
  R12=(R10-1)*R2*SIN(R3)+R5        （计算 Y 坐标值）
  G00 X=R11 Y=R12                  （刀具移动到加工孔上方定位）
  CYCLE81(10,0,3,-5,)              （钻孔加工）
  R10=R10+1                        （孔数计数器递增）
  IF R10<=R1 GOTOB AAA             （加工条件判断）
......
```

19.2 矩形分布孔系

【例 19-2】 如图 19-3 所示，矩形网式点阵孔系共 4 行 6 列，行间距为 10mm，列间距为 12mm，其中左下角孔孔位 O（孔的圆心位置）在工件坐标系中的坐标值为（20，10），试编制其加工宏程序。

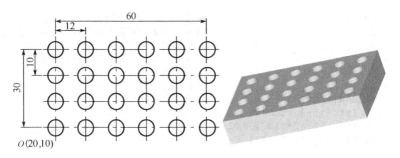

图 19-3 矩形网式点阵孔系

FANUC 宏程序

解：矩形分布孔系几何参数模型如图 19-4 所示，设行数为 M，列数为 N，行间距为 B，列间距为 L，左下角孔圆心坐标值为 (X, Y)，则第 M 行 N 列的孔的坐标值方程为：

$$\begin{cases} X' = L \times (N-1) + X \\ Y' = B \times (M-1) + Y \end{cases}$$

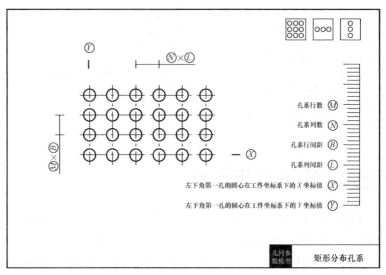

图 19-4 矩形分布孔系几何参数模型

......

```
#1=4                                (孔系行数 M 赋值)
#2=6                                (孔系列数 N 赋值)
#3=10                               (孔系行间距 B 赋值)
#4=12                               (孔系列间距 L 赋值)
#5=20                               (左下角第一孔的圆心在工件坐标系下的
                                     X 坐标赋值)
#6=10                               (左下角第一孔的圆心在工件坐标系下的
                                     Y 坐标赋值)
#10=1                               (行计数器赋初值)
WHILE [#10LE#1] DO1                 (行加工条件判断)
  #20=1                             (列计数器赋初值)
  WHILE [#20LE#2] DO2               (列加工条件判断)
  #21=#4*[#20-1]+#5                 (计算加工孔的 X 坐标值)
  #22=#3*[#10-1]+#6                 (计算加工孔的 Y 坐标值)
  G99 G81 X#21 Y#22 Z-5 R2          (孔加工)
  #20=#20+1                         (列计数器累加)
  END2                             (循环结束)
#10=#10+1                           (行计数器累加)
END1                                (循环结束)
```

......

华中宏程序

......

```
#1=4                                (孔系行数 M 赋值)
#2=6                                (孔系列数 N 赋值)
#3=10                               (孔系行间距 B 赋值)
#4=12                               (孔系列间距 L 赋值)
#5=20                               (左下角第一孔的圆心在工件坐标系下的
                                     X 坐标赋值)
#6=10                               (左下角第一孔的圆心在工件坐标系下的
                                     Y 坐标赋值)
#10=1                               (行计数器赋初值)
WHILE #10LE#1                       (行加工条件判断)
  #20=1                             (列计数器赋初值)
  WHILE #20LE#2                     (列加工条件判断)
  #21=#4*[#20-1]+#5                 (计算加工孔的 X 坐标值)
  #22=#3*[#10-1]+#6                 (计算加工孔的 Y 坐标值)
  G99 G81 X[#21] Y[#22] Z-5 R2      (孔加工)
  #20=#20+1                         (列计数器累加)
  ENDW                             (循环结束)
#10=#10+1                           (行计数器累加)
ENDW                                (循环结束)
```

......

SIEMENS 参数程序

......

R1=4	（孔系行数 M 赋值）
R2=6	（孔系列数 N 赋值）
R3=10	（孔系行间距 B 赋值）
R4=12	（孔系列间距 L 赋值）
R5=20	（左下角第一孔的圆心在工件坐标系下的 X 坐标赋值）
R6=10	（左下角第一孔的圆心在工件坐标系下的 Y 坐标赋值）
R10=1	（行计数器赋初值）
AAA:	（程序跳转标记符）
R20=1	（列计数器赋初值）
BBB:	（程序跳转标记符）
R21=R4*(R20-1)+R5	（计算加工孔的 X 坐标值）
R22=R3*(R10-1)+R6	（计算加工孔的 Y 坐标值）
G00 X=R21 Y=R22	（刀具定位）
CYCLE81(10,0,2,-5,)	（孔加工）
R20=R20+1	（列计数器累加）
IF R20<=R2 GOTOB BBB	（列加工条件判断）
R10=R10+1	（行计数器累加）
IF R10<=R1 GOTOB AAA	（行加工条件判断）

......

【例 19-3】　如图 19-5 所示矩形框式点阵孔系，矩形长 50mm，宽 30mm，孔间距 10mm，矩形框与 X 正半轴的夹角为 15°，试编制其加工宏程序。

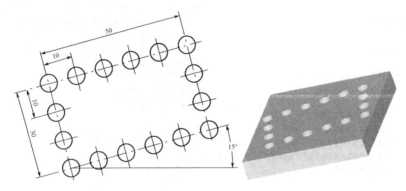

图 19-5　矩形框式点阵孔系

FANUC 宏程序

解：设工件坐标原点在左下角第一孔的圆心，编制加工宏程序如下。

```
……
#1=4                              （孔系行数赋值）
#2=6                              （孔系列数赋值）
#3=10                             （孔系行间距赋值）
#4=10                             （孔系列间距赋值）
#5=15                             （矩形框与 X 正半轴的夹角赋值）
#6=0                              （左下角第一孔的圆心在工件坐标
                                   系下的 X 坐标赋值）
#7=0                              （左下角第一孔的圆心在工件坐标
                                   系下的 Y 坐标赋值）
#10=1                             （行计数器赋初值）
WHILE [#10LE#1] DO1               （行加工条件判断）
  #20=1                           （列计数器赋初值）
  #21=#2-1                        （孔数加工增量赋值）
  WHILE [#20LE#2] DO2             （列加工条件判断）
  #22=#4*[#20-1]                  （计算加工孔未旋转前的 X 坐标值）
  #23=#3*[#10-1]                  （计算加工孔未旋转前的 Y 坐标值）
  #24=#22*COS[#5]-#23*SIN[#5]+#6  （计算加工孔的 X 坐标值）
  #25=#22*SIN[#5]+#23*COS[#5]+#7  （计算加工孔的 Y 坐标值）
  G99 G81 X#24 Y#25 Z-5 R2        （钻孔加工）
  IF [#10EQ1] THEN #21=1          （第一行加工时孔数加工增量为1）
  IF [#10EQ#1] THEN #21=1         （最后一行加工时孔数加工增量为1）
  #20=#20+#21                     （列计数器累加）
  END2                            （循环结束）
  #10=#10+1                       （行计数器累加）
END1                              （循环结束）
……
```

华中宏程序

```
……
#1=4                              （孔系行数赋值）
#2=6                              （孔系列数赋值）
#3=10                             （孔系行间距赋值）
#4=10                             （孔系列间距赋值）
#5=15                             （矩形框与 X 正半轴的夹角赋值）
#6=0                              （左下角第一孔的圆心在工件坐标
                                   系下的 X 坐标赋值）
#7=0                              （左下角第一孔的圆心在工件坐标
                                   系下的 Y 坐标赋值）
```

```
#10=1                                    （行计数器赋初值）
WHILE #10LE#1                            （行加工条件判断）
  #20=1                                  （列计数器赋初值）
  #21=#2-1                               （孔数加工增量赋值）
  WHILE #20LE#2                          （列加工条件判断）
  #22=#4*[#20-1]                         （计算加工孔未旋转前的 X 坐标值）
  #23=#3*[#10-1]                         （计算加工孔未旋转前的 Y 坐标值）
  #24=#22*COS[#5*PI/180]-#23*SIN[#5*PI/180]+#6
                                         （计算加工孔的 X 坐标值）
  #25=#22*SIN[#5*PI/180]+#23*COS[#5*PI/180]+#7
                                         （计算加工孔的 Y 坐标值）
  G99 G81 X[#24] Y[#25] Z-5 R2           （钻孔加工）
  IF #10EQ1                              （行数判断）
  #21=1                                  （第一行加工时孔数加工增量为 1）
  ENDIF                                  （条件结束）
  IF #10EQ#1                             （行数判断）
  #21=1                                  （最后一行加工时孔数加工增量为 1）
  ENDIF                                  （条件结束）
  #20=#20+#21                            （列计数器累加）
  ENDW                                   （循环结束）
  #10=#10+1                              （行计数器累加）
ENDW                                     （循环结束）
……
```

SIEMENS 参数程序

```
……
R1=4                        （孔系行数赋值）
R2=6                        （孔系列数赋值）
R3=10                       （孔系行间距赋值）
R4=10                       （孔系列间距赋值）
R5=15                       （矩形框与 X 正半轴的夹角赋值）
R6=0                        （左下角第一孔的圆心在工件坐标
                              系下的 X 坐标赋值）
R7=0                        （左下角第一孔的圆心在工件坐标
                              系下的 Y 坐标赋值）
R10=1                       （行计数器赋初值）
AAA:                        （程序跳转标记符）
  R20=1                     （列计数器赋初值）
  R21=R2-1                  （孔数加工增量赋值）
  BBB:                      （程序跳转标记符）
  R22=R4*(R20-1)            （计算加工孔未旋转前的 X 坐标值）
  R23=R3*(R10-1)            （计算加工孔未旋转前的 Y 坐标值）
  R24=R22*COS(R5)-R23*SIN(R5)+R6    （计算加工孔的 X 坐标值）
  R25=R22*SIN(R5)+R23*COS(R5)+R7    （计算加工孔的 Y 坐标值）
  G00 X=R24 Y=R25           （刀具定位）
```

```
CYCLE81(10,0,2,-5,)            （孔加工）
IF R10==1 GOTOF CCC            （行数为 1 程序跳转）
IF R10==R1 GOTOF CCC          （行数为 R1 程序跳转）
GOTOF DDD                      （无条件跳转）
CCC:                           （程序跳转标记符）
R21=1                          （孔数加工增量为 1）
DDD:                           （程序跳转标记符）
R20=R20+R21                    （列计数器累加）
IF R20<=R2 GOTOB BBB          （列加工条件判断）
R10=R10+1                      （行计数器累加）
IF R10<=R1 GOTOB AAA          （行加工条件判断）
……
```

19.3 圆周均布孔系

【例 19-4】 在毛坯尺寸为 ϕ80mm × 12mm 的铝板上加工如图 19-6 所示 6 个圆周均布通孔，试编制其加工宏程序。

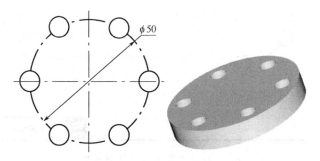

图 19-6 圆周均布孔系的加工

FANUC 宏程序

解： 圆周均布孔系几何参数模型如图 19-7 所示，编制加工宏程序如下。
……

#1=6	（圆周均布孔个数 N 赋值）
#2=50	（孔系所在节圆的直径 D 赋值）
#3=0	（第一孔与 X 正半轴的夹角 A 赋值）
#4=0	（孔系所在节圆的圆心在工件坐标系中的 X 坐标赋值）

```
#5=0                                    （孔系所在节圆的圆心在工件坐标系中的
                                         Y 坐标赋值）
#6=360/#1                                （计算相邻两孔间夹角）
#10=1                                    （加工孔计数器赋值）
WHILE [#10LE#1] DO1                      （加工条件判断）
  #11=#2*0.5*COS[[#10-1]*#6+#3]+#4       （计算加工孔的 X 坐标值）
  #12=#2*0.5*SIN[[#10-1]*#6+#3]+#5       （计算加工孔的 Y 坐标值）
  G99 G81 X#11 Y#12 Z-15 R2              （钻孔）
  #10=#10+1                              （加工孔计数器累加）
END1                                     （循环结束）
……
```

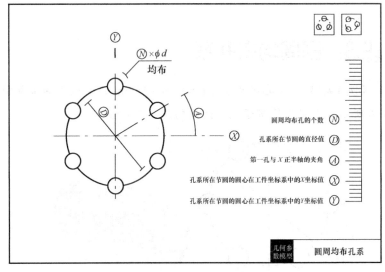

图 19-7　圆周均布孔系几何参数模型

华中宏程序

```
……
#1=6                                     （圆周均布孔个数 N 赋值）
#2=50                                    （孔系所在节圆的直径 D 赋值）
#3=0                                     （第一孔与 X 正半轴的夹角 A 赋值）
#4=0                                     （孔系所在节圆的圆心在工件坐标系中的
                                         X 坐标赋值）
#5=0                                     （孔系所在节圆的圆心在工件坐标系中的
                                         Y 坐标赋值）
#6=360/#1                                （计算相邻两孔间夹角）
#10=1                                    （加工孔计数器赋值）
```

```
WHILE #10LE#1                        （加工条件判断）
  #11=#2*0.5*COS[[[#10-1]*#6+#3]*PI/180]+#4
                                     （计算加工孔的 X 坐标值）
  #12=#2*0.5*SIN[[[#10-1]*#6+#3]*PI/180]+#5
                                     （计算加工孔的 Y 坐标值）
  G99 G81 X[#11] Y[#12] Z-15 R2      （钻孔）
  #10=#10+1                          （加工孔计数器累加）
ENDW                                 （循环结束）
……
```

SIEMENS 参数程序

```
……
R1=6                    （圆周均布孔个数 N 赋值）
R2=50                   （孔系所在节圆的直径 D 赋值）
R3=0                    （第一孔与 X 正半轴的夹角 A 赋值）
R4=0                    （孔系所在节圆的圆心在工件坐标系中的
                          X 坐标赋值）
R5=0                    （孔系所在节圆的圆心在工件坐标系中的
                          Y 坐标赋值）
R6=360/R1               （计算相邻两孔间夹角）
R10=1                   （加工孔计数器赋值）
AAA:                    （程序跳转标记符）
  R11=R2*0.5*COS((R10-1)*R6+R3)+R4     （计算加工孔的 X 坐标值）
  R12=R2*0.5*SIN((R10-1)*R6+R3)+R5     （计算加工孔的 Y 坐标值）
  G00 X=R11 Y=R12       （加工孔定位）
  CYCLE81(10,0,2,-15,)  （孔加工）
  R10=R10+1            （加工孔计数器累加）
IF R10<=R1 GOTOB AAA    （加工条件判断）
……
```

19.4 圆弧分布孔系

【例 19-5】 如图 19-8 所示，在半径为 R40mm 的圆弧上均匀
分布有 5 个孔，相邻孔间夹角为 25°，第一个孔（图中"3 点钟"
位置孔）与 X 正半轴的夹角为 15°，孔系所在圆弧的圆心在工件
坐标系中的坐标值为（20,10），试编制其加工宏程序。

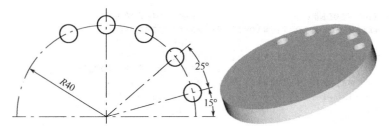

图 19-8　圆弧分布孔系

FANUC 宏程序

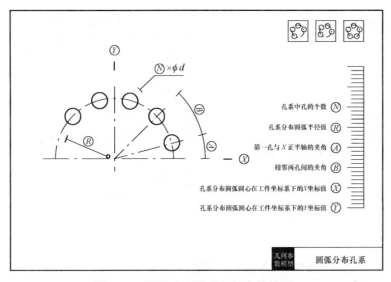

图 19-9　圆弧分布孔系几何参数模型

解：圆弧分布孔系几何参数模型如图 19-9 所示。圆弧分布孔系铣削加工宏程序编程的关键是计算每个孔的圆心坐标值，而计算各孔圆心的坐标值主要有坐标方程、坐标旋转和极坐标三种方法。

①　坐标方程　由圆弧分布孔系几何参数模型图可得，第 n 个孔的圆心坐标方程为：

$$\begin{cases} X' = R\cos[(n-1)B+A]+X \\ Y' = R\sin[(n-1)B+A]+Y \end{cases}$$

```
……
#1=5                             （孔系中孔的个数 N 赋值）
#2=40                            （孔系分布圆弧半径 R 赋值）
#3=15                            （第一孔与 X 正半轴的夹角 A 赋值）
#4=25                            （相邻两孔间的夹角 B 赋值）
#5=20                            （孔系分布圆弧圆心在工件坐标系
                                   下的 X 坐标赋值）
#6=10                            （孔系分布圆弧圆心在工件坐标系
                                   下的 Y 坐标赋值）
#10=1                            （加工孔的计数器赋值）
WHILE [#10LE#1] DO1              （加工条件判断）
  #11=#2*COS[[#10-1]*#4+#3]+#5   （计算加工孔的 X 坐标值）
  #12=#2*SIN[[#10-1]*#4+#3]+#6   （计算加工孔的 Y 坐标值）
  G99 G81 X#11 Y#12 Z-5 R2       （钻孔）
  #10=#10+1                      （加工孔计数器累加）
END1                             （循环结束）
……
```

② 坐标旋转

```
……
#1=5                             （孔系中孔的个数 N 赋值）
#2=40                            （孔系分布圆弧半径 R 赋值）
#3=15                            （第一孔与 X 正半轴的夹角 A 赋值）
#4=25                            （相邻两孔间的夹角 B 赋值）
#5=20                            （孔系分布圆弧圆心在工件坐标系
                                   下的 X 坐标赋值）
#6=10                            （孔系分布圆弧圆心在工件坐标系
                                   下的 Y 坐标赋值）
#10=1                            （加工孔的计数器赋值）
WHILE [#10LE#1] DO1              （加工条件判断）
  G68 X#5 Y#6 R[[#10-1]*#4+#3]   （坐标旋转设定）
  G99 G81 X[#2+#5] Y#6 Z-5 R2    （钻孔）
  G69                            （取消坐标旋转）
  #10=#10+1                      （加工孔计数器累加）
END1                             （循环结束）
……
```

③ 极坐标

```
……
#1=5                             （孔系中孔的个数 N 赋值）
#2=40                            （孔系分布圆弧半径 R 赋值）
#3=15                            （第一孔与 X 正半轴的夹角 A 赋值）
#4=25                            （相邻两孔间的夹角 B 赋值）
```

```
#5=20                              （孔系分布圆弧圆心在工件坐标系
                                     下的 X 坐标赋值）
#6=10                              （孔系分布圆弧圆心在工件坐标系
                                     下的 Y 坐标赋值）
#10=1                              （加工孔的计数器赋值）
WHILE [#10LE#1] DO1                 （加工条件判断）
  G00 X#5 Y#6                      （刀具快进至孔分布圆弧圆心）
  G17 G91 G16                      （极坐标模式设定）
  G00 X#2 Y[[#10-1]*#4+#3]         （刀具定位到加工孔上方）
  G15                              （取消极坐标模式）
  G90 G81 Z-5 R2                   （钻孔）
  #10=#10+1                        （加工孔计数器累加）
END1                               （循环结束）
……
```

华中宏程序

```
……
#1=5                               （孔系中孔的个数 N 赋值）
#2=40                              （孔系分布圆弧半径 R 赋值）
#3=15                              （第一孔与 X 正半轴的夹角 A 赋值）
#4=25                              （相邻两孔间的夹角 B 赋值）
#5=20                              （孔系分布圆弧圆心在工件坐标系
                                     下的 X 坐标赋值）
#6=10                              （孔系分布圆弧圆心在工件坐标系
                                     下的 Y 坐标赋值）
#10=1                              （加工孔的计数器赋值）
WHILE #10LE#1                      （加工条件判断）
  #11=#2*COS[[[#10-1]*#4+#3]*PI/180]+#5（计算加工孔的 X 坐标值）
  #12=#2*SIN[[[#10-1]*#4+#3]*PI/180]+#6（计算加工孔的 Y 坐标值）
  G99 G81 X[#11] Y[#12] Z-5 R2     （钻孔）
  #10=#10+1                        （加工孔计数器累加）
ENDW                               （循环结束）
……
```

SIEMENS 参数程序

```
……
R1=5                               （孔系中孔的个数 N 赋值）
R2=40                              （孔系分布圆弧半径 R 赋值）
R3=15                              （第一孔与 X 正半轴的夹角 A 赋值）
R4=25                              （相邻两孔间的夹角 B 赋值）
R5=20                              （孔系分布圆弧圆心在工件坐标系
                                     下的 X 坐标赋值）
R6=10                              （孔系分布圆弧圆心在工件坐标系
                                     下的 Y 坐标赋值）
```

```
R10=1                              （加工孔的计数器赋值）
AAA:                               （程序跳转标记符）
  R11=R2*COS((R10-1)*R4+R3)+R5      （计算加工孔的 x 坐标值）
  R12=R2*SIN((R10-1)*R4+R3)+R6      （计算加工孔的 y 坐标值）
  G00  X=R11 Y=R12                  （加工孔定位）
  CYCLE81(10,0,2,-5,)              （钻孔）
  R10=R10+1                        （加工孔计数器累加）
IF R10<=R1 GOTOB AAA               （加工条件判断）
……
```

第20章
型腔铣削

20.1 圆形型腔

利用立铣刀采用螺旋插补方式铣削加工圆形型腔，在一定程度上可以实现以铣代钻、以铣代铰、以铣代镗，一刀多用，一把铣刀就够了，不必频繁地换刀，因此与传统的"钻→铰"或"钻→扩→镗"等孔加工方法相比提高了整体加工效率并且可大大地减少使用的刀具；另外由于铣刀侧刃的背吃刀量总是从零开始均匀增大至设定值，可有效减少刀具让刀现象，保证型腔的形状精度。

【例20-1】 铣削加工如图20-1所示圆形型腔，圆孔直径 $\phi40$ mm，孔深10mm，试采用螺旋插补指令编制其数控铣削加工宏程序。

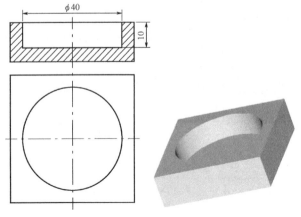

图 20-1　圆形型腔铣削加工

FANUC 宏程序

解： 圆形型腔几何参数模型如图 20-2 所示。采用螺旋插补指令编制圆形型腔的精加工宏程序如下。

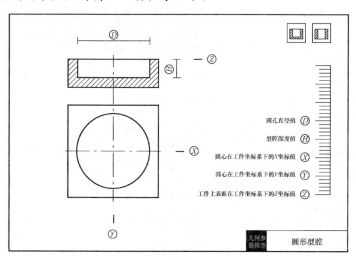

图 20-2　圆形型腔几何参数模型

```
……
#1=40                        （圆孔直径 D 赋值）
#2=10                        （型腔深度 H 赋值）
#3=12                        （铣刀直径赋值）
#4=0                         （圆心在工件坐标系下的 X 坐标赋值）
#5=0                         （圆心在工件坐标系下的 Y 坐标赋值）
#6=0                         （工件上表面在工件坐标系下的 Z 坐标赋值）
#7=3                         （加工深度递变量赋值）
#10=0                        （加工深度赋初值）
G00 X[#1/2-#3/2+#4] Y#5      （刀具定位）
Z[#6+2]                      （刀具下降）
WHILE [#10LT#2] DO1          （加工条件判断）
  G03 I[#3/2-#1/2] Z[-#10+#6]  （螺旋插补）
  #10=#10+#7                 （加工深度递增）
END1                         （循环结束）
G03 I[#3/2-#1/2] Z[-#2+#6]   （螺旋插补到型腔底部）
I[#3/2-#1/2]                 （型腔底部铣削加工）
G00 Z[#6+50]                 （抬刀）
……
```

采用螺旋插补指令编制圆形型腔的粗、精加工宏程序如下。

```
……
#1=40                        （圆孔直径 D 赋值）
#2=10                        （型腔深度 H 赋值）
#3=12                        （铣刀直径赋值）
#4=0                         （圆心在工件坐标系下的 X 坐标赋值）
#5=0                         （圆心在工件坐标系下的 Y 坐标赋值）
#6=0                         （工件上表面在工件坐标系下的 Z 坐标赋值）
#7=3                         （加工深度递变量赋值）
#8=0.6*#3                    （加工步距赋值）
#9=[#1-#3]*0.5               （加工半径值计算）
#20=-#8*0.5                  （加工半径赋初值）
WHILE [#20LT#9] DO1          （加工半径条件判断）
#20=#20+#8                   （加工半径值递增）
IF [#20GE#9] THEN #20=#9     （精加工条件判断）
G00 X[#20+#4] Y#5            （刀具定位）
Z[#6+2]                      （刀具下降）
  #30=0                      （加工深度赋初值）
  WHILE [#30LT#2] DO2        （加工深度条件判断）
  G03 I-#20 Z[-#30+#6]       （螺旋插补）
  #30=#30+#7                 （加工深度递增）
  END2                       （循环结束）
  G03 I-#20 Z[-#2+#6]        （螺旋插补）
  I-#20                      （圆弧插补）
  G00 Z[#6+10]               （抬刀）
END1                         （循环结束）
……
```

华中宏程序

```
……
#1=40                        （圆孔直径 D 赋值）
#2=10                        （型腔深度 H 赋值）
#3=12                        （铣刀直径赋值）
#4=0                         （圆心在工件坐标系下的 X 坐标赋值）
#5=0                         （圆心在工件坐标系下的 Y 坐标赋值）
#6=0                         （工件上表面在工件坐标系下的 Z 坐标赋值）
#7=3                         （加工深度递变量赋值）
#8=0.6*#3                    （加工步距赋值）
#9=[#1-#3]*0.5               （加工半径值计算）
#20=-#8*0.5                  （加工半径赋初值）
WHILE #20LT#9                （加工半径条件判断）
#20=#20+#8                   （加工半径值递增）
IF #20GE#9                   （精加工条件判断）
#20=#9                       （精加工赋值）
```

```
ENDIF                                    （条件结束）
G00 X[#20+#4] Y[#5]                      （刀具定位）
Z[#6+2]                                  （刀具下降）
  #30=0                                  （加工深度赋初值）
  WHILE #30LT#2                          （加工深度条件判断）
  G03 I[-#20] Z[-#30+#6]                 （螺旋插补）
  #30=#30+#7                             （加工深度递增）
  ENDW                                   （循环结束）
  G03 I[-#20] Z[-#2+#6]                  （螺旋插补）
  I[-#20]                                （圆弧插补）
  G00 Z[#6+10]                           （抬刀）
ENDW                                     （循环结束）
......
```

SIEMENS 参数程序

```
......
R1=40                                    （圆孔直径 D 赋值）
R2=10                                    （型腔深度 H 赋值）
R3=12                                    （铣刀直径赋值）
R4=0                                     （圆心在工件坐标系下的 X 坐标赋值）
R5=0                                     （圆心在工件坐标系下的 Y 坐标赋值）
R6=0                                     （工件上表面在工件坐标系下的 Z 坐标赋值）
R7=0.6*R3                                （加工步距赋值）
R8=(R1-R3)*0.5                           （加工半径值计算）
R20=-R7*0.5                              （加工半径赋初值）
AAA:                                     （程序跳转标记符）
R20=R20+R7                               （加工半径值递增）
IF R20<R8 GOTOF BBB                      （精加工条件判断）
R20=R8                                   （精加工赋值）
BBB:                                     （程序跳转标记符）
G00 X=R20+R4 Y=R5                        （刀具定位）
Z=R6+2                                   （刀具下降）
  G03 Z=-R2+R6 I=-R20 TURN=R2            （螺旋插补）
  I=-R20                                 （圆弧插补）
  G00 Z=R6+10                            （抬刀）
IF R20<R8 GOTOB AAA                      （加工半径条件判断）
......
```

20.2 矩形型腔

　　矩形型腔通常采用等高层铣的方法铣削加工，此外还可以采用插铣法铣削加工。

插铣法又称为 Z 轴铣削法，是实现高切除率金属切削最有效的加工方法之一。插铣法最大的特点是非常适合粗加工和半精加工，特别适用于具有复杂几何形状零件的粗加工（尤其是深窄槽），可从顶部一直铣削到根部，插铣深度可达 250mm 而不会发生振颤或扭曲变形，加工效率高。

此外，插铣加工还具有以下优点：侧向力小，减小了零件变形；加工中作用于铣床的径向切削力较小，使主轴刚度不高的机床仍可使用而不影响工件的加工质量；刀具悬伸长度较大，适合对工件深槽的表面进行铣削加工，而且也适用于对高温合金等难切削材料进行切槽加工。

【例 20-2】 铣削加工如图 20-3 所示矩形型腔，型腔长 40mm，宽 25mm，深 30mm，转角半径 $R5mm$，试编制采用插铣法粗加工该型腔的宏程序。

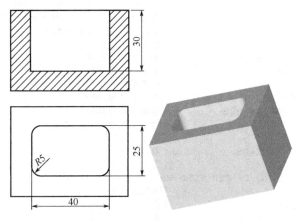

图 20-3 矩形型腔铣削加工

FANUC 宏程序

解： 图 20-4 为矩形型腔几何参数模型。设工件上表面的对称中心为工件原点，编制加工程序如下。

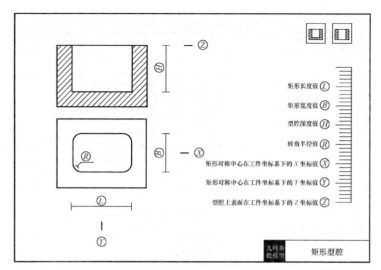

图 20-4　矩形型腔几何参数模型

```
……
#1=40                        （型腔长 L 赋值）
#2=25                        （型腔宽 B 赋值）
#3=30                        （型腔深 H 赋值）
#4=5                         （转角半径 R 赋值）
#5=10                        （刀具直径 D 赋值）
#6=0                         （矩形对称中心在工件坐标系中的 X 坐标赋值）
#7=0                         （矩形对称中心在工件坐标系中的 Y 坐标赋值）
#8=0                         （型腔上表面在工件坐标系中的 Z 坐标赋值）
#9=0.6*#5                    （加工步距赋值，步距值取 0.6 倍刀具直径）
#10=[#2-#5]/2               （计算加工半宽值）
#11=[#1-#5]/2               （计算加工半长值）
IF [[#5*0.5]GT#4] THEN M30              （刀具直径判断）
#20=-#10-#9                 （加工 Y 坐标赋初值）
WHILE [#20LT#10] DO1        （加工条件判断）
#20=#20+#9                  （Y 向坐标增加一个步距）
IF [#20GE#10] THEN #20=#10                  （加工 Y 坐标值判断）
  #30=-#11-#9                              （加工 X 坐标赋初值）
  WHILE [#30LT#11] DO2     （加工条件判断）
  #30=#30+#9               （X 坐标增加一个步距）
  IF [#30GE#11] THEN #30=#11             （加工 X 坐标值判断）
  G99 G81 X[#30+#6] Y[#20+#7] Z[-#3+#8] R2 （插铣加工）
  END2                    （循环结束）
END1                      （循环结束）
……
```

华中宏程序

......

#1=40	（型腔长 L 赋值）
#2=25	（型腔宽 B 赋值）
#3=30	（型腔深 H 赋值）
#4=5	（转角半径 R 赋值）
#5=10	（刀具直径 D 赋值）
#6=0	（矩形对称中心在工件坐标系中的 X 坐标赋值）
#7=0	（矩形对称中心在工件坐标系中的 Y 坐标赋值）
#8=0	（型腔上表面在工件坐标系中的 Z 坐标赋值）
#9=0.6*#5	（加工步距赋值，步距值取 0.6 倍刀具直径）
#10=[#2-#5]/2	（计算加工半宽值）
#11=[#1-#5]/2	（计算加工半长值）
IF [#5*0.5]GT#4	（刀具直径判断）
M30	（程序结束）
ENDIF	（条件结束）
#20=-#10-#9	（加工 Y 坐标赋初值）
WHILE #20LT#10	（加工条件判断）
#20=#20+#9	（Y 向坐标增加一个步距）
IF #20GE#10	（加工 Y 坐标值判断）
#20=#10	（将最终 Y 坐标值赋给#20）
ENDIF	（条件结束）
#30=-#11-#9	（加工 X 坐标赋初值）
WHILE #30LT#11	（加工条件判断）
#30=#30+#9	（X 坐标增加一个步距）
IF #30GE#11	（加工 X 坐标值判断）
#30=#11	（将最终 X 坐标值赋给#30）
ENDIF	（条件结束）
G99 G81 X[#30+#6] Y[#20+#7] Z[-#3+#8] R2	（插铣加工）
ENDW	（循环结束）
ENDW	（循环结束）

......

SIEMENS 参数程序

......

R1=40	（型腔长 L 赋值）
R2=25	（型腔宽 B 赋值）
R3=30	（型腔深 H 赋值）
R4=5	（转角半径 R 赋值）
R5=10	（刀具直径 D 赋值）
R6=0	（矩形对称中心在工件坐标系中的 X 坐标赋值）
R7=0	（矩形对称中心在工件坐标系中的 Y 坐标赋值）

```
R8=0                          (型腔上表面在工件坐标系中的 Z 坐标赋值)
R9=0.6*R5                     (加工步距赋值，步距值取 0.6 倍刀具直径)
R10=(R2-R5)/2                 (计算加工半宽值)
R11=(R1-R5)/2                 (计算加工半长值)
IF (R5*0.5)<=R4 GOTOF AAA     (刀具直径判断)
M30                           (程序结束)
AAA:                          (程序跳转记符)
R20=-R10-R9                   (加工 Y 坐标赋初值)
BBB:                          (程序跳转记符)
R20=R20+R9                    (Y 向坐标增加一个步距)
IF R20<R10 GOTOF CCC          (加工 Y 坐标值判断)
R20=R10                       (将最终 Y 坐标值赋给 R20)
CCC:                          (程序跳转标记符)
  R30=-R11-R9                 (加工 X 坐标赋初值)
  DDD:                        (程序跳转标记符)
  R30=R30+R9                  (X 坐标增加一个步距)
  IF R30<R11 GOTOF EEE        (加工 X 坐标值判断)
  R30=R11                     (将最终 X 坐标值赋给 R30)
  EEE:                        (程序跳转标记符)
  G00 X=R30+R6 Y=R20+R7       (刀具定位)
  G01 Z=-R3+R8                (插铣加工)
  G00 Z=R8+2                  (抬刀)
  IF R30<R11 GOTOB DDD        (加工条件判断)
IF R20<R10 GOTOB BBB          (加工条件判断)
……
```

(20.3) 腰形型腔

　　腰形型腔是机械加工领域常见的一种结构，特别是在齿轮和齿轮座类零件上。虽然腰形型腔的加工并不是一个难题，但是在利用程序来提高生产效率方面它具有一定代表性。由于腰形型腔的多样性，在数控加工中频繁的编制类似的程序将消耗大量准备时间，而编制一个通用的腰形型腔加工程序，每次使用时只要修改其中几个参数就可以大大提高效率和可靠性。

　　内腔轮廓铣削加工时，需要刀具垂直于材料表面进刀。按照进刀的要求，最直接的方法是选择键槽刀，因为键槽刀的端刃从侧刃贯穿至刀具中心，这样可以使用键槽刀直接向材料内部进刀。而立铣刀的端刃为副切削刃，端刃主要在刀具的边缘部分，中心处没有切削刃，所以不能用立铣刀直接向材料内部垂直进刀。但是有时考虑到同样直径的立铣刀的刀体直径大于键槽刀的刀体直径，因此同样直径的立铣刀刚性要强于键槽刀，且立铣刀的侧刃一般有三齿或四齿，而键槽刀只有两齿，相同主轴转速下，齿数越多，每齿切削厚度越小，加工平顺性越好，所以在加工中要尽可能地使用立铣刀。那如何使用立铣刀在加工内腔轮廓时，向材料内部进刀，又不损坏刀具呢？数控铣加工中常采用的解决方法有螺旋下刀和斜线下刀。

【例 20-3】 数控铣削加工如图 20-5 所示连线为直线的腰形型腔，型腔长 20mm，宽 10mm，深 10mm，旋转角度 30°，试编制其加工程序。

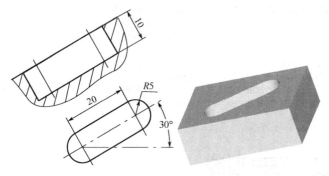

图 20-5 连线为直线的腰形型腔

FANUC 宏程序

解：连线为直线的腰形型腔几何参数模型如图 20-6 所示。分析型腔加工发现，若选用刀具的直径值大于型腔宽度则无法加工，等于型腔宽度则只需沿着直线连线加工即可，若小于型腔宽度则应沿着型腔轮廓加工。编制加工宏程序如下。

……

```
#1=20                （型腔长度 L 赋值）
#2=5                 （拐角半径 R 赋值）
#3=10                （型腔深度 H 赋值）
#4=30                （旋转角度 A 赋值）
#5=10                （加工刀具直径赋值）
#6=0                 （型腔端点在工件坐标系中的 X 坐标值）
```

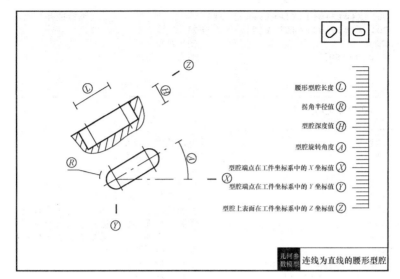

图 20-6　连线为直线的腰形型腔几何参数模型

```
#7=0                               (型腔端点在工件坐标系中的 Y 坐标值)
#8=0                               (型腔端点在工件坐标系中的 Z 坐标值)
#9=3                               (深度进给量赋值)
#10=#1*COS[#4]                     (节点坐标值计算)
#11=#1*SIN[#4]                     (节点坐标值计算)
#12=#2*SIN[#4]                     (节点坐标值计算)
#13=#2*COS[#4]                     (节点坐标值计算)
IF [#5GT#2*2] THEN M30             (若刀具直径值大于型腔宽度程序结束)
#20=0                              (加工深度赋初值)
IF [#5LT#2*2] GOTO10               (若刀具直径值小于型腔宽度程序跳转)
WHILE [#20LT#3] DO1                (加工条件判断)
  G01 X#6 Y#7 Z[-#20+#8]           (斜插加工)
  X[#10+#6] Y[#11+#7]              (直线插补)
  #20=#20+#9                       (加工深度递增)
END1                               (循环结束)
G01 X#6 Y#7 Z[-#3+#8]              (斜插加工)
X[#10+#6] Y[#11+#7]                (直线插补)
N10                                (程序跳转标记符)
WHILE [#20LT#3] DO2                (加工条件判断)
  G00 X[#12+#6] Y[-#13+#7] Z[-#20+#8]       (快速点定位)
  #20=#20+#9                       (加工深度递增)
  IF [#20GE#3] THEN #20=#3         (加工深度条件判断)
  G01 X[#10+#12+#6] Y[#11-#13+#7] Z[-#20+#8] (斜插加工)
  G03 X[#10-#12+#6] Y[#11+#13+#7] R#2         (圆弧插补)
  G01 X[-#12+#6] Y[#13+#7]         (直线插补)
```

```
   G03 X[#12+#6] Y[-#13+#7] R#2                    （圆弧插补）
   G01 X[#10+#12+#6] Y[#11-#13+#7]                 （直线插补）
END2                              （循环结束）
G00 Z[#8+50]                      （抬刀）
······
```

华中宏程序

```
······
#1=20                             （型腔长度 L 赋值）
#2=5                              （拐角半径 R 赋值）
#3=10                             （型腔深度 H 赋值）
#4=30                             （旋转角度 A 赋值）
#5=10                             （加工刀具直径赋值）
#6=0                              （型腔端点在工件坐标系中的 X 坐标值）
#7=0                              （型腔端点在工件坐标系中的 Y 坐标值）
#8=0                              （型腔端点在工件坐标系中的 Z 坐标值）
#9=3                              （深度进给量赋值）
#10=#1*COS[#4*PI/180]             （节点坐标值计算）
#11=#1*SIN[#4*PI/180]             （节点坐标值计算）
#12=#2*SIN[#4*PI/180]             （节点坐标值计算）
#13=#2*COS[#4*PI/180]             （节点坐标值计算）
IF #5GT#2*2                       （若刀具直径值大于型腔宽度）
M30                               （程序结束）
ENDIF                             （条件结束）
#20=0                             （加工深度赋初值）
IF #5EQ#2*2                       （若刀具直径值等于型腔宽度）
WHILE #20LT#3                     （加工条件判断）
  G01 X[#6] Y[#7] Z[-#20+#8]      （斜插加工）
    X[#10+#6] Y[#11+#7]           （直线插补）
    #20=#20+#9                    （加工深度递增）
ENDW                              （循环结束）
G01 X[#6] Y[#7] Z[-#3+#8]         （斜插加工）
X[#10+#6] Y[#11+#7]               （直线插补）
ENDIF                             （条件结束）
WHILE #20LT#3                     （加工条件判断）
  G00 X[#12+#6] Y[-#13+#7] Z[-#20+#8]              （快速点定位）
  #20=#20+#9                      （加工深度递增）
  IF #20GE#3                      （加工深度条件判断）
  #20=#3                          （加工深度赋值）
  ENDIF                           （条件结束）
  G01 X[#10+#12+#6] Y[#11-#13+#7] Z[-#20+#8]       （斜插加工）
  G03 X[#10-#12+#6] Y[#11+#13+#7] R[#2]            （圆弧插补）
  G01 X[-#12+#6] Y[#13+#7]                         （直线插补）
  G03 X[#12+#6] Y[-#13+#7] R[#2]                   （圆弧插补）
  G01 X[#10+#12+#6] Y[#11-#13+#7]                  （直线插补）
```

```
ENDW                                    （循环结束）
G00 Z[#8+50]                            （抬刀）
……
```

SIEMENS 参数程序

```
……
R1=20                   （型腔长度 L 赋值）
R2=5                    （拐角半径 R 赋值）
R3=10                   （型腔深度 H 赋值）
R4=30                   （旋转角度 A 赋值）
R5=10                   （加工刀具直径赋值）
R6=0                    （型腔端点在工件坐标系中的 X 坐标值）
R7=0                    （型腔端点在工件坐标系中的 Y 坐标值）
R8=0                    （型腔端点在工件坐标系中的 Z 坐标值）
R9=3                    （深度进给量赋值）
R10=R1*COS(R4)          （节点坐标值计算）
R11=R1*SIN(R4)          （节点坐标值计算）
R12=R2*SIN(R4)          （节点坐标值计算）
R13=R2*COS(R4)          （节点坐标值计算）
IF R5<=R2*2 GOTOF AAA   （若刀具直径值小于等于型腔宽度）
M30                     （程序结束）
AAA:                    （程序跳转标记符）
R20=0                   （加工深度赋初值）
IF R5<R2*2 GOTOF CCC    （若刀具直径值小于型腔宽度）
BBB:                    （程序跳转标记符）
  G01 X=R6 Y=R7 Z=-R20+R8    （斜插加工）
  X=R10+R6 Y=R11+R7         （直线插补）
  R20=R20+R9               （加工深度递增）
IF R20<R3 GOTOB BBB     （加工条件判断）
G01 X=R6 Y=R7 Z=-R3+R8  （斜插加工）
X=R10+R6 Y=R11+R7       （直线插补）
CCC:                    （程序跳转标记符）
DDD:                    （程序跳转标记符）
  G00 X=R12+R6 Y=-R13+R7 Z=-R20+R8      （快速点定位）
  R20=R20+R9               （加工深度递增）
  IF R20<R3 GOTOF EEE     （加工深度条件判断）
  R20=R3                  （加工深度赋值）
  EEE:                    （程序跳转标记符）
  G01 X=R10+R12+R6 Y=R11-R13+R7 Z=-R20+R8  （斜插加工）
  G03 X=R10-R12+R6 Y=R11+R13+R7 CR=R2      （圆弧插补）
  G01 X=-R12+R6 Y=R13+R7       （直线插补）
  G03 X=R12+R6 Y=-R13+R7 CR=R2  （圆弧插补）
  G01 X=R10+R12+R6 Y=R11-R13+R7 （直线插补）
IF R20<R3 GOTOB DDD     （加工条件判断）
G00 Z=R8+50            （抬刀）
……
```

【例20-4】 数控铣削加工如图20-7所示连线为圆弧的腰形型腔，腰形型腔所在圆的半径为35mm，腰形型腔宽10mm，起始角度15°，圆心角45°，深8mm，试编制其加工宏程序。

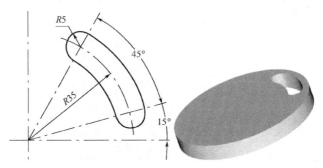

图20-7　连线为圆弧的腰形型腔

FANUC 宏程序

解：图 20-8 为连线为圆弧的腰形型腔几何参数模型。选用等于型腔宽度的铣刀加工并编制加工宏程序如下。

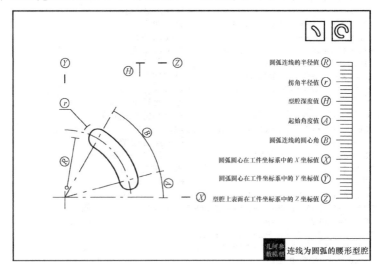

图 20-8　连线为圆弧的腰形型腔几何参数模型

```
……
#1=35                              （圆弧连线半径 R 赋值）
#2=5                               （拐角半径 r 赋值）
#3=8                               （型腔深度 H 赋值）
#4=15                              （起始角度 A 赋值）
#5=45                              （圆弧连线的圆心角 B 赋值）
#6=10                              （铣刀直径赋值）
#7=0                               （圆弧圆心在工件坐标系中的 X 坐标值）
#8=0                               （圆弧圆心在工件坐标系中的 Y 坐标值）
#9=0                               （圆弧圆心在工件坐标系中的 Z 坐标值）
#10=3                              （深度递增量赋值）
#11=#1*COS[#4]                     （计算起始点的 X 值）
#12=#1*SIN[#4]                     （计算起始点的 Y 值）
#13=#1*COS[#4+#5]                  （计算终止点的 X 值）
#14=#1*SIN[#4+#5]                  （计算终止点的 Y 值）
IF [#6NE#2*2] THEN M30             （若刀具直径选择错误程序结束）
#20=#10                            （加工深度赋初值）
G00 X[#11+#7] Y[#12+#8]            （刀具定位）
Z#9                                （刀具下降）
WHILE [#20LT#3] DO1                （加工条件判断）
  G17 G03 X[#13+#7] Y[#14+#8] R#1 Z[-#20+#9]    （螺旋插补）
  G02 X[#11+#7] Y[#12+#8] R#1     （圆弧插补修正）
  #20=#20+#10                      （加工深度递增）
END1                               （循环结束）
G17 G03 X[#13+#7] Y[#14+#8] R#1 Z[-#3+#9]   （螺旋插补至型腔底部）
G02 X[#11+#7] Y[#12+#8] R#1         （圆弧插补修正型腔底部）
……
```

华中宏程序

```
……
#1=35                              （圆弧连线半径 R 赋值）
#2=5                               （拐角半径 r 赋值）
#3=8                               （型腔深度 H 赋值）
#4=15                              （起始角度 A 赋值）
#5=45                              （圆弧连线的圆心角 B 赋值）
#6=10                              （铣刀直径赋值）
#7=0                               （圆弧圆心在工件坐标系中的 X 坐标值）
#8=0                               （圆弧圆心在工件坐标系中的 Y 坐标值）
#9=0                               （圆弧圆心在工件坐标系中的 Z 坐标值）
#10=3                              （深度递增量赋值）
#11=#1*COS[#4*PI/180]              （计算起始点的 X 值）
#12=#1*SIN[#4*PI/180]              （计算起始点的 Y 值）
#13=#1*COS[#4+#5*PI/180]           （计算终止点的 X 值）
#14=#1*SIN[#4+#5*PI/180]           （计算终止点的 Y 值）
IF #6NE#2*2                        （若刀具直径选择错误）
M30                                （程序结束）
ENDIF                              （条件结束）
```

```
#20=#10                                    （加工深度赋初值）
G00 X[#11+#7] Y[#12+#8]                     （刀具定位）
Z[#9]                                       （刀具下降）
WHILE #20LT#3                               （加工条件判断）
  G17 G03 X[#13+#7] Y[#14+#8] R[#1] Z[-#20+#9]（螺旋插补）
  G02 X[#11+#7] Y[#12+#8] R[#1]              （圆弧插补修正）
  #20=#20+#10                               （加工深度递增）
ENDW                                        （循环结束）
G17 G03 X[#13+#7] Y[#14+#8] R[#1] Z[-#3+#9]
                                            （螺旋插补至型腔底部）
G02 X[#11+#7] Y[#12+#8] R[#1]               （圆弧插补修正型腔底部）
……
```

SIEMENS 参数程序

```
……
R1=35                                       （圆弧连线半径 R 赋值）
R2=5                                        （拐角半径 r 赋值）
R3=8                                        （型腔深度 H 赋值）
R4=15                                       （起始角度 A 赋值）
R5=45                                       （圆弧连线的圆心角 B 赋值）
R6=10                                       （铣刀直径赋值）
R7=0                                        （圆弧圆心在工件坐标系中的 X 坐
                                             标值）
R8=0                                        （圆弧圆心在工件坐标系中的 Y 坐
                                             标值）
R9=0                                        （圆弧圆心在工件坐标系中的 Z 坐
                                             标值）
R10=3                                       （深度递增量赋值）
R11=R1*COS(R4)                              （计算起始点的 X 值）
R12=R1*SIN(R4)                              （计算起始点的 Y 值）
R13=R1*COS(R4+R5)                           （计算终止点的 X 值）
R14=R1*SIN(R4+R5)                           （计算终止点的 Y 值）
IF R6==R2*2 GOTOF AAA                        （若刀具直径等于型腔宽度跳转）
M30                                         （程序结束）
AAA:                                        （程序跳转标记符）
R20=R10                                      （加工深度赋初值）
G00 X=R11+R7 Y=R12+R8                        （刀具定位）
Z=R9                                        （刀具下降）
BBB:                                        （程序跳转标记符）
  G03 X=R13+R7 Y=R14+R8 CR=R1 Z=-R20+R9              （螺旋插补）
  G02 X=R11+R7 Y=R12+R8 CR=R1               （圆弧插补修正）
  R20=R20+R10                               （加工深度递增）
IF R20<R3 GOTOB BBB                          （加工条件判断）
G03 X=R13+R7 Y=R14+R8 CR=R1 Z=-R3+R9        （螺旋插补至型腔底部）
G02 X=R11+R7 Y=R12+R8 CR=R1                 （圆弧插补修正型腔底部）
……
```

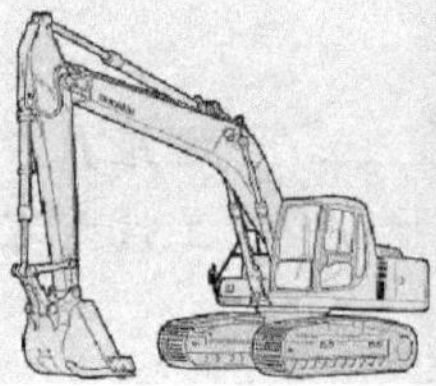

第21章
螺纹铣削

　　小直径的内螺纹一般采用丝锥攻丝完成，大直径内螺纹在数控机床上可通过螺纹铣刀采用螺旋插补指令铣削加工完成。螺纹铣刀的寿命是丝锥的十多倍，不仅寿命长，而且对螺纹直径尺寸的控制十分方便，螺纹铣削加工已逐渐成为螺纹加工的主流方式。

　　大直径的内螺纹铣刀一般为机夹式，以单刃结构居多，与车床上使用的内螺纹车刀相似。内螺纹铣刀在加工内螺纹时，编程一般不采用半径补偿指令，而是直接对螺纹铣刀刀心进行编程，如果没有特殊需求，应尽量采用顺铣方式。

　　内螺纹铣刀铣削内螺纹的工艺分析如表 21-1 所示。需要注意的是，单向切削螺纹铣刀只允许单方向切削（主轴 M03），另外机夹式螺纹铣刀适用于较大直径（$D > 25mm$）的螺纹加工。

表 21-1　内螺纹铣刀铣削螺纹的工艺分析表

主轴转向	Z轴移动方向	螺纹种类			
		右旋螺纹		左旋螺纹	
		插补指令	铣削方式	插补指令	铣削方式
主轴正转（M03）	自上而下	G02	逆铣	G03	顺铣
	自下而上	G03	顺铣	G02	逆铣

　　【例21-1】　铣削加工如图 21-1 所示内螺纹，螺纹尺寸为 M40×2.5mm，螺纹长度 36mm，试编制其铣削加工宏程序。

　　FANUC 宏程序
　　解：设工件坐标原点在工件上表面的对称中心，螺纹大径 D，

螺距 P，螺纹长度 L，选用直径 d 为 20mm 的单刃螺纹铣刀铣削加工该内螺纹，编制加工宏程序如下。

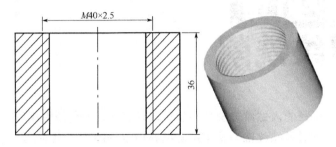

图 21-1　大直径内螺纹铣削加工

```
……
#1=40                              （螺纹大径 D 赋值）
#2=2.5                             （螺距 P 赋值）
#3=36                              （螺纹长度 L 赋值）
#4=20                              （螺纹铣刀 d 赋值）
#5=#1-2*0.54*#2                    （计算螺纹小径 D₁ 的值）
#10=#5                             （加工 X 坐标值赋初值）
#11=1                              （加工层数赋初值）
WHILE [#10LE#1] DO1                （加工条件判断）
G00 Z#2                            （刀具 Z 轴定位）
X[#10/2-#4/2] Y0                   （刀具在 XY 平面内定位）
  #20=0                            （加工深度赋初值）
  WHILE [#20LE#3] DO2              （加工条件判断）
  G02 I[#4/2-#10/2] Z-#20          （螺旋插补铣削加工螺纹）
  #20=#20+#2                       （加工深度递增）
  END2                             （循环结束）
G00 X0 Y0                          （退刀）
#10=#5+SQRT[#11]                   （加工 X 坐标值赋值）
#11=#11+1                          （加工层数递增）
END1                               （循环结束）
G00 Z50                            （抬刀）
……
```

华中宏程序

```
……
#1=40                              （螺纹大径 D 赋值）
#2=2.5                             （螺距 P 赋值）
#3=36                              （螺纹长度 L 赋值）
#4=20                              （螺纹铣刀 d 赋值）
```

```
#5=#1-2*0.54*#2                (计算螺纹小径 D₁ 的值)
#10=#5                         (加工 X 坐标值赋初值)
#11=1                          (加工层数赋初值)
WHILE #10LE#1                  (加工条件判断)
G00 Z[#2]                      (刀具 Z 轴定位)
X[#10/2-#4/2] Y0               (刀具在 XY 平面内定位)
  #20=0                        (加工深度赋初值)
  WHILE #20LE#3                (加工条件判断)
  G02 I[#4/2-#10/2] Z[-#20]    (螺旋插补铣削加工螺纹)
  #20=#20+#2                   (加工深度递增)
  ENDW                         (循环结束)
G00 X0 Y0                      (退刀)
#10=#5+SQRT[#11]               (加工 X 坐标值赋值)
#11=#11+1                      (加工层数递增)
ENDW                           (循环结束)
G00 Z50                        (抬刀)
……
```

SIEMENS 参数程序

```
……
R1=40                          (螺纹大径 D 赋值)
R2=2.5                         (螺距 P 赋值)
R3=36                          (螺纹长度 L 赋值)
R4=20                          (螺纹铣刀 d 赋值)
R5=R1-2*0.54*R2                (计算螺纹小径 D₁ 的值)
R10=R5                         (加工 X 坐标值赋初值)
R11=1                          (加工层数赋初值)
AAA:                           (程序跳转标记符)
G00 Z=R2                       (刀具 Z 轴定位)
X=R10/2-R4/2 Y0                (刀具在 XY 平面内定位)
  R20=0                        (加工深度赋初值)
  BBB:                         (程序跳转标记符)
  G02 I=R4/2-R10/2 Z=-R20      (螺旋插补铣削加工螺纹)
  R20=R20+R2                   (加工深度递增)
  IF R20<=R3 GOTOB BBB         (加工条件判断)
G00 X0 Y0                      (退刀)
R10=R5+SQRT(R11)               (加工 X 坐标值赋值)
R11=R11+1                      (加工层数递增)
IF R10<=R1 GOTOB AAA           (加工条件判断)
G00 Z50                        (抬刀)
……
```

第**22**章
球面铣削

22.1 凸球面

（1）凸球面加工刀具

如图 22-1 所示，凸球面加工使用的刀具可以选用立铣刀或球头铣刀。一般来说，凸球面粗加工使用立铣刀保证加工效率，精加工时使用球头铣刀以保证表面加工质量。

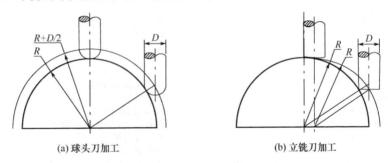

(a) 球头刀加工 　　　　　　　(b) 立铣刀加工

图 22-1　凸球面加工刀具、刀轨及参数模型示意图

采用球头刀加工凸球曲面时如图 22-1（a）所示，曲面加工是球刃完成的，其刀具中心轨迹是球面的同心球面，与球半径 R 相差一个球头刀刀具半径（$D/2$），即刀具中心轨迹半径为 $R+D/2$。

采用立铣刀加工凸球曲面时如图 22-1（b）所示，曲面加工是刀尖完成的，当刀尖沿圆弧运动时，其刀具中心运动轨迹是与球半径 R 相等的圆弧，只是位置相差一个立铣刀刀具半径（$D/2$）。

（2）凸球面加工走刀路线

凸球面加工走刀路线可以选用等高加工、切片加工和放射加工三种方式。

等高铣削加工凸球面如图 22-2（a）所示，刀具沿用一系列水平截球面截得的截交线形成的一组不同高度和直径的同心圆运动来完成走刀。在进刀控制上有从上向下进刀和从下向上进刀两种，一般应使用从下向上进刀来完成加工，此时主要利用铣刀侧刃切削，表面质量较好，端刃磨损较小，同时切削力将刀具向欠切方向推，有利于控制加工尺寸。采用从下向上进刀来完成加工时，先在半球底部铣整圆，之后 Z 轴进行抬高并改变上升后整圆的半径。

行切法（切片法）加工如图 22-2（b）所示，刀具沿用一系列垂直截球面截得的截交线形成的一组同心圆运动来完成走刀。

放射加工如图 22-2（c）所示，刀具沿从球顶向球底面均匀放射的一组圆弧运动来完成走刀，加工路线形成一种特殊的"西瓜纹"。

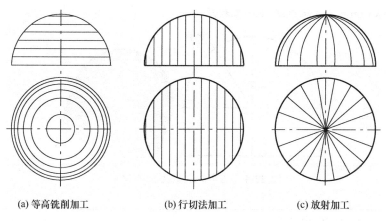

(a) 等高铣削加工　　　　(b) 行切法加工　　　　(c) 放射加工

图 22-2　凸球面加工走刀路线

（3）等高铣削加工进刀控制算法

凸球面加工一般选用等高铣削加工，其进刀控制算法主要有两种。一种计算方法如图 22-3（a）所示，先根据允许的加工误差和表面粗糙度，确定合理的 Z 向进刀量（Δh），再根据给定加工高度 h 计算出加工圆的半径 $r = \sqrt{R^2 - h^2}$，这种算法走刀次数较多。另一种计算方法如图 22-3（b）所示，是先根据允许的加工误差和表面粗糙度，确定两相邻进刀点相对球心的角度增量（$\Delta \theta$），再根据角度计算进刀点的加工圆半径 r 和加工高度 h 值，即 $h = R\sin\theta$，$r = R\cos\theta$。

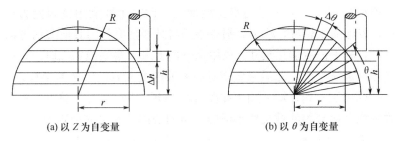

(a) 以 Z 为自变量　　　　　　(b) 以 θ 为自变量

图 22-3　等高铣削加工进刀控制算法示意图

【例 22-1】　数控铣削加工如图 22-4 所示凸半球面，球半径为 $SR30$mm，试编制其精加工程序。

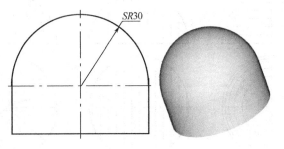

图 22-4　凸半球面数控铣削加工

FANUC 宏程序

解：设工件坐标系原点在球心，下面分别采用直径为 $\phi 8$mm 的立铣刀和球头刀采用不同方法实现该凸半球面的精加工，编制加工程序如下。

① 立铣刀从下至上等高铣削

```
……
#1=30                              （球半径 R 赋值）
#2=8                               （立铣刀刀具直径 D 赋值）
#3=0.5                             （角度递变量赋值）
#10=0                              （加工角度赋初值）
X[#1+#2] Y0                        （刀具定位）
Z0                                 （刀具下降到球底面）
  WHILE [#10LT90] DO1              （当角度小于 90°时执行循环）
  #20=#1*COS[#10]+#2/2             （计算 X 坐标值）
  #21=#1*SIN[#10]                  （计算 Z 坐标值）
  G01 X#20 Z#21                    （直线插补至切削圆的起始点）
  G02 I-#20                        （圆弧插补加工水平截交圆）
  #10=#10+#3                       （角度递增）
  END1                             （循环结束）
……
```

② 球头刀从下至上等高铣削

```
……
#1=30                              （球半径 R 赋值）
#2=8                               （球头刀刀具直径 D 赋值）
#3=0.5                             （角度递变量赋值）
#10=0                              （加工角度赋初值）
X[#1+#2] Y0                        （刀具定位）
Z0                                 （刀具下降到球底面）
  WHILE [#10LT90] DO1              （当角度小于 90°时执行循环）
  #20=[#1+#2/2]*COS[#10]           （计算 X 坐标值）
  #21=[#1+#2/2]*SIN[#10]           （计算 Z 坐标值）
  G01 X#20 Z#21                    （直线插补至切削圆的起始点）
  G02 I-#20                        （圆弧插补加工水平截交圆）
  #10=#10+#3                       （角度递增）
  END1                             （循环结束）
……
```

③ 球头刀行切

```
……
#1=30                              （球半径赋值）
#2=8                               （刀具直径赋值）
#3=90                              （加工角度赋初值）
#4=1                               （角度递变量赋值）
N10                                （程序跳转标记符）
#3=#3-#4                           （角度递减）
#24=[#1+#2/2]*COS[#3]              （计算 X 坐标值）
#25=[#1+#2/2]*SIN[#3]              （计算 Y 坐标值）
G17 G02 X#24 Y#25 R[#1+#2/2]       （圆弧插补到切削起点）
```

```
G18 G02 X-#24 R#24                    （XZ 平面圆弧插补）
G18 G03 X#24 R#24                     （XZ 平面圆弧插补原路返回）
IF [#3GT-90] GOTO10                   （条件判断）
……
```

④ 球头刀从下至上螺旋铣削

```
……
#1=30                                 （球半径 R 赋值）
#2=8                                  （球头刀刀具直径 D 赋值）
#3=0.5                                （角度递变量赋值）
#10=0                                 （加工角度赋初值）
Z0                                    （刀具下降到球底面）
G01 X[#1+#2/2] Y0                     （进刀到切削起点）
  WHILE [#10LT90] DO1                 （当角度小于 90°时执行循环）
  #20=[#1+#2/2]*COS[#10]              （计算 X 坐标值）
  #21=[#1+#2/2]*SIN[#10]              （计算 Z 坐标值）
  G17 G02 X#20 I-#20 Z#21             （螺旋插补加工）
  #10=#10+#3                          （角度递增）
  END1                                （循环结束）
……
```

⑤ 球头刀放射加工

```
……
#1=30                                 （球半径 R 赋值）
#2=8                                  （球头刀刀具直径 D 赋值）
#3=1                                  （角度递变量赋值）
#10=0                                 （旋转角度赋初值）
#11=#1+#2/2                           （计算 R+D/2）
WHILE [#10LT180] DO1                  （当角度小于 180°时执行循环）
G17 G68 X0 Y0 R#10                    （坐标旋转设定）
  G00 X[#1+#2] Y0                     （刀具定位）
  #20=0                               （角度赋初值）
  WHILE [#20LT180] DO2                （圆弧加工条件判断）
  #30=#11*COS[#20]                    （计算圆弧加工的 X 坐标值）
  #31=#11*SIN[#20]                    （计算圆弧加工的 Y 坐标值）
  G01 X#30 Z#31                       （直线插补加工圆弧）
  #20=#20+#3                          （角度递增）
  END2                                （循环结束）
  G00 Z[#1+#2]                        （抬刀）
G69                                   （取消坐标旋转）
#10=#10+#3                            （角度递增）
END1                                  （循环结束）
……
```

华中宏程序

```
......
#1=30                                    （球半径 R 赋值）
#2=8                                     （球头刀刀具直径 D 赋值）
#3=0.5                                   （角度递变量赋值）
#10=0                                    （加工角度赋初值）
Z0                                       （刀具下降到球底面）
G01 X[#1+#2/2] Y0                        （进刀到切削起点）
  WHILE #10LT90                          （当角度小于 90°时执行循环）
  #20=[#1+#2/2]*COS[#10*PI/180]          （计算 X 坐标值）
  #21=[#1+#2/2]*SIN[#10*PI/180]          （计算 Z 坐标值）
  G17 G02 X[#20] I[-#20] Z[#21]          （螺旋插补加工）
  #10=#10+#3                             （角度递增）
  ENDW                                   （循环结束）
......
```

SIEMENS 参数程序

```
......
R1=30                                    （球半径 R 赋值）
R2=8                                     （球头刀刀具直径 D 赋值）
R3=0.5                                   （角度递变量赋值）
R10=0                                    （加工角度赋初值）
Z0                                       （刀具下降到球底面）
G01 X=R1+R2/2 Y0                         （进刀到切削起点）
  AAA:                                   （程序跳转标记符）
  R20=(R1+R2/2)*COS(R10)                 （计算 X 坐标值）
  R21=(R1+R2/2)*SIN(R10)                 （计算 Z 坐标值）
  G17 G02 X=R20 I=-R20 Z=R21             （螺旋插补加工）
  R10=R10+R3                             （角度递增）
  IF R10<90 GOTOB AAA                    （当角度小于 90°时执行循环）
......
```

【例 22-2】 如图 22-5 所示，在 60mm×60mm 的方形坯料上加工出球半径为 SR25mm 的凸半球面，试编制其数控铣削粗加工宏程序。

FANUC 宏程序

解： 设工件坐标系原点在上表面中心（即球顶点），编制加工程序如下。

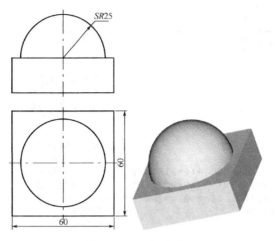

图 22-5　凸半球面

① 立铣刀从上至下等高铣削

```
……
#1=25                                    （球半径 R 赋值）
#2=60                                    （方形毛坯边长赋值）
#3=12                                    （立铣刀刀具直径 D 赋值）
#10=0.7*#3                               （粗加工行距赋值，取 0.7 倍刀具
                                          直径）
#11=3                                    （每层加工深度赋值）
#12=#11                                  （加工深度赋初值）
WHILE [#12LT#1] DO1                      （加工深度条件判断）
IF [[#12+#11]GE#1] THEN #12=#1           （Z 轴方向最后一层加工条件判断）
G00 X[SQRT[2]*[#2/2]+#3/2] Y0            （刀具移动到工件之外）
Z-#12                                    （刀具下降到加工平面）
   #20=SQRT[2]*[#2/2]                    （计算方形毛坯外接圆半径）
   #21=SQRT[#1*#1-[#1-#12]*[#1-#12]]     （计算加工层的截圆半径）
   WHILE [#20GT#21] DO2                  （每层加工循环条件判断）
   IF [[#20-#10]LE#21] THEN #20=#21+0.1  （XY 平面最后一圈加工条件判
                                          断，留 0.1mm 精加工余量）
   G01 X[#20+#3/2] Y0                    （直线插补至切削起点）
   G02 I[-#20-#3/2]                      （粗加工圆弧插补）
   #20=#20-#10                           （粗加工圆半径递减）
   END2                                  （每层加工循环结束）
#12=#12+#11                              （加工深度递增）
END1                                     （深度加工循环结束）
G00 Z50                                  （抬刀）
……
```

② 球头刀插式铣削

```
……
#1=25                                    （球半径 R 赋值）
#2=60                                    （方形毛坯边长赋值）
#3=12                                    （球刀刀具直径 D 赋值）
#4=0.4*#3                                 （粗加工行距赋值，取 0.4 倍刀具直径）
#5=#1+#3*0.5                              （计算球半径加球头刀半径的值）
#6=#2*0.5                                 （计算方形边长的一半的值）
#10=-#6                                   （加工 Y 坐标赋初值）
WHILE [#10LE#6] DO1                       （加工条件判断）
  #20=#6                                  （加工 X 坐标赋初值）
  WHILE [#20GE-#6] DO2                    （加工条件判断）
  #30=SQRT[#5*#5-#10*#10]                 （计算加工圆半径）
  #40=-#1                                 （加工 Z 坐标赋值）
  IF [ABS[#20]LT#30] THEN #40=SQRT[#30*#30-#20*#20]-#1
                                          （加工 Z 坐标判断）
  G99 G81 X#20 Y#10 Z#40 R2               （插铣）
  #20=#20-#4                              （加工 X 坐标递减）
  END2                                    （循环结束）
#10=#10+#4                                （加工 Y 坐标递增）
END1                                      （循环结束）
……
```

③ 立铣刀插式铣削

```
……
#1=25                                    （球半径 R 赋值）
#2=60                                    （方形毛坯边长赋值）
#3=12                                    （立铣刀刀具直径 D 赋值）
#4=3                                     （行距赋值）
#5=10                                    （角度递变量赋值）
#6=SQRT[2]*#2*0.5                         （计算最大加工半径）
#7=#3*0.5                                 （计算刀具半径）
#10=#3                                    （加工半径赋初值）
WHILE [#10LE#6] DO1                       （加工条件判断）
  #20=0                                   （加工角度赋初值）
  WHILE [#20LT360] DO2                    （圆周加工条件判断）
  #30=#10*COS[#20]                        （计算 X 坐标值）
  #31=#10*SIN[#20]                        （计算 Y 坐标值）
  #32=-#1                                 （加工 Z 坐标值）
  IF [#10LT[#1+#7]] THEN #32=SQRT[#1*#1-[#10-#7]*[#10-#7]]-#1
                                          （加工 Z 坐标值计算）
  IF [ABS[#30]GT#2*0.5] GOTO1             （超出边界跳转）
  IF [ABS[#31]GT#2*0.5] GOTO1             （超出边界跳转）
  G99 G81 X#30 Y#31 Z#32 R2               （插式铣削）
  N1                                      （程序跳转标记符）
```

```
    #20=#20+#5                    (加工角度递增)
    END2                          (循环结束)
#10=#10+#4                        (加工半径递增)
END1                              (循环结束)
……
```

华中宏程序

```
……
#1=25                             (球半径 R 赋值)
#2=60                             (方形毛坯边长赋值)
#3=12                             (立铣刀刀具直径 D 赋值)
#10=0.7*#3                        (粗加工行距赋值，取 0.7 倍刀具直径)
#11=3                             (每层加工深度赋值)
#12=#11                           (加工深度赋初值)
WHILE #12LT#1                     (加工深度条件判断)
IF [#12+#11]GE#1                  (Z 轴方向最后一层加工条件判断)
#12=#1                            (将球半径#1 赋给加工深度#12)
ENDIF                             (结束条件)
G00 X[SQRT[2]*[#2/2]+#3/2] Y0     (刀具移动到工件之外)
Z[-#12]                           (刀具下降到加工平面)
    #20=SQRT[2]*[#2/2]            (计算方形毛坯外接圆半径)
    #21=SQRT[#1*#1-[#1-#12]*[#1-#12]]   (计算加工层的截圆半径)
    WHILE #20GT#21                (每层加工循环条件判断)
    IF [#20-#10]LE#21             (XY 平面最后一圈加工条件判断)
    #20=#21+0.1                   (XY 平面最后一圈留 0.1mm 精加工余量)
    ENDIF                         (结束条件)
    G01 X[#20+#3/2] Y0            (直线插补至切削起点)
    G02 I[-#20-#3/2]              (粗加工圆弧插补)
    #20=#20-#10                   (粗加工圆半径递减)
    ENDW                          (每层加工循环结束)
#12=#12+#11                       (加工深度递增)
ENDW                              (深度加工循环结束)
G00 Z50                           (抬刀)
……
```

SIEMENS 参数程序

```
……
R1=25                             (球半径 R 赋值)
R2=60                             (方形毛坯边长赋值)
R3=12                             (立铣刀刀具直径 D 赋值)
R10=0.7*R3                        (粗加工行距赋值，取 0.7 倍刀具直径)
R11=3                             (每层加工深度赋值)
R12=R11                           (加工深度赋初值)
AAA:                              (加工深度条件判断)
```

```
IF R12+R11<R1 GOTOF BBB          (Z轴方向最后一层加工条件判断)
R12=R1                           (将球半径 R1 赋给加工深度 R12)
BBB:                             (结束条件)
G00 X=SQRT(2)*(R2/2)+R3/2 Y0     (刀具移动到工件之外)
Z=-R12                           (刀具下降到加工平面)
  R20=SQRT(2)*(R2/2)             (计算方形毛坯外接圆半径)
  R21=SQRT(R1*R1-(R1-R12)*(R1-R12))  (计算加工层的截圆半径)
  CCC:                           (每层加工循环条件判断)
  IF R20-R10>R21 GOTOF DDD       (XY 平面最后一圈加工条件判断)
  R20=R21+0.1                    (XY 平面最后一圈留 0.1mm 精加工余量)
  DDD:                           (结束条件)
  G01 X=R20+R3/2 Y0              (直线插补至切削起点)
  G02 I=-R20-R3/2                (粗加工圆弧插补)
  R20=R20-R10                    (粗加工圆半径递减)
  IF R20>R21 GOTOB CCC           (每层加工循环结束)
R12=R12+R11                      (加工深度递增)
IF R12<R1 GOTOB AAA              (深度加工循环结束)
G00 Z50                          (抬刀)
……
```

22.2 凹球面

凹球面数控铣削加工可选用立铣刀或球头铣刀加工，设球面半径为 R，刀具直径为 D，采用立铣刀和球头铣刀加工的刀具轨迹及几何参数模型分别如图 22-6（a）、（b）所示，立铣刀刀位点轨迹为偏移了一个刀具半径的与球半径 R 相同半径的圆弧，球头刀刀位点轨迹为一个半径为 $R-D/2$ 的与球同心的圆弧。

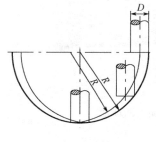

(a) 立铣刀铣削加工

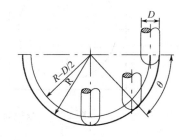

(b) 球头刀铣削加工

图 22-6　立铣刀和球头刀加工凹球面刀具轨迹及参数模型

由于立铣刀加工内球面与球头刀加工凹球面相比，效率较高，质量较差，并且无法加工凹球面顶部。如图 22-7（a）所示阴影部分为过切区域，为保证不过切，如图 22-7（b）所示可加工至凹球面上的 A 点，所以可选择立铣刀粗加工凹球面，然后采用球头刀精加工。

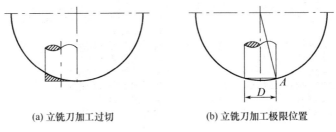

(a) 立铣刀加工过切   (b) 立铣刀加工极限位置

图 22-7 立铣刀加工凹球面

【例 22-3】 数控铣削加工如图 22-8 所示球半径为 $SR25\text{mm}$ 的凹球面，试编制其球面加工宏程序。

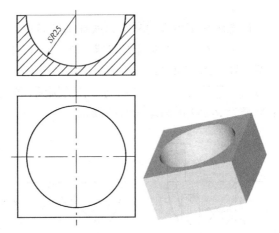

图 22-8 数控铣削加工凹球面

FANUC 宏程序

解：设工件坐标原点在球心，选用直径为 $\phi 8\text{mm}$ 的球头刀螺旋铣削加工该凹球面，编制加工宏程序如下。

```
……
#1=25                           （凹球半径 R 赋值）
#2=8                            （球头刀直径 D 赋值）
#3=#1-#2/2                      （计算 R-D/2）
#4=0.5                          （角度递变量赋值）
#10=0                           （加工角度赋初值）
G00 X0 Y0                       （刀具定位）
Z0                              （下刀）
G02 X#3 Y0 R[#3/2]              （圆弧切入）
WHILE [#10LT90] DO1             （加工循环条件判断）
  #20=#3*COS[#10]               （计算 r 值，亦即 X 坐标值）
  #21=#3*SIN[#10]               （计算加工深度 h 值）
  G17 G02 X#20 I-#20 Z-#21      （螺旋插补加工凹球面）
  #10=#10+#4                    （加工角度递增）
END1                            （循环结束）
……
```

华中宏程序

```
……
#1=25                           （凹球半径 R 赋值）
#2=8                            （球头刀直径 D 赋值）
#3=#1-#2/2                      （计算 R-D/2）
#4=0.5                          （角度递变量赋值）
#10=0                           （加工角度赋初值）
G00 X0 Y0                       （刀具定位）
Z0                              （下刀）
G02 X[#3] Y0 R[#3/2]            （圆弧切入）
WHILE #10LT90                   （加工循环条件判断）
  #20=#3*COS[#10*PI/180]        （计算 r 值，亦即 X 坐标值）
  #21=#3*SIN[#10*PI/180]        （计算加工深度 h 值）
  G17 G02 X[#20] I[-#20] Z[-#21] （螺旋插补加工凹球面）
  #10=#10+#4                    （加工角度递增）
ENDW                            （循环结束）
……
```

SIEMENS 参数程序

```
……
R1=25                           （凹球半径 R 赋值）
R2=8                            （球头刀直径 D 赋值）
R3=R1-R2/2                      （计算 R-D/2）
R4=0.5                          （角度递变量赋值）
R10=0                           （加工角度赋初值）
```

```
G00 X0 Y0              （刀具定位）
Z0                     （下刀）
G02 X=R3 Y0 R=R3/2     （圆弧切入）
AAA:                   （程序跳转标记符）
  R20=R3*COS(R10)      （计算 r 值，亦即 X 坐标值）
  R21=R3*SIN(R10)      （计算加工深度 h 值）
  G17 G02 X=R20 I=-R20 Z=-R21  （螺旋插补加工凹球面）
  R10=R10+R4           （加工角度递增）
IF R10<90 GOTOB AAA    （加工循环条件判断）
……
```

【例 22-4】 如图 22-9 所示凹球面，凹球面半径为 $SR25$mm，球底距离工件上表面 20mm，试编制其加工宏程序。

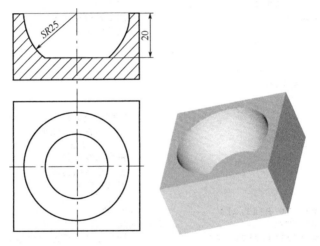

图 22-9　凹球面的加工

FANUC 宏程序

解：设工件坐标点在球心，选用直径为 $\phi 8$mm 的立铣刀从上至下等高铣削加工该凹球面，编制加工宏程序如下。

```
……
#1=25         （凹球半径 R 赋值）
#2=20         （球底距工件上表面距离赋值）
#3=8          （立铣刀直径 D 赋值）
#4=0.2        （深度递变量赋值）
#10=#4        （加工深度赋初值）
```

```
G00 X[#1-#3*0.5] Y0                  （刀具定位）
Z0                                   （下刀）
WHILE [#10LE#2] DO1                  （加工循环条件判断）
  #20=SQRT[#1*#1-#10*#10]-#3/2       （计算截圆半径）
  G18 G03 X#20 Z-#10 R#1             （刀具定位）
  G17 G03 I-#20                      （圆弧插补加工凹球面）
  #10=#10+#4                         （加工深度递增）
END1                                 （循环结束）
G00 Z50                              （抬刀）
……
```

下面是采用螺旋铣削加工凹球面编制的宏程序。

```
……
#1=25                                （凹球半径 R 赋值）
#2=20                                （球底距工件上表面距离赋值）
#3=8                                 （立铣刀直径 D 赋值）
#4=0.2                               （深度递变量赋值）
#10=0                                （加工深度赋初值）
G00 X[#1-#3/2] Y0                    （刀具定位）
Z2                                   （刀具下降到安全平面）
G01 Z0                               （下刀到加工平面）
WHILE [#10LT#2] DO1                  （加工循环条件判断）
  #20=SQRT[#1*#1-#10*#10]-#3/2       （计算截圆半径）
  G17 G03 X#20 I-#20 Z-#10           （螺旋插补加工凹球面）
  #10=#10+#4                         （加工深度递增）
END1                                 （循环结束）
#21=SQRT[#1*#1-#2*#2]-#3/2           （计算孔底截圆半径）
G03 X#21 I-#21 Z-#2                  （螺旋插补加工至孔底）
I-#21                                （圆弧插补加工孔底）
G00 Z50                              （抬刀）
……
```

华中宏程序

```
……
#1=25                                （凹球半径 R 赋值）
#2=20                                （球底距工件上表面距离赋值）
#3=8                                 （立铣刀直径 D 赋值）
#4=0.2                               （深度递变量赋值）
#10=0                                （加工深度赋初值）
G00 X[#1-#3/2] Y0                    （刀具定位）
Z2                                   （刀具下降到安全平面）
G01 Z0                               （下刀到加工平面）
WHILE #10LT#2                        （加工循环条件判断）
  #20=SQRT[#1*#1-#10*#10]-#3/2       （计算截圆半径）
  G17 G03 X[#20] I[-#20] Z[-#10]     （螺旋插补加工凹球面）
```

```
   #10=#10+#4                          （加工深度递增）
ENDW                                   （循环结束）
#21=SQRT[#1*#1-#2*#2]-#3/2             （计算孔底截圆半径）
G03 X[#21] I[-#21] Z[-#2]             （螺旋插补加工至孔底）
I[-#21]                                （圆弧插补加工孔底）
G00 Z50                                （抬刀）
……
```

SIEMENS 参数程序

```
……
R1=25                                  （凹球半径 R 赋值）
R2=20                                  （球底距工件上表面距离赋值）
R3=8                                   （立铣刀直径 D 赋值）
R4=0.2                                 （深度递变量赋值）
R10=0                                  （加工深度赋初值）
G00 X=R1-R3/2 Y0                       （刀具定位）
Z2                                     （刀具下降到安全平面）
G01 Z0                                 （下刀到加工平面）
AAA:                                   （程序跳转标记符）
  R20=SQRT(R1*R1-R10*R10)-R3/2         （计算截圆半径）
  G17 G03 X=R20 I=-R20 Z=-R10          （螺旋插补加工凹球面）
  R10=R10+R4                           （加工深度递增）
IF R10<R2 GOTOB AAA                    （加工循环条件判断）
R21=SQRT(R1*R1-R2*R2)-R3/2             （计算孔底截圆半径）
G03 X=R21 I=-R21 Z=-R2                 （螺旋插补加工至孔底）
I=-R21                                 （圆弧插补加工孔底）
G00 Z50                                （抬刀）
……
```

22.3 椭球面

如图 22-10 所示半椭球，椭球半轴长分别为 a、b、c，其标准方程为

$$\frac{x^2}{a^2}+\frac{y^2}{b^2}+\frac{z^2}{c^2}=1$$

椭球的特征之一是用一组水平截平面去截切椭球，则任一截平面与椭球面的截交线均为椭圆（特殊情况下为圆，如图 22-11 所示）。

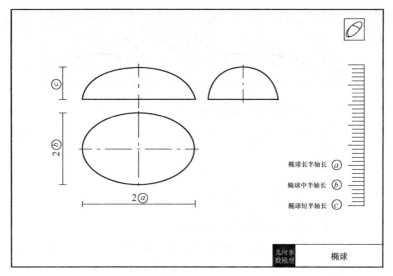

图 22-10　椭球几何参数模型

如图 22-11 所示为在某一 Z 轴高度上用 XOY 平面截椭球截得的椭圆（图中细实线，所在高度用 z 表示，椭圆半轴分别用 a'、b' 表示），由图可得 a'、b' 和 z 的计算式为：

$$\begin{cases} a' = a \times \cos t \\ b' = b \times \cos t \\ z = c \times \sin t \end{cases}$$

式中，a、b、c 分别为椭球的长半轴、中半轴、短半轴，t 为离心角。宏程序中可以 t 值的递增来改变截面 Z 轴高度。

数控铣削加工椭球面时，可选择球头刀或立铣刀采用从下往上或从上往下在 Z 轴上分层等高环绕铣削完成椭球面的加工，即刀具先定位到某一 Z 值高度的 XOY 平面，在 XOY 平面内走一个椭圆，该椭圆为用 XOY 平面截椭球得到的截面形状，然后将刀具在 Z 轴方向提升（降低）一个高度，刀具在这个 Z 轴高度上再加工一个用 XOY 平面截椭球得到的新椭圆截面，如此不断重复，直到加工完整个椭球。

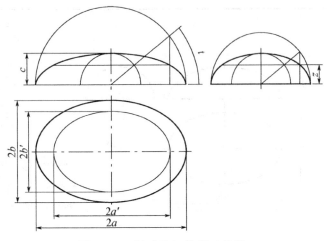

图 22-11　椭球几何关系示意图

【例 22-5】　数控铣削加工如图 22-12 所示椭半球，椭圆长轴 72mm，中轴 44mm，短半轴 20mm，试编制其椭球面加工宏程序。

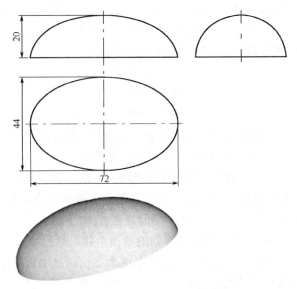

图 22-12　椭半球面铣削加工

FANUC 宏程序

解： ① 立铣刀铣削加工椭球面　立铣刀加工凸椭球面可采用等高层内加刀具半径补偿方式，用矢量运算的方法生成理想的刀具中心运动轨迹。采用立铣刀加工椭球面，编程相对容易，但精度及表面粗糙度较差。

设工件坐标系原点在椭球中心，若选用直径为 $\phi 12mm$ 立铣刀铣削加工，编制加工程序如下。

......

```
#1=36                        （椭球长半轴 a 赋值）
#2=22                        （椭球中半轴 b 赋值）
#3=20                        （椭球短半轴 c 赋值）
#4=2                         （离心角 t 递变量）
#10=0                        （XZ 平面椭圆离心角 t 赋初值）
WHILE [#10LT90] DO1          （加工条件判断）
#11=#1*COS[#10]              （计算 a´ 值）
#12=#2*COS[#10]              （计算 b´ 值）
#13=#3*SIN[#10]              （计算 z 坐标值）
G00 Z#13                     （刀具下降到加工截平面）
G42 X#11 Y-10 D01            （建立刀具半径补偿）
G01 Y0                       （直线插补至切削起点）
  #20=0                      （XY 截平面椭圆离心角 t 赋初值）
  WHILE [#20LE360] DO2       （截平面椭圆截交线加工条件判断）
  #21=#11*COS[#20]           （计算 x 坐标值）
  #22=#12*SIN[#20]           （计算 y 坐标值）
  G01 X#21 Y#22              （直线插补逼近椭圆截交线）
  #20=#20+#4                 （XY 截平面椭圆离心角 t 递增）
  END2                       （循环结束）
#10=#10+#4                   （XZ 平面椭圆离心角 t 递增）
G00 G40 X#1 Y-50             （取消刀具半径补偿）
END1                         （循环结束）
```

② 球头刀铣削加工椭球面　考虑要获得较高的加工精度，宜采用球头刀以由下至上的等高环绕切削法加工椭球面。对于球头刀加工凸椭球面可采用球刀刀具中心走将椭球长、中、短半轴均增大一个刀具半径值所形成的椭球面包络线来实现，即如 XY 平面参数方程为

$$\begin{cases} (a+r)\times\cos t \\ (b+r)\times\sin t \end{cases}$$

的椭圆，但该方程与原椭圆的轴长、刀具半径、离心角均有关，所以这种近似代替可能在一定条件下会带来较大的形状误差。为避免这种情况，下面采用另外一种处理方法。

通过分析可得，球头刀在椭球面上加工切触点位置与椭球面相切，则球刀中心轨迹为向外偏置球刀半径后的等距线，在 XOZ 平面内的椭圆等距线的参数方程为（推导过程略）：

$$\begin{cases} x = a \times \cos t + m \\ z = c \times \sin t + n \end{cases}$$

$XO'Y$ 水平截平面内的椭圆等距线参数方程为：

$$\begin{cases} x = a' \times \cos t' + \dfrac{b' \times m \times \cos t'}{\sqrt{(a' \times \sin t')^2 + (b' \times \cos t')^2}} \\ y = b' \times \sin t' + \dfrac{a' \times m \times \sin t'}{\sqrt{(a' \times \sin t')^2 + (b' \times \cos t')^2}} \end{cases}$$

其中，$a' = a \times \cos t$，$b' = b\cos t$，$m = \dfrac{c \times r \times \cos t}{\sqrt{(a \times \sin t)^2 + (c \times \cos t)^2}}$，

$n = \dfrac{a \times r \times \sin t}{\sqrt{(a \times \sin t)^2 + (c \times \cos t)^2}}$，$t$ 为 XZ 平面内椭圆离心角，t' 为 XY 平面内椭圆离心角。

设工件坐标原点在椭球中心，选用直径为 $\phi 8mm$ 的球头刀铣削加工椭球面，编制加工程序如下。

```
……
#1=36                              （椭球长半轴 a 赋值）
#2=22                              （椭球中半轴 b 赋值）
#3=20                              （椭球短半轴 c 赋值）
#4=4                               （球头刀刀具半径 r 赋值）
#5=2                               （离心角 t 递变量）
G00 X100 Y100 Z50                  （快进至起刀点）
X[#1+#4+10] Y0                     （刀具定位）
Z0                                 （下刀到加工平面）
G01 X[#1+#4]                       （直线插补到切削起点）
#10=0                              （XZ 平面内椭圆离心角 t 赋初值）
WHILE [#10LT90] DO1                （XZ 平面椭圆曲线加工判断）
#11=#3*#4*COS[#10]/SQRT[#1*#1*SIN[#10]*SIN[#10]+#3*#3*COS[#
10]*COS[10]]
                                   （计算 m 值）
```

```
#12=#1*#4*SIN[#10]/SQRT[#1*#1*SIN[#10]*SIN[#10]+#3*#3*COS[#
10]*COS[#10]]
```
    （计算 n 值）
```
#13=#1*COS[#10]
```
    （计算 a' 值）
```
#14=#2*COS[#10]
```
    （计算 b' 值）
```
#15=#3*SIN[#10]+#12
```
    （计算加工平面 z 坐标值）
```
G01 X[#13+#11] Z#15 Y0
```
    （XZ 平面直线插补逼近椭圆曲线）
```
  #20=360
```
    （XY 平面内椭圆离心角 t' 赋初值）
```
  WHILE [#20GE0] DO2
```
    （XY 平面截平面椭圆曲线加工判断）
```
#21=#13*COS[#20]+#14*#11*COS[#20]/SQRT[#13*#13*SIN[#20]*SIN
[#20]+#14*#14*COS[#20]*COS[#20]]
```
    （计算 x 坐标值）
```
#22=#14*SIN[#20]+#13*#11*SIN[#20]/SQRT[#13*#13*SIN[#20]*SIN
[#20]+#14*#14*COS[#20]*COS[#20]]
```
    （计算 y 坐标值）
```
  G01 X#21 Y#22
```
    （直线插补逼近 XY 平面截椭圆曲线）
```
  #20=#20-#5
```
    （离心角 t' 递减）
```
  END2
```
    （循环结束）
```
#10=#10+#5
```
    （离心角 t 递增）
```
END1
……
```
    （循环结束）

③ 立铣刀放射"西瓜纹"加工椭球 如图 22-13 所示，若采用一系列绕椭球顶点旋转的铅垂面去截切椭球，其截交线为椭圆（证明过程略），则该椭圆长半轴为 a'（a' 的值随着 A—A 铅垂面的旋转角度 θ 变化而变化），短半轴仍为椭球的短半轴 c，该截交线可作为铣削加工椭球面的加工路径（刀具切触线），沿这一系列椭圆截交线加工即可实现椭球面的交叉放射加工。则相关计算式如下：

$$a' = \sqrt{x^2 + y^2}$$
$$x' = a' \times \cos t'$$
$$z = c \times \sin t'$$

其中，x、y 为 P 点的坐标值，其值分别为 $x = a \times \cos t$、$y = b \times \sin t$，t 为 XY 平面椭圆 P 点的离心角，θ 为 XY 平面椭圆 P 点的圆心角（如图所示亦即 A—A 铅垂面的旋转角度 θ），离心角 t 和圆心角 θ 的关系为 $\tan t = \dfrac{a}{b} \times \tan \theta$。$x'$、$z$ 分别为椭圆截交线上 M 点在未旋转 θ 度时的 x、z 坐标值，t' 为 XZ 平面椭圆 M 点未旋转前的离心角。

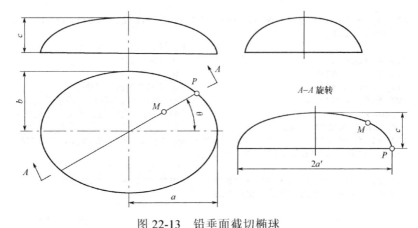

图 22-13　铅垂面截切椭球

　　下面采用从椭球顶点交叉放射加工的方式加工椭球面（加工刀路呈"西瓜纹"），编制加工程序如下。

```
……
#1=36                          （椭球长半轴 a 赋值）
#2=22                          （椭球中半轴 b 赋值）
#3=20                          （椭球短半轴 c 赋值）
#4=10                          （立铣刀直径赋值）
#5=2                           （角度递增量）
G00 X100 Y100 Z50              （快进至起刀点）
X[#1+#4*0.5+10] Y0             （刀具定位）
Z0                             （下刀到加工平面）
G01 X[#1+#4*0.5]              （进刀到切削起点）
#10=0                          （XY 平面椭圆圆心角 θ 赋初值）
WHILE [#10LT360] DO1           （加工条件判断）
#11=ATAN[TAN[#10]*#1/#2]       （计算 XY 平面椭圆离心角 t）
#12=#1*COS[#11]                （计算 XY 平面 P 点的 x 坐标值）
#13=#2*SIN[#11]                （计算 XY 平面 P 点的 y 坐标值）
#14=SQRT[#12*#12+#13*#13]      （计算椭圆长半轴 a′）
G68 X0 Y0 R#10                 （坐标旋转设定）
G01 X[#14+#4*0.5] Y0          （直线插补到 P 点）
  #20=0                        （XZ 平面椭圆离心角 t 赋初值）
  WHILE [#20LE90] DO2          （加工条件判断）
  #21=#14*COS[#20]             （计算 XZ 平面 M 点的 x 坐标值）
  #22=#3*SIN[#20]              （计算 XZ 平面 M 点的 z 坐标值）
  G01 X[#21+#4*0.5] Z#22      （直线插补椭圆曲线，注意考虑了刀具半
                                径补偿值）
  #20=#20+#5                   （XZ 平面椭圆离心角 t 递增）
  END2                         （循环结束）
```

```
G00 X[#14+#4*0.5] Y0              （返回）
Z0                                （下刀）
G69                               （取消坐标旋转）
#10=#10+#5                        （XY平面椭圆圆心角 θ 递增）
END1                              （循环结束）
G00 Z50                           （抬刀）
……
```

华中宏程序

```
……
#1=36                             （椭球长半轴 a 赋值）
#2=22                             （椭球中半轴 b 赋值）
#3=20                             （椭球短半轴 c 赋值）
#4=2                              （离心角 t 递变量）
#10=0                             （XZ 平面椭圆离心角 t 赋初值）
WHILE #10LT90                     （加工条件判断）
#11=#1*COS[#10*PI/180]            （计算 a′值）
#12=#2*COS[#10*PI/180]            （计算 b′值）
#13=#3*SIN[#10*PI/180]            （计算 z 坐标值）
G00 Z[#13]                        （刀具下降到加工截平面）
G42 X[#11] Y-10 D01               （建立刀具半径补偿）
G01 Y0                            （直线插补至切削起点）
  #20=0                           （XY 截平面椭圆离心角 t 赋初值）
  WHILE #20LE360                  （截平面椭圆截交线加工条件判断）
  #21=#11*COS[#20*PI/180]         （计算 x 坐标值）
  #22=#12*SIN[#20*PI/180]         （计算 y 坐标值）
  G01 X[#21] Y[#22]               （直线插补逼近椭圆截交线）
  #20=#20+#4                      （XY 截平面椭圆离心角 t 递增）
  ENDW                            （循环结束）
#10=#10+#4                        （XZ 平面椭圆离心角 t 递增）
G00 G40 X[#1] Y-50                （取消刀具半径补偿）
ENDW                              （循环结束）
……
```

SIEMENS 参数程序

```
……
R1=36                             （椭球长半轴 a 赋值）
R2=22                             （椭球中半轴 b 赋值）
R3=20                             （椭球短半轴 c 赋值）
R4=2                              （离心角 t 递变量）
R10=0                             （XZ 平面椭圆离心角 t 赋初值）
AAA:                              （程序跳转标记符）
R11=R1*COS(R10)                   （计算 a′值）
R12=R2*COS(R10)                   （计算 b′值）
```

```
R13=R3*SIN(R10)               （计算 z 坐标值）
G00 Z=R13                     （刀具下降到加工截平面）
G42 X=R11 Y-10 D01            （建立刀具半径补偿）
G01 Y0                        （直线插补至切削起点）
  R20=0                       （XY 截平面椭圆离心角 t 赋初值）
  BBB:                        （程序跳转标记符）
  R21=R11*COS(R20)            （计算 x 坐标值）
  R22=R12*SIN(R20)            （计算 y 坐标值）
  G01 X=R21 Y=R22             （直线插补逼近椭圆截交线）
  R20=R20+R4                  （XY 截平面椭圆离心角 t 递增）
  IF R20<=360 GOTOB BBB       （截平面椭圆截交线加工条件判断）
R10=R10+R4                    （XZ 平面椭圆离心角 t 递增）
G00 G40 X=R1 Y-50             （取消刀具半径补偿）
IF R10<90 GOTOB AAA           （加工条件判断）
……
```

第23章

凸台面铣削

23.1 圆锥台

如图 23-1 所示，设圆锥台零件底圆直径为 A，顶圆直径为 B，圆台高度为 H，则圆锥台的锥度

$$c = \frac{A - B}{H}$$

任一高度 h 上的圆锥台截圆半径为

$$R = \frac{B + hc}{2}$$

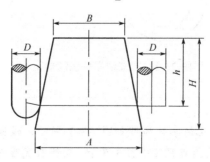

图 23-1 圆锥台几何关系示意图

选择直径为 D 的立铣刀加工任一高度 h 的圆锥台截圆时，刀位点与圆锥台轴线的距离为

$$L = R + D / 2$$

而选择直径为 D 的球头刀加工任一高度 h 的圆锥台截圆时，球

头刀刀位点与圆锥台轴线的距离为

$$L = \frac{B+hc}{2} + \frac{D}{2} \times \cos[a\tan[\frac{A-B}{2H}]]$$

球头刀刀位点与圆锥台上表面的距离为

$$h_1 = h - \frac{D}{2} \times \sin[a\tan[\frac{A-B}{2H}]]$$

【例 23-1】 数控铣削加工如图 23-2 所示外圆锥台面，大径 ϕ30mm，小径 ϕ20mm，高度 25mm，试编制其加工宏程序。

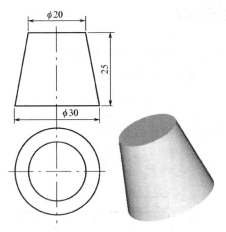

图 23-2 圆锥台零件铣削加工

FANUC 宏程序

解: 圆锥台几何参数模型如图 23-3 所示，设圆锥台底圆直径（大径）为 D，顶圆直径（小径）为 d，圆锥台高度为 H，设工件坐标系原点在圆锥台上表面中心。

① 等高铣削加工 用一组水平的截面去截圆锥台，得到的截交线为一系列大小不同的整圆。铣圆锥台面一般采用等高加工，即沿着这些整圆截交线加工，具体加工方法是：先水平加工一整圆后，然后垂直向上抬一个层距，接着水平向圆心方向插补一小段后再加

工新的一整圆，这样不断循环，直到铣到锥顶为止。

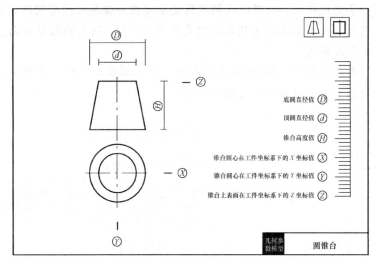

图 23-3　圆锥台几何参数模型

　　若选择直径 ϕ8mm 的立铣刀从下往上逐层上升的方法等高铣削加工圆锥台面，编制加工宏程序如下。

```
……
#1=30                        （圆锥台底圆直径 D 赋值）
#2=20                        （圆锥台顶圆直径 d 赋值）
#3=25                        （圆锥台高度 H 赋值）
#4=8                         （立铣刀刀具直径赋值）
#5=0                         （锥台圆心在工件坐标系下的 X 坐标赋值）
#6=0                         （锥台圆心在工件坐标系下的 Y 坐标赋值）
#7=0                         （锥台上表面在工件坐标系下的 Z 坐标赋值）
#8=0.2                       （加工深度递变量赋值）
#10=#3                       （加工深度 h 赋初值）
WHILE [#10GE0] DO1           （循环条件判断）
  #20=[#2+#10*[#1-#2]/#3]*0.5+#4*0.5    （计算立铣刀刀位点与圆锥台
                                         轴线的距离）
  G00 Z[-#10+#7]             （刀具定位到加工平面）
  G01 X[#20+#5] Y#6          （刀具直线插补到截圆切削起点位置）
  G02 I-#20                  （圆弧插补加工截圆）
  #10=#10-#8                 （加工深度递减）
END1                         （循环结束）
……
```

② 螺旋铣削加工　等高铣削加工的缺点是加工出的圆锥台面有一条直线印痕，出现印痕的原因是走刀在两邻层之间有间断，若采用螺旋铣削加工的方法加工时走刀连续顺畅，切出的圆锥台面上就不会有印痕。

若选择直径ϕ8mm 的立铣刀从下往上螺旋上升的方法铣削加工圆锥台面，编制加工宏程序如下。

```
……
#1=30                                （圆锥台底圆直径 D 赋值）
#2=20                                （圆锥台顶圆直径 d 赋值）
#3=25                                （圆锥台高度 H 赋值）
#4=8                                 （立铣刀刀具直径赋值）
#5=0                                 （锥台圆心在工件坐标系下的 X 坐标赋值）
#6=0                                 （锥台圆心在工件坐标系下的 Y 坐标赋值）
#7=0                                 （锥台上表面在工件坐标系下的 Z 坐标赋值）
#8=0.2                               （加工深度递变量赋值）
#10=#3                               （加工深度 h 赋初值）
G00 Z[-#3+#7]                        （刀具定位到底平面）
G01 X[#1*0.5+#4*0.5+#5] Y#6          （刀具直线插补底平面切削起点位置）
WHILE [#10GE0] DO1                   （循环条件判断）
    #20=[#2+#10*[#1-#2]/#3]*0.5+#4*0.5    （计算立铣刀刀位点与圆锥台
                                            轴线的距离）
    G17 G02 X[#20+#5] I-#20 Z[-#10+#7]    （螺旋插补加工圆锥台面）
    #10=#10-#8                       （加工深度递减）
END1                                 （循环结束）
……
```

③ 直线斜插加工　圆锥台面可看作由一条直母线绕圆锥台轴线旋转 360° 而成，因此可采用沿着该直母线斜插加工结合旋转指令编制圆锥台面加工宏程序。

若选择直径ϕ8mm 的立铣刀从上往下斜插加工的方法铣削加工圆锥台面，编制加工宏程序如下。

```
……
#1=30                                （圆锥台底圆直径 D 赋值）
#2=20                                （圆锥台顶圆直径 d 赋值）
#3=25                                （圆锥台高度 H 赋值）
#4=8                                 （立铣刀刀具直径赋值）
#5=0                                 （锥台圆心在工件坐标系下的 X 坐标赋值）
#6=0                                 （锥台圆心在工件坐标系下的 Y 坐标赋值）
#7=0                                 （锥台上表面在工件坐标系下的 Z 坐标赋值）
#8=0.2                               （角度递变量赋值）
```

```
#10=0                                  （旋转角度 θ赋初值）
WHILE [#10LE360] DO1                    （循环条件判断）
  G17 G68 X#5 Y#6 R#10                  （坐标旋转设定）
  G00 Z#7                               （刀具定位到圆锥台顶平面）
  G01 X[#2*0.5+#4*0.5+#5] Y#6           （刀具进给到切削起点）
  X[#1*0.5+#4*0.5+#5] Z[-#3+#7]         （直线斜插加工到圆锥台底平面）
  G69                                   （取消坐标循环）
  #10=#10+#8                            （旋转角度递增）
END1                                    （循环结束）
……
```

华中宏程序

```
……
#1=30                                  （圆锥台底圆直径 D赋值）
#2=20                                  （圆锥台顶圆直径 d赋值）
#3=25                                  （圆锥台高度 H赋值）
#4=8                                   （立铣刀刀具直径赋值）
#5=0                                   （锥台圆心在工件坐标系下的 X坐
                                        标赋值）
#6=0                                   （锥台圆心在工件坐标系下的 Y坐
                                        标赋值）
#7=0                                   （锥台上表面在工件坐标系下的 Z
                                        坐标赋值）
#8=0.2                                 （加工深度递变量赋值）
#10=#3                                 （加工深度 h赋初值）
WHILE #10GE0                           （循环条件判断）
  #20=[#2+#10*[#1-#2]/#3]*0.5+#4*0.5   （计算立铣刀刀位点与圆锥台
                                        轴线的距离）
  G00 Z[-#10+#7]                       （刀具定位到加工平面）
  G01 X[#20+#5] Y[#6]                  （刀具直线插补到截圆切削起点位置）
  G02 I[-#20]                          （圆弧插补加工截圆）
  #10=#10-#8                           （加工深度递减）
ENDW                                   （循环结束）
……
```

SIEMENS 参数程序

```
……
R1=30                                  （圆锥台底圆直径 D赋值）
R2=20                                  （圆锥台顶圆直径 d赋值）
R3=25                                  （圆锥台高度 H赋值）
R4=8                                   （立铣刀刀具直径赋值）
R5=0                                   （锥台圆心在工件坐标系下的 X坐
                                        标赋值）
```

```
R6=0                              （锥台圆心在工件坐标系下的 Y 坐标赋值）
R7=0                              （锥台上表面在工件坐标系下的 Z 坐标赋值）
R8=0.2                            （加工深度递变量赋值）
R10=R3                            （加工深度 h 赋初值）
AAA:                              （程序跳转记符）
  R20=(R2+R10*(R1-R2)/R3)*0.5+R4*0.5    （计算立铣刀刀位点与圆锥台
                                         轴线的距离）
  G00 Z=-R10+R7                   （刀具定位到加工平面）
  G01 X=R20+R5 Y=R6               （刀具直线插补到截圆切削起点位置）
  G02 I=-R20                      （圆弧插补加工截圆）
  R10=R10-R8                      （加工深度递减）
IF R10>=0 GOTOB AAA               （加工条件判断）
......
```

(23.2) 椭圆锥台

【例23-2】 如图23-4所示，椭圆锥台上顶面椭圆长轴长28mm，短轴长 16mm，下底面椭圆长轴长 40mm，短轴长 28mm，锥台高度 20mm，试编制其锥面加工宏程序。

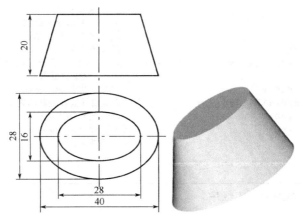

图 23-4　椭圆锥台零件

FANUC 宏程序

解：椭圆锥台几何参数模型如图 23-5 所示。由图可得长轴对

应锥面的斜率

$$k_1 = \frac{A-a}{H}$$

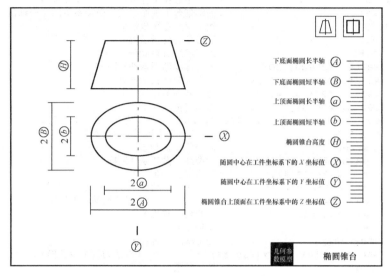

图 23-5　椭圆锥台几何参数模型

短轴对应锥面的斜率

$$k_2 = \frac{B-b}{H}$$

用一组平行于 XY 平面的截平面去截椭圆锥台，截得的截交线为一系列的椭圆，设在任一高度 h 上截得的截椭圆长半轴为 a'，短半轴为 b'，则可得：

$$\begin{cases} a' = a + h * k_1 \\ b' = b + h * k_2 \end{cases}$$

设工件坐标系原点在工件上表面的椭圆中心，选择直径为 $\phi12\text{mm}$ 的立铣刀从下往上逐层上升铣削加工该锥面，编制加工程序如下。

......

```
#1=20                              （下底面椭圆长半轴 A 赋值）
#2=14                              （下底面椭圆短半轴 B 赋值）
```

```
#3=14                              （上顶面椭圆长半轴 a 赋值）
#4=8                               （上顶面椭圆短半轴 b 赋值）
#5=20                              （椭圆锥台高度 H 赋值）
#6=0                               （椭圆中心在工件坐标系下的 X 坐标值）
#7=0                               （椭圆中心在工件坐标系下的 Y 坐标值）
#8=0                               （椭圆锥台上顶面在工件坐标系下的 Z 坐标值）
#9=0.5                             （加工深度递变量赋值）
#10=2                              （离心角递变量赋值）
#20=#5                             （加工深度 h 赋初值）
  WHILE [#20GE0] DO1               （加工深度循环条件判断）
  #30=#3+#20*[#1-#3]/#5            （计算截椭圆长半轴 a'）
  #31=#4+#20*[#2-#4]/#5            （计算截椭圆短半轴 b'）
  G00 Z[-#20+#8]                   （刀具定位到加工平面）
  G00 G42 X[#30+#6] Y[-10+#7] D01      （建立刀具半径补偿）
  G01 Y#7                              （直线插补到切削起点）
    #32=0                          （离心角 t 赋初值）
    WHILE [#32LE360] DO2           （椭圆加工循环条件判断）
    #40=#30*COS[#32]               （计算 X 坐标值）
    #41=#31*SIN[#32]               （计算 Y 坐标值）
    G01 X[#40+#6] Y[#41+#7]            （直线插补逼近椭圆）
    #32=#32+#10                    （离心角 t 递增）
    END2                           （循环结束）
  #20=#20-#9                       （加工深度 h 递减）
  G00 G40 X[#1+#6] Y[-30+#7]           （取消刀具半径补偿）
  END1                             （循环结束）
……
```

华中宏程序

```
……
#1=20                              （下底面椭圆长半轴 A 赋值）
#2=14                              （下底面椭圆短半轴 B 赋值）
#3=14                              （上顶面椭圆长半轴 a 赋值）
#4=8                               （上顶面椭圆短半轴 b 赋值）
#5=20                              （椭圆锥台高度 H 赋值）
#6=0                               （椭圆中心在工件坐标系下的 X 坐标值）
#7=0                               （椭圆中心在工件坐标系下的 Y 坐标值）
#8=0                               （椭圆锥台上顶面在工件坐标系下的 Z 坐标值）
#9=0.5                             （加工深度递变量赋值）
#10=2                              （离心角递变量赋值）
#20=#5                             （加工深度 h 赋初值）
  WHILE #20GE0                     （加工深度循环条件判断）
  #30=#3+#20*[#1-#3]/#5            （计算截椭圆长半轴 a'）
  #31=#4+#20*[#2-#4]/#5            （计算截椭圆短半轴 b'）
  G00 Z[-#20+#8]                   （刀具定位到加工平面）
  G00 G42 X[#30+#6] Y[-10+#7] D01      （建立刀具半径补偿）
```

```
G01 Y[#7]                       （直线插补到切削起点）
  #32=0                         （离心角 t 赋初值）
  WHILE #32LE360                （椭圆加工循环条件判断）
  #40=#30*COS[#32*PI/180]       （计算 X 坐标值）
  #41=#31*SIN[#32*PI/180]       （计算 Y 坐标值）
  G01 X[#40+#6] Y[#41+#7]       （直线插补逼近椭圆）
  #32=#32+#10                   （离心角 t 递增）
  ENDW                          （循环结束）
#20=#20-#9                      （加工深度 h 递减）
G00 G40 X[#1+#6] Y[-30+#7]      （取消刀具半径补偿）
ENDW                            （循环结束）
……
```

SIEMENS 参数程序

```
……
R1=20                           （下底面椭圆长半轴 A 赋值）
R2=14                           （下底面椭圆短半轴 B 赋值）
R3=14                           （上顶面椭圆长半轴 a 赋值）
R4=8                            （上顶面椭圆短半轴 b 赋值）
R5=20                           （椭圆锥台高度 H 赋值）
R6=0                            （椭圆中心在工件坐标系下的 X 坐标值）
R7=0                            （椭圆中心在工件坐标系下的 Y 坐标值）
R8=0                            （椭圆锥台上顶面在工件坐标系下的 Z 坐
                                  标值）
R9=0.5                          （加工深度递变量赋值）
R10=2                           （离心角递变量赋值）
R20=R5                          （加工深度 h 赋初值）
  AAA:                          （程序跳转标记符）
  R30=R3+R20*(R1-R3)/R5         （计算截椭圆长半轴 a′）
  R31=R4+R20*(R2-R4)/R5         （计算截椭圆短半轴 b′）
  G00 Z=-R20+R8                 （刀具定位到加工平面）
  G00 G42 X=R30+R6 Y=-10+R7 D01    （建立刀具半径补偿）
  G01 Y=R7                      （直线插补到切削起点）
  R32=0                         （离心角 t 赋初值）
  BBB:                          （程序跳转标记符）
  R40=R30*COS(R32)              （计算 X 坐标值）
  R41=R31*SIN(R32)              （计算 Y 坐标值）
  G01 X=R40+R6 Y=R41+R7         （直线插补逼近椭圆）
  R32=R32+R10                   （离心角 t 递增）
  IF R32<=360 GOTOB BBB         （椭圆加工循环条件判断）
R20=R20-R9                      （加工深度 h 递减）
G00 G40 X=R1+R6 Y=-30+R7        （取消刀具半径补偿）
IF R20>=0 GOTOB AAA             （加工深度循环条件判断）
……
```

23.3 天圆地方

天圆地方凸台是一种上圆下方的渐变体，下面提供两种数控铣削加工天圆地方渐变体表面的思路。

（1）等高加工截交线法

用一组平行于 XY 平面的截平面去截天圆地方，其截交线由 4 段直线和 4 段圆弧组成，也可看作是一个四角均倒了圆角的正方形，该截交线就是刀具等高加工天圆地方渐变体的切触点。具体加工时刀具先定位到某一 Z 值高度的 XY 平面，在 XY 平面内加工一圈截交线，然后将刀具在 Z 轴方向下降（提升）一个高度，刀具在这个 Z 轴高度上再加工一个用 XY 平面截渐变体得到的新截面，如此不断重复，直到加工完整个天圆地方渐变体。

采用等高加工截交线法加工天圆地方的几何关系如图 23-6 所示，设上圆半径为 R，下方半边长为 L，高度为 H，在距离上表面 h（加工深度）的位置用一个截平面 P 将天圆地方渐变体截去上半部分后，其截交线（即在该平面内外表面加工的加工路线）由 4 段长为 $2b$ 的直线和 4 段半径为 r 的圆弧组成（亦可看作边长为 $2l$ 的正方形四个角均倒了圆角，圆角半径为 r），图中 $P_1 \sim P_8$ 分别为各直线与圆弧的交点，各参数数值计算式如下：

$$l = \frac{(L-R)h}{H} + R \qquad （由斜度 k_1 = \frac{L-R}{H} = \frac{l-R}{h} 得）$$

$$b = \frac{Lh}{H} \qquad （由斜度 k_2 = \frac{L}{H} = \frac{b}{h} 得）$$

$$r = l - b$$

（2）放射加工母线法

天圆地方侧面可看作由四个等腰三角形平面和四个四分之一斜圆锥曲面组成，因此可以采用沿母线放射加工的方法完成加工。如图 23-7 所示，将"地方"的一边（等腰三角形底边）等分成若干份，从等分点直线插补至等腰三角形顶点，同样的方法将"天圆"四分之一段圆弧等分成若干份，并从"地方"角点直线插补值圆弧等分点，采用上述方法依次完成其余三个等腰三角形和三个四分之一圆锥面加工即可。

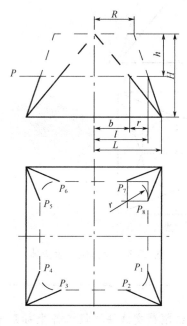

图 23-6　等高加工截交线法加工天圆地方的几何关系示意图

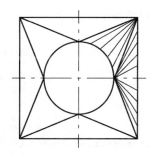

图 23-7　沿母线放射加工天圆地方渐变体示意图

【**例 23-3**】 如图 23-8 所示天圆地方渐变体,上圆直径 ϕ30mm,下方边长 50mm,高度 30mm,试编制其外表面精加工宏程序。

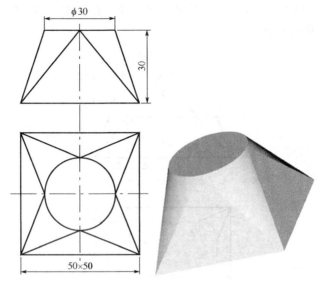

图 23-8 天圆地方渐变体

FANUC 宏程序

解: ① 等高铣削截交线法 设工件坐标系原点在工件上表面中心,采用 ϕ6mm 的立铣刀从下往上等高逐层加工,每层沿顺时针方向加工,编制加工程序如下。

```
......
#1=30                                    (上圆直径赋值)
#2=50                                    (下方边长赋值)
#3=30                                    (渐变体高度赋值)
#4=6                                     (立铣刀刀具直径赋值)
#5=0.1                                   (加工深度递变量)
#6=#3                                    (加工深度赋初值)
WHILE [#6GE0] DO1                        (循环条件判断)
  #10=[[#2*0.5-#1*0.5]*#6]/#3+#1*0.5     (计算 l 值)
  #11=[#2*0.5*#6]/#3                     (计算 b 值)
  #12=#10-#11                            (计算 r 值)
  G00 Z-#6                               (抬刀至加工平面)
```

```
G01 X[#10+#4*0.5] Y-#11                    （直线插补到 P₁点）
G02 X#11 Y[-[#10+#4*0.5]] R[#12+#4*0.5]     （圆弧插补到 P₂点）
G01 X-#11                                   （直线插补到 P₃点）
G02 X[-[#10+#4*0.5]] Y-#11 R[#12+#4*0.5]   （圆弧插补到 P₄点）
G01 Y#11                                    （直线插补到 P₅点）
G02 X-#11 Y[#10+#4*0.5] R[#12+#4*0.5]       （圆弧插补到 P₆点）
G01 X#11                                    （直线插补到 P₇点）
G02 X[#10+#4*0.5] Y#11 R[#12+#4*0.5]        （圆弧插补到 P₈点）
G01 X[#10+#4*0.5] Y-#11                     （直线插补到 P₁点）
#6=#6-#5                                     （深度递减）
END1                                        （循环结束）
……
```

② 放射加工母线法　设工件坐标系原点在工件上表面中心，采用 ϕ6mm 的立铣刀放射加工母线法加工天圆地方渐变体，编制加工程序如下。为保证加工尺寸合格，考虑刀具直径后，编程时可按上圆直径 ϕ36mm（30+6），下方边长 56mm（50+6），高 30mm 的天圆地方考虑。

```
……
#1=30                                       （上圆直径赋值）
#2=50                                       （下方边长赋值）
#3=30                                       （渐变体高度赋值）
#4=6                                        （刀具直径赋值）
#5=0.2                                      （加工边长递变量赋值）
#6=0.2                                      （加工角度递变量赋值）
#10=0                                       （坐标旋转角度赋初值）
WHILE [#10LT360] DO1                        （坐标旋转条件判断）
G17 G68 X0 Y0 R#10                          （坐标旋转设定）
#20=-[#2+#4]/2                              （下方边长加工 Y坐标值赋初值）
#21=0                                       （圆弧加工角度赋初值）
  WHILE [#20LT[#2+#4]/2] DO2                （下方边长加工循环条件判断）
  G01 X[#1*0.5+#4*0.5] Y0                   （直线插补至等腰三角形顶点）
  X[#2*0.5+#4*0.5] Y#20 Z-#3               （直线插补至下方等分点）
  G00 Z0                                    （抬刀到上平面）
  #20=#20+#5                                （下方边长加工 Y坐标值递增）
  END2                                      （下方边长加工循环结束）
    WHILE [#21LT90] DO3                     （圆弧加工角度循环条件判断）
    #30=[#1*0.5+#4*0.5]*COS[#21]           （计算圆弧加工等分点的 X坐标值）
    #31=[#1*0.5+#4*0.5]*SIN[#21]           （计算圆弧加工等分点的 Y坐标值）
    G01 X#30 Y#31                          （直线插补至圆弧等分点）
    X[#2*0.5+#4*0.5] Y[#2*0.5+#4*0.5] Z-#3 （直线插补至斜圆锥锥顶）
    G00 Z0                                 （抬刀到上平面）
    #21=#21+#6                             （圆弧加工角度递增）
    END3                                   （圆弧加工循环结束）
```

```
#10=#10+90                                          （坐标旋转角度递增）
G69                                                 （取消坐标旋转）
END1                                                （坐标旋转循环结束）
……
```

华中宏程序

```
……
#1=30                                               （上圆直径赋值）
#2=50                                               （下方边长赋值）
#3=30                                               （渐变体高度赋值）
#4=6                                                （立铣刀刀具直径赋值）
#5=0.1                                              （加工深度递变量）
#6=#3                                               （加工深度赋初值）
WHILE #6GE0                                          （循环条件判断）
  #10=[[#2*0.5-#1*0.5]*#6]/#3+#1*0.5                 （计算 l 值）
  #11=[#2*0.5*#6]/#3                                 （计算 b 值）
  #12=#10-#11                                        （计算 r 值）
  G00 Z[-#6]                                         （抬刀至加工平面）
  G01 X[#10+#4*0.5] Y[-#11]                          （直线插补到 P₁ 点）
  G02 X[#11] Y[-[#10+#4*0.5]] R[#12+#4*0.5]          （圆弧插补到 P₂ 点）
  G01 X[-#11]                                        （直线插补到 P₃ 点）
  G02 X[-[#10+#4*0.5]] Y[-#11] R[#12+#4*0.5]         （圆弧插补到 P₄ 点）
  G01 Y[#11]                                         （直线插补到 P₅ 点）
  G02 X[-#11] Y[#10+#4*0.5] R[#12+#4*0.5]            （圆弧插补到 P₆ 点）
  G01 X[#11]                                         （直线插补到 P₇ 点）
  G02 X[#10+#4*0.5] Y[#11] R[#12+#4*0.5]             （圆弧插补到 P₈ 点）
  G01 X[#10+#4*0.5] Y[-#11]                          （直线插补到 P₁ 点）
  #6=#6-#5                                           （深度递减）
ENDW                                                （循环结束）
……
```

SIEMENS 参数程序

```
……
R1=30                                               （上圆直径赋值）
R2=50                                               （下方边长赋值）
R3=30                                               （渐变体高度赋值）
R4=6                                                （立铣刀刀具直径赋值）
R5=0.1                                              （加工深度递变量）
R6=R3                                               （加工深度赋初值）
AAA:                                                （程序跳转标记符）
  R10=((R2*0.5-R1*0.5)*R6)/R3+R1*0.5                 （计算 l 值）
  R11=(R2*0.5*R6)/R3                                 （计算 b 值）
  R12=R10-R11                                        （计算 r 值）
```

```
G00  Z=-#6                                      （抬刀至加工平面）
G01  X=#10+#4*0.5  Y=-#11                        （直线插补到 P₁ 点）
G02  X=R11  Y=-(R10+R4*0.5)  CR=R12+R4*0.5       （圆弧插补 P₂ 点）
G01  X=-R11                                      （直线插补到 P₃ 点）
G02  X=-(R10+R4*0.5)  Y=-R11  CR=R12+R4*0.5      （圆弧插补到 P₄ 点）
G01  Y=R11                                       （直线插补到 P₅ 点）
G02  X=-R11  Y=R10+R4*0.5  CR=R12+R4*0.5         （圆弧插补到 P₆ 点）
G01  X=R11                                       （直线插补到 P₇ 点）
G02  X=R10+R4*0.5  Y=R11  CR=R12+R4*0.5          （圆弧插补到 P₈ 点）
G01  X=R10+R4*0.5  Y=-R11                        （直线插补到 P₁ 点）
R6=R6-R5                                         （深度递减）
IF  R6>=0  GOTOB  AAA                            （循环条件判断）
……
```

【例23-4】 如图 23-9 所示天方地圆渐变体，上方边长 20mm，下圆直径 ϕ50mm，高度 30mm，试编制其外表面精加工宏程序。

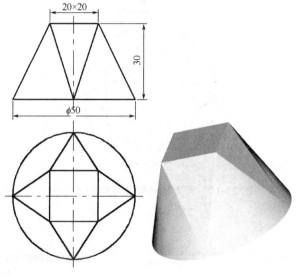

图 23-9　天方地圆渐变体

FANUC 宏程序

解： 如图 23-10 所示为截平面将天方地圆渐变体截去上半部分后的截交线及相关参数示意图，各参数数值计算式如下：

$$l = \frac{(R-L)h}{H} + L \qquad (由斜度\ k_1 = \frac{R-L}{H} = \frac{l-L}{h}\ 得)$$

$$b = \frac{L(H-h)}{H} \qquad (由斜度\ k_2 = \frac{L}{H} = \frac{b}{H-h}\ 得)$$

$$r = l - b$$

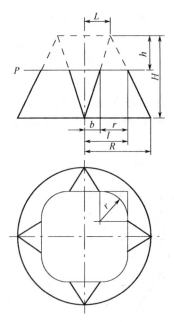

图 23-10　天方地圆渐变体截切示意图

......
```
#1=20                                  (上方边长赋值)
#2=50                                  (下圆直径赋值)
#3=30                                  (渐变体高度赋值)
#4=6                                   (立铣刀刀具直径赋值)
#5=0.1                                 (加工深度递变量)
#6=#3                                  (加工深度赋初值)
WHILE [#6GE0] DO1                      (循环条件判断)
  #10=[[#2*0.5-#1*0.5]*#6]/#3+#1*0.5   (计算 l 值)
  #11=[#1*0.5*[#3-#6]]/#3             (计算 b 值)
  #12=#10-#11                         (计算 r 值)
  G00 Z-#6                            (抬刀至加工平面)
  G01 X[#10+#4*0.5] Y-#11             (直线插补到 P₁ 点)
```

```
    G02 X#11 Y[-[#10+#4*0.5]] R[#12+#4*0.5]      （圆弧插补到 P₂ 点）
    G01 X-#11                          （直线插补到 P₃ 点）
    G02 X[-[#10+#4*0.5]] Y-#11 R[#12+#4*0.5]      （圆弧插补到 P₄ 点）
    G01 Y#11                          （直线插补到 P₅ 点）
    G02 X-#11 Y[#10+#4*0.5] R[#12+#4*0.5]      （圆弧插补到 P₆ 点）
    G01 X#11                          （直线插补到 P₇ 点）
    G02 X[#10+#4*0.5] Y#11 R[#12+#4*0.5]      （圆弧插补到 P₈ 点）
    G01 X[#10+#4*0.5] Y-#11            （直线插补到 P₁ 点）
    #6=#6-#5                           （深度递减）
END1                                    （循环结束）
……
```

华中宏程序

```
……
#1=20                              （上方边长赋值）
#2=50                              （下圆直径赋值）
#3=30                              （渐变体高度赋值）
#4=6                               （立铣刀刀具直径赋值）
#5=0.1                             （加工深度递变量）
#6=#3                              （加工深度赋初值）
WHILE #6GE0                         （循环条件判断）
  #10=[[#2*0.5-#1*0.5]*#6]/#3+#1*0.5    （计算 l 值）
  #11=[#1*0.5*[#3-#6]]/#3          （计算 b 值）
  #12=#10-#11                      （计算 r 值）
  G00 Z[-#6]                       （抬刀至加工平面）
  G01 X[#10+#4*0.5] Y[-#11]        （直线插补到 P₁ 点）
  G02 X[#11] Y[-[#10+#4*0.5]] R[#12+#4*0.5]    （圆弧插补到 P₂ 点）
  G01 X[-#11]                      （直线插补到 P₃ 点）
  G02 X[-[#10+#4*0.5]] Y[-#11] R[#12+#4*0.5]    （圆弧插补到 P₄ 点）
  G01 Y[#11]                       （直线插补到 P₅ 点）
  G02 X[-#11] Y[#10+#4*0.5] R[#12+#4*0.5]    （圆弧插补到 P₆ 点）
  G01 X[#11]                       （直线插补到 P₇ 点）
  G02 X[#10+#4*0.5] Y[#11] R[#12+#4*0.5]    （圆弧插补到 P₈ 点）
  G01 X[#10+#4*0.5] Y[-#11]        （直线插补到 P₁ 点）
  #6=#6-#5                          （深度递减）
ENDW                                （循环结束）
……
```

SIEMENS 参数程序

```
……
R1=20                              （上方边长赋值）
R2=50                              （下圆直径赋值）
R3=30                              （渐变体高度赋值）
```

```
R4=6                                               （立铣刀刀具直径赋值）
R5=0.1                                             （加工深度递变量）
R6=R3                                              （加工深度赋初值）
AAA:                                               （程序跳转标记符）
  R10=((R2*0.5-R1*0.5)*R6)/R3+R1*0.5              （计算 l 值）
  R11=(R1*0.5*(R3-R6))/R3                         （计算 b 值）
  R12=R10-R11                                      （计算 r 值）
  G00 Z=-R6                                        （抬刀至加工平面）
  G01 X=R10+R4*0.5 Y=-R11                          （直线插补到 P₃ 点）
  G02 X=R11 Y=-(R10+R4*0.5) CR=R12+R4*0.5          （圆弧插补到 P₂ 点）
  G01 X=-R11                                       （直线插补到 P₃ 点）
  G02 X=-(R10+R4*0.5) Y=-R11 CR=R12+R4*0.5         （圆弧插补到 P₄ 点）
  G01 Y=R11                                        （直线插补到 P₅ 点）
  G02 X=-R11 Y=R10+R4*0.5 CR=R12+R4*0.5            （圆弧插补到 P₆ 点）
  G01 X=R11                                        （直线插补到 P₇ 点）
  G02 X=R10+R4*0.5 Y=R11 CR=R12+R4*0.5             （圆弧插补到 P₈ 点）
  G01 X=R10+R4*0.5 Y=-R11                          （直线插补到 P₁ 点）
  R6=R6-R5                                         （深度递减）
IF R6>=0 GOTOB AAA                                 （循环条件判断）
……
```

第24章
水平布置形状类零件铣削

24.1 水平半圆柱面

　　如图 24-1 所示，水平圆柱面加工走刀路线有沿圆柱面轴向走刀[沿圆周方向往返进刀，如图 24-1（a）所示]和沿圆柱面圆周方向走刀[沿轴向往返进刀，如图 24-1（b）所示]两种。沿圆柱面轴向走刀方式的走刀路线短，加工效率高，加工后圆柱面直线度高；沿圆柱面圆周方向走刀的走刀路线较长，加工效率较低，加工后圆柱面轮廓度较好，用于加工大直径短圆柱较好。

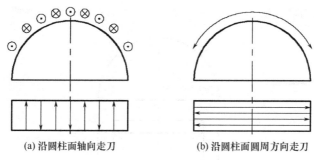

(a) 沿圆柱面轴向走刀　　　　(b) 沿圆柱面圆周方向走刀

图 24-1　水平圆柱面加工走刀路线

　　水平圆柱面加工可采用立铣刀或球头刀加工，图 24-2（a）、（b）

分别为立铣刀和球头刀刀位点轨迹与水平圆柱面的关系示意图。

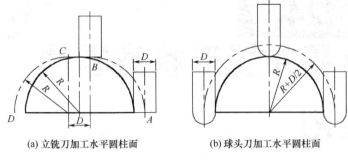

(a) 立铣刀加工水平圆柱面　　　　(b) 球头刀加工水平圆柱面

图 24-2　刀位点轨迹与水平圆柱面的关系示意图

如图 24-2（a）所示，在采用立铣刀圆周方向走刀铣削加工水平圆柱面的走刀路线为 $A \to B \to C \to D$，其中 AB 段和 CD 段为与圆柱面圆心相应平移一个刀具半径值 $D/2$、半径同为 R 的圆弧段，BC 段为一直线。沿该走刀路线加工完一层圆柱面后轴向移动一个步距，再调向加工下一层直至加工完毕。

轴向走刀铣削加工水平圆柱面时，为了方便编程将轴向走刀路线稍作处理，即按图 24-3 所示矩形箭头路线逐层走刀，在一次矩形循环过程中分别铣削加工了圆柱面左右两侧，每加工完一层后立铣刀沿圆柱面上升或下降一个步距，再按矩形箭头路线走刀。

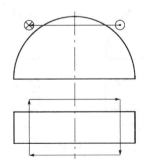

图 24-3　轴向走刀铣削加工水平圆柱面走刀路线示意图

【例24-1】 数控铣削加工如图24-4所示水平圆柱面，毛坯尺寸为 50mm×20mm×30mm 的长方体，试编制采用立铣刀铣削加工该水平圆柱面的宏程序。

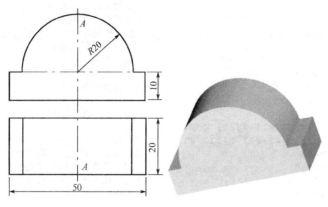

图24-4 水平圆柱面零件

FANUC宏程序

解：设工件坐标系原点在工件上表面与前端面交线的对称中心点上（图中 A 点位置），采用 φ8mm 的立铣刀从上往下沿圆柱面轴向走刀加工，编制精加工程序如下。

```
……
#1=20                                （圆柱半径 R 赋值）
#2=20                                （圆柱面宽度 B 赋值）
#3=8                                 （立铣刀直径 D 赋值）
#4=0.5                               （角度递变量）
#10=0                                （角度变量赋初值）
WHILE [#10LE90] DO1                   （加工条件判断）
  #11=#1*SIN[#10]                     （计算 X 坐标值）
  #12=#1*COS[#10]                     （计算加工高度值）
  G00 X[#11+#3/2] Y[#2+#3] Z[#12-#1]  （刀具定位到工件右后点）
  G01 Y-#3                            （直线插补到工件右前点）
  G00 X[-#11-#3/2]                    （刀具定位到工件左前点）
  G01 Y[#2+#3]                        （直线插补到工件左后点）
  #10=#10+#4                          （角度变量递增）
END1                                 （循环结束）
……
```

编制粗精加工该水平圆柱面的宏程序如下。

```
......
#1=20                                    (圆柱半径 R 赋值)
#2=20                                    (圆柱面宽度 B 赋值)
#3=8                                     (立铣刀直径 D 赋值)
#4=50                                    (毛坯长度 L 赋值)
#5=0.6*#3                                (X 递变量取行距 0.6 倍刀具直径)
#6=0.5                                   (角度递变量赋值)
#10=0                                    (角度变量赋初值)
WHILE [#10LE90] DO1                      (加工条件判断)
#11=#1*SIN[#10]                          (计算 X 坐标值)
#12=#1*COS[#10]                          (计算加工高度值)
  #20=#4/2                               (粗加工 X 坐标值赋初值)
  WHILE [#20GT#11+#3/2] DO2              (粗加工条件判断)
  G00 X#20 Y[#2+#3] Z[#12-#1]           (刀具粗加工定位到工件右后点)
  G01 Y-#3                               (直线插补到工件右前点)
  G00 X-#20                              (刀具定位到工件左前点)
  G01 Y[#2+#3]                           (直线插补到工件左后点)
  #20=#20-#5                             (X 坐标值递减)
  END2                                   (粗加工循环结束)
  G00 X[#11+#3/2] Y[#2+#3] Z[#12-#1]    (刀具精加工定位到工件右后点)
  G01 Y-#3                               (直线插补到工件右前点)
  G00 X[-#11-#3/2]                       (刀具定位到工件左前点)
  G01 Y[#2+#3]                           (直线插补到工件左后点)
#10=#10+#6                               (角度变量递增)
END1                                     (循环结束)
......
```

华中宏程序

```
......
#1=20                                    (圆柱半径 R 赋值)
#2=20                                    (圆柱面宽度 B 赋值)
#3=8                                     (立铣刀直径 D 赋值)
#4=50                                    (毛坯长度 L 赋值)
#5=0.6*#3                                (X 递变量取行距 0.6 倍刀具直径)
#6=0.5                                   (角度递变量赋值)
#10=0                                    (角度变量赋初值)
WHILE #10LE90                            (加工条件判断)
#11=#1*SIN[#10*PI/180]                   (计算 X 坐标值)
#12=#1*COS[#10*PI/180]                   (计算加工高度值)
  #20=#4/2                               (粗加工 X 坐标值赋初值)
  WHILE #20GT[#11+#3/2]                  (粗加工条件判断)
  G00 X[#20] Y[#2+#3] Z[#12-#1]         (刀具粗加工定位到工件右后点)
  G01 Y[-#3]                             (直线插补到工件右前点)
```

```
    G00  X[-#20]                      （刀具定位到工件左前点）
    G01  Y[#2+#3]                     （直线插补到工件左后点）
    #20=#20-#5                        （X 坐标值递减）
    ENDW                              （粗加工循环结束）
    G00  X[#11+#3/2] Y[#2+#3] Z[#12-#1]  （刀具精加工定位到工件右后点）
    G01  Y[-#3]                       （直线插补到工件右前点）
    G00  X[-#11-#3/2]                 （刀具定位到工件左前点）
    G01  Y[#2+#3]                     （直线插补到工件左后点）
#10=#10+#6                            （角度变量递增）
ENDW                                  （循环结束）
……
```

SIEMENS 参数程序

```
……
R1=20                                 （圆柱半径 R 赋值）
R2=20                                 （圆柱面宽度 B 赋值）
R3=8                                  （立铣刀直径 D 赋值）
R4=50                                 （毛坯长度 L 赋值）
R5=0.6*R3                             （X 递变量取行距 0.6 倍刀具直径）
R6=0.5                                （角度递变量赋值）
R10=0                                 （角度变量赋初值）
AAA:                                  （程序跳转标记符）
R11=R1*SIN(R10)                       （计算 X 坐标值）
R12=R1*COS(R10)                       （计算加工高度值）
    R20=R4/2                          （粗加工 X 坐标值赋初值）
    BBB:                              （程序跳转标记符）
    G00  X=R20 Y=R2+R3 Z=R12-R1       （刀具粗加工定位到工件右后点）
    G01  Y=-R3                        （直线插补到工件右前点）
    G00  X=-R20                       （刀具定位到工件左前点）
    G01  Y=R2+R3                      （直线插补到工件左后点）
    R20=R20-R5                        （X 坐标值递减）
    IF R20>R11+R3/2 GOTOB BBB         （粗加工跳转条件判断）
    G00  X=R11+R3/2 Y=R2+R3 Z=R12-R1  （刀具精加工定位到工件右后点）
    G01  Y=-R3                        （直线插补到工件右前点）
    G00  X=-R11-R3/2                  （刀具定位到工件左前点）
    G01  Y=R2+R3                      （直线插补到工件左后点）
R10=R10+R6                            （角度变量递增）
IF R10<=90 GOTOB AAA                  （加工条件判断）
……
```

【例24-2】 数控铣削加工如图 24-5 所示半月牙形轮廓，试编制其加工宏程序。

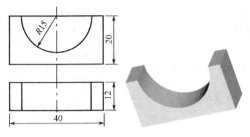

图 24-5　半月牙形轮廓的数控铣削加工

FANUC 宏程序

解: 设工件原点在工件上表面的前端面 $R15$ 圆弧中心,选用刀具直径为 $\phi6mm$ 的球头刀铣削加工,编制加工宏程序如下

```
......
#1=15                               （圆弧半径 R 赋值）
#2=12                               （工件宽度 B 赋值）
#3=6                                （球头刀具直径 D 赋值）
#4=0.5                              （角度递变量赋值）
#10=0                               （角度赋初值）
WHILE [#10LE90] DO1                 （加工条件判断）
  #11=[#1-#3/2]*COS[#10]            （计算 X 坐标值）
  #12=[#1-#3/2]*SIN[#10]            （计算加工深度值）
  G00 X#11 Y[#2+#3] Z-#12           （刀具定位到右后角）
  G01 Y-#3                          （直线插补到右前角）
  G00 X-#11                         （刀具定位到左前角）
  G01 Y[#2+#3]                      （直线插补到左后角）
  #10=#10+#4                        （角度递增）
END1                                （循环结束）
......
```

华中宏程序

```
......
#1=15                               （圆弧半径 R 赋值）
#2=12                               （工件宽度 B 赋值）
#3=6                                （球头刀具直径 D 赋值）
#4=0.5                              （角度递变量赋值）
#10=0                               （角度赋初值）
WHILE #10LE90                       （加工条件判断）
  #11=[#1-#3/2]*COS[#10*PI/180]     （计算 X 坐标值）
  #12=[#1-#3/2]*SIN[#10*PI/180]     （计算加工深度值）
  G00 X[#11] Y[#2+#3] Z[-#12]       （刀具定位到右后角）
```

```
  G01 Y[-#3]                    （直线插补到右前角）
  G00 X[-#11]                   （刀具定位到左前角）
  G01 Y[#2+#3]                  （直线插补到左后角）
  #10=#10+#4                    （角度递增）
ENDW                            （循环结束）
……
```

SIEMENS 参数程序

```
……
R1=15                           （圆弧半径 R 赋值）
R2=12                           （工件宽度 B 赋值）
R3=6                            （球头刀具直径 D 赋值）
R4=0.5                          （角度递变量赋值）
R10=0                           （角度赋初值）
AAA:                            （程序跳转标记符）
  R11=(R1-R3/2)*COS(R10)        （计算 X 坐标值）
  R12=(R1-R3/2)*SIN(R10)        （计算加工深度值）
  G00 X=R11 Y=R2+R3 Z=-R12      （刀具定位到右后角）
  G01 Y=-R3                     （直线插补到右前角）
  G00 X=-R11                    （刀具定位到左前角）
  G01 Y=R2+R3                   （直线插补到左后角）
  R10=R10+R4                    （角度递增）
IF R10<=90 GOTOB AAA            （加工条件判断）
……
```

【**例 24-3**】 数控铣削加工如图 24-6 所示两直径为 ϕ30mm 的正交圆柱与一直径为 ϕ50mm 的球相贯体（十字球铰）表面，试编制其加工宏程序。

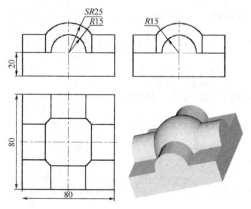

图 24-6　十字球铰数控铣削加工

FANUC 宏程序

解：如图所示圆柱体和球的相贯线为一半圆。设工件原点在球心，选择 ϕ6mm 立铣刀加工该十字球铰表面，编制加工宏程序如下（转角部分按 R3 的圆角过渡处理）。

```
……
#1=15                              （圆柱半径赋值）
#2=25                              （球半径赋值）
#3=80                              （圆柱体长度赋值）
#4=6                               （立铣刀刀具直径赋值）
#5=0.2                             （加工高度递变量赋值）
G00 X0 Y0 Z50                      （刀具定位）
G01 Z#2                            （刀具定位到球顶点）
  #10=#2                           （加工高度赋初值）
  WHILE [#10GE#1] DO1              （球头上部加工条件判断）
  #11=SQRT[#2*#2-#10*#10]          （计算加工球的截圆半径值）
  G18 G03 X[#11+#4/2] Z#10 R#2     （圆弧插补到切削起点）
  G17 G02 I[-#11-#4/2]             （圆弧插补加工球头上部）
  #10=#10-#5                       （加工高度递减）
  END1                             （球头上部加工循环结束）
G00 Z[#2+10]                       （抬刀）
  #20=0                            （坐标旋转角度赋初值）
  WHILE [#20LT360] DO2             （加工条件判断）
  G17 G68 X0 Y0 R#20               （坐标旋转设定）
  G00 X0 Y[#3/2+#4]                （刀具定位）
    #10=#1                         （加工高度赋初值）
    WHILE [#10GE0] DO3             （加工条件判断）
    #21=SQRT[#2*#2-#10*#10]+#4/2   （计算加工球的截圆半径值加刀具
                                     半径值）
    #22=SQRT[#1*#1-#10*#10]+#4/2   （计算加工圆柱截平面矩形半宽加
                                     刀具半径值）
    #23=SQRT[#21*#21-#22*#22]      （计算加工交点至圆心的距离）
    G00 X#22 Y[#3/2+#4] Z#10       （刀具定位）
    IF [#22GT#21*SIN[45]] GOTO10   （条件判断）
    G01 Y#23                       （直线插补加工圆柱面）
    G17 G02 X#23 Y#22 R#21         （圆弧插补加工球面）
    GOTO20                         （无条件跳转）
    N10                            （程序跳转标记符）
    G01 Y#22                       （直线插补加工圆柱面）
    N20                            （程序跳转标记符）
    G01 X[#3/2+#4]                 （直线插补加工圆柱面）
    #10=#10-#5                     （加工高度递减）
    END3                           （循环结束）
```

```
G00  Z[#2+10]                                 （抬刀）
G69                                           （取消坐标旋转）
#20=#20+90                                     （旋转角度递增）
END2                                          （循环结束）
……
```

华中宏程序

```
……
#1=15                                         （圆柱半径赋值）
#2=25                                         （球半径赋值）
#3=80                                         （圆柱体长度赋值）
#4=6                                          （立铣刀刀具直径赋值）
#5=0.2                                        （加工高度递变量赋值）
G00 X0 Y0 Z50                                 （刀具定位）
G01 Z[#2]                                     （刀具定位到球顶点）
  #10=#2                                      （加工高度赋初值）
  WHILE #10GE#1                               （球头上部加工条件判断）
  #11=SQRT[#2*#2-#10*#10]                     （计算加工球的截圆半径值）
  G18 G03 X[#11+#4/2] Z[#10] R[#2]            （圆弧插补到切削起点）
  G17 G02 I[-#11-#4/2]                        （圆弧插补加工球头上部）
  #10=#10-#5                                  （加工高度递减）
  ENDW                                        （球头上部加工循环结束）
G00 Z[#2+10]                                  （抬刀）
  #20=0                                       （坐标旋转角度赋初值）
  WHILE #20LT360                              （加工条件判断）
  G17 G68 X0 Y0 P[#20]                        （坐标旋转设定）
  G00 X0 Y[#3/2+#4]                           （刀具定位）
    #10=#1                                    （加工高度赋初值）
    WHILE #10GE0                              （加工条件判断）
    #21=SQRT[#2*#2-#10*#10]+#4/2              （计算加工球的截圆半径值加
                                                刀具半径值）
    #22=SQRT[#1*#1-#10*#10]+#4/2              （计算加工圆柱截平面矩形半
                                                宽加刀具半径值）
    #23=SQRT[#21*#21-#22*#22]                 （计算加工交点至圆心的距离）
    G00 X[#22] Y[#3/2+#4] Z[#10]              （刀具定位）
    IF #22LE[#21*SIN[45*PI/180]]              （条件判断）
    G01 Y[#23]                                （直线插补加工圆柱面）
    G17 G02 X[#23] Y[#22] R[#21]              （圆弧插补加工球面）
    ELSE                                      （否则）
    G01 Y[#22]                                （直线插补加工圆柱面）
    ENDIF                                     （条件结束）
    G01 X[#3/2+#4]                            （直线插补加工圆柱面）
    #10=#10-#5                                （加工高度递减）
    ENDW                                      （循环结束）
  G00 Z[#2+10]                                （抬刀）
```

```
G69                                          （取消坐标旋转）
#20=#20+90                                    （旋转角度递增）
ENDW                                          （循环结束）
……
```

SIEMENS 参数程序

```
……
R1=15                                         （圆柱半径赋值）
R2=25                                         （球半径赋值）
R3=80                                         （圆柱体长度赋值）
R4=6                                          （立铣刀刀具直径赋值）
R5=0.2                                        （加工高度递变量赋值）
G00 X0 Y0 Z50                                 （刀具定位）
G01 Z=R2                                       （刀具定位到球顶点）
  R10=R2                                       （加工高度赋初值）
  AAA:                                         （跳转标记符）
  R11=SQRT(R2*R2-R10*R10)                      （计算加工球的截圆半径值）
  G18 G03 X=R11+R4/2 Z=R10 CR=R2               （圆弧插补到切削起点）
  G17 G02 I=-R11-R4/2                          （圆弧插补加工球头上部）
  R10=R10-R5                                   （加工高度递减）
  IF R10>=R1 GOTOB AAA                         （球头上部加工条件判断）
G00 Z=R2+10                                    （抬刀）
  R20=0                                        （坐标旋转角度赋初值）
  BBB:                                         （跳转标记符）
  G17 ROT RPL=R20                              （坐标旋转设定）
  G00 X0 Y=R3/2+R4                             （刀具定位）
    R10=R1                                     （加工高度赋初值）
    CCC:                                       （跳转标记符）
    R21=SQRT(R2*R2-R10*R10)+R4/2               （计算加工球的截圆半径值加刀具
                                                半径值）
    R22=SQRT(R1*R1-R10*R10)+R4/2               （计算加工圆柱截平面矩形半宽加
                                                刀具半径值）
    R23=SQRT(R21*R21-R22*R22)                  （计算加工交点至圆心的距离）
    G00 X=R22 Y=R3/2+R4 Z=R10                  （刀具定位）
    IF R22>R21*SIN(45) GOTOF MAR01             （条件判断）
    G01 X=R22 Y=R23                            （直线插补加工圆柱面）
    G17 G02 X=R23 Y=R22 CR=R21                 （圆弧插补加工球面）
    GOTOF MAR02                                （无条件跳转）
    MAR01:                                     （跳转标记符）
    G01 X=R22 Y=R22                            （直线插补加工圆柱面）
    MAR02:                                     （跳转标记符）
    G01 X=R3/2+R4 Y=R22                        （直线插补加工圆柱面）
    R10=R10-R5                                 （加工高度递减）
    IF R10>=0 GOTOB CCC                        （加工条件判断）
  G00 Z=R2+10                                  （抬刀）
```

```
    ROT                           （取消坐标旋转）
    R20=R20+90                    （旋转角度递增）
    IF R20<360 GOTOB BBB          （加工条件判断）
    ......
```

24.2 水平半圆锥面

【例24-4】 如图24-7所示水平放置的半圆锥台零件，圆锥大径ϕ60mm，小径ϕ40mm，长度40mm，试编制数控铣削精加工该圆锥台面的宏程序。

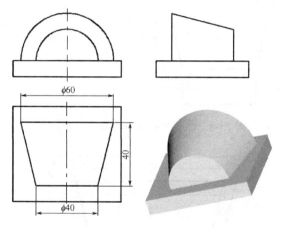

图24-7 水平半圆锥台

FANUC宏程序

解： 如图24-8所示，设圆锥大径为 D，小径为 d，圆锥长度为 L，则圆锥锥度 $C = \dfrac{D-d}{L}$。采用沿圆锥母线（素线）加工的方式，即按 $P_1 \rightarrow P_2 \rightarrow P_3 \rightarrow P_4 \rightarrow P_1$ 路线加工，P 点的坐标值随角度 θ 变化而变化，考虑刀具半径 R 补偿后的水平半圆锥台尺寸如图24-9所示：

$$D_1 = D + R \times C = D + R \times \frac{D-d}{L}$$

$$d_1 = d - R \times C = d - R \times \frac{D-d}{L}$$

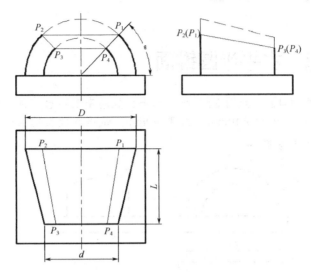

图 24-8　水平半圆锥台面加工示意图

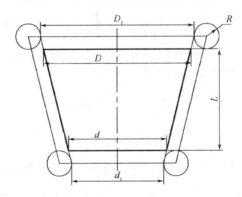

图 24-9　考虑刀具半径补偿后水平半圆锥台尺寸示意图

设工件坐标系原点在直径为 d 圆弧的圆心，选用 $\phi 8\text{mm}$ 的立铣刀，编制加工程序如下。

......

#1=60　　　　　　　　　　　　　　　　　　　　（圆锥大径赋值）

```
#2=40                                      （圆锥小径赋值）
#3=40                                      （圆锥长度赋值）
#4=8                                        （刀具直径赋值）
#5=0.2                                      （角度递变量赋值）
#10=0                                       （角度赋初值）
WHILE [#10LE90] DO1                         （循环条件判断）
  #20=[#1+#4*0.5*[#1-#2]/#3]*0.5*COS[#10]
                                 （计算圆锥大端圆弧上点的 X 坐标值）
  #21=[#1+#4*0.5*[#1-#2]/#3]*0.5*SIN[#10]
                                 （计算圆锥大端圆弧上点的 Z 坐标值）
  #30=[#2-#4*0.5*[#1-#2]/#3]*0.5*COS[#10]
                                 （计算圆锥小端圆弧上点的 X 坐标值）
  #31=[#2-#4*0.5*[#1-#2]/#3]*0.5*SIN[#10]
                                 （计算圆锥小端圆弧上点的 Z 坐标值）
  G01 X[#20+#4*0.5] Y[#3+#4*0.5] Z#21
                            （插补到 P_1 点，考虑刀具半径补偿值）
  X[-#20-#4*0.5]                            （插补到 P_2 点）
  X[-#30-#4*0.5] Y[-#4*0.5] Z#31            （插补到 P_3 点）
  X[#30+#4*0.5]                             （插补到 P_4 点）
  X[#20+#4*0.5] Y[#3+#4*0.5] Z#21           （插补回 P_1 点）
  #10=#10+#5                                （角度递增）
END1                                        （循环结束）
……
```

华中宏程序

```
……
#1=60                                      （圆锥大径赋值）
#2=40                                      （圆锥小径赋值）
#3=40                                      （圆锥长度赋值）
#4=8                                        （刀具直径赋值）
#5=0.2                                      （角度递变量赋值）
#10=0                                       （角度赋初值）
WHILE #10LE90                               （循环条件判断）
  #20=[#1+#4*0.5*[#1-#2]/#3]*0.5*COS[#10*PI/180]
                                 （计算圆锥大端圆弧上点的 X 坐标值）
  #21=[#1+#4*0.5*[#1-#2]/#3]*0.5*SIN[#10*PI/180]
                                 （计算圆锥大端圆弧上点的 Z 坐标值）
  #30=[#2-#4*0.5*[#1-#2]/#3]*0.5*COS[#10*PI/180]
                                 （计算圆锥小端圆弧上点的 X 坐标值）
  #31=[#2-#4*0.5*[#1-#2]/#3]*0.5*SIN[#10*PI/180]
                                 （计算圆锥小端圆弧上点的 Z 坐标值）
  G01 X[#20+#4*0.5] Y[#3+#4*0.5] Z[#21]
                            （插补到 P_1 点，考虑刀具半径补偿值）
  X[-#20-#4*0.5]                            （插补到 P_2 点）
  X[-#30-#4*0.5] Y[-#4*0.5] Z[#31]          （插补到 P_3 点）
```

```
  X[#30+#4*0.5]                              （插补到 P₄ 点）
  X[#20+#4*0.5] Y[#3+#4*0.5] Z[#21]          （插补回 P₁ 点）
  #10=#10+#5                                  （角度递增）
ENDW                                          （循环结束）
……
```

SIEMENS 参数程序

```
……
R1=60                                         （圆锥大径赋值）
R2=40                                         （圆锥小径赋值）
R3=40                                         （圆锥长度赋值）
R4=8                                          （刀具直径赋值）
R5=0.2                                        （角度递变量赋值）
R10=0                                         （角度赋初值）
AAA:                                          （跳转标记符）
  R20=(R1+R4*0.5*(R1-R2)/R3)*0.5*COS(R10)
                             （计算圆锥大端圆弧上点的 X 坐标值）
  R21=(R1+R4*0.5*(R1-R2)/R3)*0.5*SIN(R10)
                             （计算圆锥大端圆弧上点的 Z 坐标值）
  R30=(R2-R4*0.5*(R1-R2)/R3)*0.5*COS(R10)
                             （计算圆锥小端圆弧上点的 X 坐标值）
  R31=(R2-R4*0.5*(R1-R2)/R3)*0.5*SIN(R10)
                             （计算圆锥小端圆弧上点的 Z 坐标值）
  G01 X=R20+R4*0.5 Y=R3+R4*0.5 Z=R21
                        （插补到 P1 点，考虑刀具半径补偿值）
  X=-R20-R4*0.5                               （插补到 P₂ 点）
  X=-R30-R4*0.5 Y=-R4*0.5 Z=R31               （插补到 P₃ 点）
  X=R30+R4*0.5                                （插补到 P₄ 点）
  X=R20+R4*0.5 Y=R3+R4*0.5 Z=R21              （插补回 P₁ 点）
  R10=R10+R5                                  （角度递增）
IF R10<=90 GOTOB AAA                          （循环条件判断）
……
```

第25章

立体五角星面铣削

【例25-1】 如图25-1所示立体正五角星零件，外角点所在圆直径为$\phi60mm$，五角星高度为10mm，试编制其外表面铣削加工宏程序。

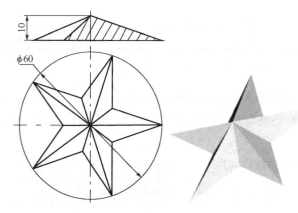

图25-1　立体正五角星

FANUC宏程序

解：立体五角星几何参数模型如图25-2所示，设五角星高度为H，外角点所在圆直径为D，为增加程序的通用性将内角点所在圆直径设为d。

① 等高环绕铣削加工　采用一系列水平的截平面去截五角星，截得的截交线为平面五角星，因此可采用等高环绕铣削加工逐层铣削平面五角星即可完成加工。

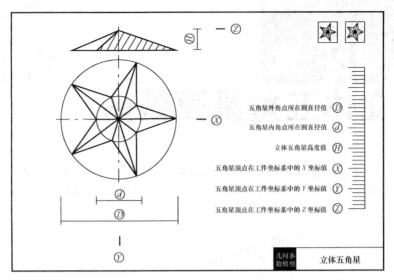

图 25-2　立体五角星几何参数模型

　　设工件坐标原点在五角星顶点，选用直径为 ϕ3mm 的立铣刀由下至上等高环绕铣削加工该五角星外表面，编制加工宏程序如下。

……

`#1=60`	（外角点所在圆直径 D 赋值）
`#2=#1*SIN[18]/SIN[126]`	（利用正弦定理计算内角点所在圆直径 d）
	（非正五角星可直接对#2 赋值）
`#3=10`	（五角星高度 H 赋值）
`#4=0`	（五角星顶点在工件坐标系中的 X 坐标值）
`#5=0`	（五角星顶点在工件坐标系中的 Y 坐标值）
`#6=0`	（五角星顶点在工件坐标系中的 Z 坐标值）
`#7=3`	（立铣刀直径赋值）
`#8=0.2`	（加工深度递变量赋值）
`#10=#3`	（加工深度赋初值）
`WHILE [#10GT0] DO1`	（加工条件判断）
`#11=#1*0.5*#10/#3+#7*0.5`	（计算截平面中五角星截交线外角点所在圆半径）
`#12=#2*0.5*#10/#3+#7*0.5`	（计算截平面中五角星截交线内角点所在圆半径）
`G00 Z[-#10+#6]`	（抬刀到加工平面）
`G01 X[#11+#4] Y#5`	（直线插补到切削起点）
`X[#12*COS[36]+#4] Y[-#12*SIN[36]+#5]`	（直线插补加工平面五角星）
`X[#11*COS[72]+#4] Y[-#11*SIN[72]+#5]`	（直线插补加工平面五角星）

```
   X[#12*COS[108]+#4] Y[-#12*SIN[108]+#5]  （直线插补加工平面五角星）
   X[#11*COS[144]+#4] Y[-#11*SIN[144]+#5]  （直线插补加工平面五角星）
   X[-#12+#4] Y#5                （直线插补加工平面五角星）
   X[#11*COS[144]+#4] Y[#11*SIN[144]+#5]  （直线插补加工平面五角星）
   X[#12*COS[108]+#4] Y[#12*SIN[108]+#5]  （直线插补加工平面五角星）
   X[#11*COS[72]+#4] Y[#11*SIN[72]+#5]   （直线插补加工平面五角星）
   X[#12*COS[36]+#4] Y[#12*SIN[36]+#5]   （直线插补加工平面五角星）
   X[#11+#4] Y#5                 （直线插补加工平面五角星）
#10=#10-#8                       （加工深度递减）
END1                             （循环结束）
……
```

② 斜插铣削加工　设工件坐标原点在五角星顶点，选用直径为 $\phi3mm$ 的立铣刀采用从顶点斜插到底边的方式逐一铣削加工五角星各斜面，编制加工宏程序如下。

```
……
#1=60                    （外角点所在圆直径 D 赋值）
#2=#1*SIN[18]/SIN[126]   （利用正弦定理计算内角点所在圆直径 d）
                         （非正五角星可直接对#2赋值）
#3=10                    （五角星高度 H 赋值）
#4=0                     （五角星顶点在工件坐标系中的 X 坐标值）
#5=0                     （五角星顶点在工件坐标系中的 Y 坐标值）
#6=0                     （五角星顶点在工件坐标系中的 Z 坐标值）
#7=3                     （立铣刀直径赋值）
#8=200                   （等份份数赋值）
#10=#1*0.5+#7*0.5        （计算外角点圆半径加上铣刀半径）
#11=#2*0.5+#7*0.5        （计算内角点圆半径加上铣刀半径）
#12=#11*COS[36]          （计算内角点的 X 坐标值）
#13=#11*SIN[36]          （计算内角点的 Y 坐标值）
#14=#7*0.5*COS[36]       （计算顶点上起刀点的 X 坐标值）
#15=#7*0.5*SIN[36]       （计算顶点上起刀点的 Y 坐标值）
#20=0                    （坐标旋转角度赋初值）
WHILE [#20LT360] DO1     （坐标旋转条件判断）
G68 X#4 Y#5 R#20         （坐标旋转设定）
  #30=0                  （加工份数赋初值）
  WHILE [#30LE#8] DO2    （加工条件判断）
  G00 X[#14+#4] Y[-#15+#5] Z#6   （五角星顶点定位）
  G01    X[#12+[#10-#12]*#30/#8+#4]    Y[-#13+#13*#30/#8+#5]
Z[-#3+#6]
                         （直线插补到底边）
  G00 Z#6                （抬刀）
  #30=#30+1             （加工份数递增）
  END2                   （循环结束）
  #30=0                  （加工份数赋初值）
  WHILE [#30LE#8] DO3    （加工条件判断）
```

```
  G00 X[#14+#4] Y[#15+#5] Z#6          （五角星顶点定位）
  G01    X[#12+[#10-#12]*#30/#8+#4]        Y[#13-#13*#30/#8+#5]
Z[-#3+#6]
                                       （直线插补到底边）
  G00 Z#6                              （抬刀）
  #30=#30+1                            （加工份数递增）
  END3                                 （循环结束）
G69                                    （取消坐标旋转）
#20=#20+72                             （旋转角度递增 72°）
END1                                   （循环结束）
……
```

华中宏程序

```
……
#1=60                            （外角点所在圆直径 D 赋值）
#2=#1*SIN[18*PI/180]/SIN[126*PI/180]
                                 （利用正弦定理计算内角点所在圆直径 d）
                                 （非正五角星可直接对#2 赋值）
#3=10                            （五角星高度 H 赋值）
#4=0                             （五角星顶点在工件坐标系中的 X 坐标值）
#5=0                             （五角星顶点在工件坐标系中的 Y 坐标值）
#6=0                             （五角星顶点在工件坐标系中的 Z 坐标值）
#7=3                             （立铣刀直径赋值）
#8=0.2                           （加工深度递变量赋值）
#10=#3                           （加工深度赋初值）
WHILE #10GT0                     （加工条件判断）
  #11=#1*0.5*#10/#3+#7*0.5       （计算截平面中五角星截交线外角点所在
                                   圆半径）
  #12=#2*0.5*#10/#3+#7*0.5       （计算截平面中五角星截交线内角点所在
                                   圆半径）
  G00 Z[-#10+#6]                 （抬刀到加工平面）
  G01 X[#11+#4] Y[#5]            （直线插补到切削起点）
  X[#12*COS[36*PI/180]+#4] Y[-#12*SIN[36*PI/180]+#5]
                                 （直线插补加工平面五角星）
  X[#11*COS[72*PI/180]+#4] Y[-#11*SIN[72*PI/180]+#5]
                                 （直线插补加工平面五角星）
  X[#12*COS[108*PI/180]+#4] Y[-#12*SIN[108*PI/180]+#5]
                                 （直线插补加工平面五角星）
  X[#11*COS[144*PI/180]+#4] Y[-#11*SIN[144*PI/180]+#5]
                                 （直线插补加工平面五角星）
  X[-#12+#4] Y[#5]               （直线插补加工平面五角星）
  X[#11*COS[144*PI/180]+#4] Y[#11*SIN[144*PI/180]+#5]
                                 （直线插补加工平面五角星）
  X[#12*COS[108*PI/180]+#4] Y[#12*SIN[108*PI/180]+#5]
                                 （直线插补加工平面五角星）
```

```
    X[#11*COS[72*PI/180]+#4]  Y[#11*SIN[72*PI/180]+#5]
                                      (直线插补加工平面五角星)
    X[#12*COS[36*PI/180]+#4]  Y[#12*SIN[36*PI/180]+#5]
                                      (直线插补加工平面五角星)
     X[#11+#4]  Y[#5]                 (直线插补加工平面五角星)
#10=#10-#8                            (加工深度递减)
ENDW                                  (循环结束)
……
```

SIEMENS 参数程序

```
……
R1=60                         (外角点所在圆直径 D 赋值)
R2=R1*SIN(18)/SIN(126)        (利用正弦定理计算内角点所在圆直径 d)
                              (非正五角星可直接对 R2 赋值)
R3=10                         (五角星高度 H 赋值)
R4=0                          (五角星顶点在工件坐标系中的 X 坐标值)
R5=0                          (五角星顶点在工件坐标系中的 Y 坐标值)
R6=0                          (五角星顶点在工件坐标系中的 Z 坐标值)
R7=3                          (立铣刀直径赋值)
R8=0.2                        (加工深度递变量赋值)
R10=R3                        (加工深度赋初值)
AAA:                          (程序跳转标记符)
  R11=R1*0.5*R10/R3+R7*0.5    (计算截平面中五角星截交线外角点所在
                               圆半径)
  R12=R2*0.5*R10/R3+R7*0.5    (计算截平面中五角星截交线内角点所在
                               圆半径)
  G00 Z=-R10+R6               (抬刀到加工平面)
  G01 X=R11+R4 Y=R5           (直线插补到切削起点)
  X=R12*COS(36)+R4 Y=-R12*SIN(36)+R5    (直线插补加工平面五角星)
  X=R11*COS(72)+R4 Y=-R11*SIN(72)+R5    (直线插补加工平面五角星)
  X=R12*COS(108)+R4 Y=-R12*SIN(108)+R5  (直线插补加工平面五角星)
  X=R11*COS(144)+R4 Y=-R11*SIN(144)+R5  (直线插补加工平面五角星)
  X=-R12+R4 Y=R5                        (直线插补加工平面五角星)
  X=R11*COS(144)+R4 Y=R11*SIN(144)+R5   (直线插补加工平面五角星)
  X=R12*COS(108)+R4 Y=R12*SIN(108)+R5   (直线插补加工平面五角星)
  X=R11*COS(72)+R4 Y=R11*SIN(72)+R5     (直线插补加工平面五角星)
  X=R12*COS(36)+R4 Y=R12*SIN(36)+R5     (直线插补加工平面五角星)
  X=R11+R4 Y=R5                (直线插补加工平面五角星)
R10=R10-R8                    (加工深度递减)
IF R10>0 GOTOB AAA            (加工条件判断)
……
```

第26章
零件轮廓铣削

26.1 零件轮廓粗精加工

在零件轮廓铣削加工时，由于刀具半径尺寸影响，刀具的中心轨迹与零件轮廓往往不一致。为了避免计算刀具中心轨迹，数控系统提供了刀具半径补偿功能。采用刀具半径补偿指令后，编程时只需按零件轮廓编制，数控系统能自动计算刀具中心轨迹，并使刀具按此轨迹运动，使编程简化。

（1）刀具半径补偿的应用

刀具半径补偿功能是数控铣削中很重要的功能，它可以减少数控编程中的繁琐计算，简化编程。刀具半径补偿可应用在如下三方面：

① 采用刀具半径补偿功能后，可以直接按零件的轮廓编程，简化了编程工作。这是刀补的一般应用。

② 应用刀具半径补偿功能，通过修改刀具中半径补偿参数就可利用同一个加工程序对零件轮廓进行粗、精加工。当按零件轮廓编程以后，在对零件进行粗加工时，可以把偏置量设为 $R+\Delta$（R 为铣刀半径，Δ 为精加工余量），加工完后，将得到比零件轮廓大一个 Δ 的工件。在精加工零件时，把偏置量设为 R，这样零件加工完后，将得到零件的实际轮廓。刀具磨损后或采用直径不同的刀具对同一轮廓进行加工也可用此方法处理。

③ 使用刀具半径补偿功能，可利用同一个程序加工公称尺寸

相同的内外两个轮廓面。例如顺时针加工某整圆轮廓线，采用左刀补 G41 指令编程，设刀具补偿值为+R 时，刀具中心沿轨迹在整圆轮廓外侧切削，当刀具补偿值为-R 时，刀具中心沿轨迹在轮廓内侧切削（即加工与之相配零件的内孔表面）。

在宏程序编程加工中刀具半径补偿功能作用更明显，这是因为半径补偿参数可以内部传递，并且参数可以根据需要大小变化，利用这点不但可以实现以上三方面的应用，甚至可以实现任一轮廓倒斜角和倒圆角等特殊情况的加工。

（2）刀具半径补偿（G41/G42/G40）指令格式

指令格式如下：

$$\begin{Bmatrix} G17 \\ G18 \\ G19 \end{Bmatrix} \begin{Bmatrix} G40 \\ G41 \\ G42 \end{Bmatrix} \begin{Bmatrix} G00 \\ G01 \end{Bmatrix} \begin{Bmatrix} X\_\ Y\_ \\ X\_\ Z\_ \\ Y\_\ Z\_ \end{Bmatrix} D\_$$

各地址含义：

G17/G18/G19 为平面选择指令。当选择某一平面进行刀具半径补偿时，将仅影响该坐标平面的坐标轴的移动，而对另一坐标轴没有作用。

G41/G42/G40 为刀具半径补偿形式。G41 表示刀具半径左补偿（简称左刀补），指沿刀具前进方向看去（进给方向），刀具中心轨迹偏在被加工面的左边。G42 表示刀具半径右补偿（简称右刀补），指沿刀具前进方向看去（进给方向），刀具中心轨迹偏在被加工面的右边。G40 表示取消刀具半径补偿。G40、G41、G42 都是模态代码，可相互注销。

G00/G01 为刀具移动指令，无论是建立还是取消刀具半径补偿，必须有补偿平面坐标轴的移动。

X、Y、Z 为刀具插补终点坐标值，平面选择指令选定平面坐标轴外的另一坐标轴可不写（无效）。

D 为刀具半径补偿功能字，其后数字为补偿编号，该补偿编号对应的存储值为刀具半径补偿值，补偿值为刀具中心偏离编程零件轮廓的距离。

（3）刀具半径补偿值的设定

① FANUC 系统　利用 G10 指令可对刀具补偿储存器 C 中的数据进行设定，表 26-1 为刀具补偿存储器和刀具补偿值的设置格式。

表 26-1　刀具补偿存储器和刀具补偿值的设置格式

刀具补偿存储器的种类	格式
H 代码的几何补偿值	G10　L10　P____　R____;
D 代码的几何补偿值	G10　L12　P____　R____;
H 代码的磨损补偿值	G10　L11　P____　R____;
D 代码的磨损补偿值	G10　L13　P____　R____;

其中，P 为刀具补偿号。R 为刀具补偿值，在绝对值指令（G90）方式下该值即为实际的刀具补偿值，但在增量值指令（G91）方式下该值需与指定的刀具补偿号的刀补值相加之和才为实际的刀具补偿值。

② 华中系统　在华中数控系统中刀具半径补偿功能字 D 的使用方式有两种：一种是刀补表中对应的刀补号码（D00～D99），它代表了刀补表中对应的半径补偿值。另一种方式是由变量#100～#199 里存放的数据可以作为刀具半径补偿值来使用，如：

```
#100=8              （将数值 8 赋给#100）
G41 D100            （D100 就是指加载#100 的值 8 作为刀补半径，注意
                    本程序段中如果把 D100 写成了 D[#100]，则相当
                    于 D8，即调用 8 号刀补，而不是补偿量为 8。）
```

③ SIEMENS 系统　通常，操作者所使用的刀具半径补偿值等参数是操作者事先写入刀具参数表中，输入方式为由操作者手工输入；修改刀具半径补偿值时也需要在程序复位状态下进行，并且当程序重新启动后新的刀具半径补偿才能生效。除此之外，刀具参数还可以在程序中设定，称之为刀具数据参数化设定。

刀具数据参数化设定是在加工程序调用半径补偿功能中，通过在程序段中使用系统变量"$TC_DP6"对刀具半径值参数进行设定来实现的。

刀具半径参数设定指令格式为：

`$TC_DP6[…,…]=…`

在括号内的第一位数据是要设定的刀具号，第二位数据是指定刀具偏置号，中间以符号"，"分开。等号右侧为所指定刀具的半径值，可以是具体数据，也可以是参数变量 R。例如：

```
$TC_DP6[1,1]=10      （将 1 号刀具的第 1 号刀具半径补偿值设定为 10mm）
R2=10.2              （将 10.2 赋值给 R2）
$TC_DP6[2,2]=R2      （将 2 号刀具的第 2 号刀具半径补偿值设定为 10.2mm）
```

但是，仅仅更改了刀具半径补偿值还不行，还不能使其生效。要使其生效，必须再一次用 G41 或 G42 指令重新激活已经更改了的刀具参数。需要注意，刀具补偿不能连续激活，两次激活不同的刀具半径补偿值之间必须有一段带刀具半径补偿值的运动指令过渡。

【例 26-1】　如图 26-1 所示，要求从直径 ϕ80mm 的圆柱形毛坯上数控铣削加工出 ϕ30×5 的圆柱形凸台，试编制其加工宏程序。

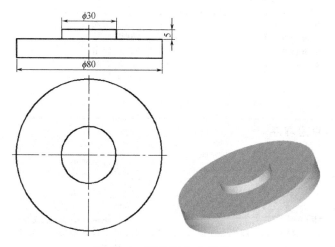

图 26-1　圆柱形凸台零件

FANUC 宏程序

解：零件轮廓加工一般分为粗加工和精加工等多个工序。确定粗精加工刀具轨迹可通过刀具半径补偿值实现，即在采用同一刀具的情况下，先制定精加工刀具轨迹，再通过宏程序的系统变量功能改变刀具半径补偿值的方式进行粗加工刀具轨迹设定。另外，也可以通过设置粗精加工次数及余量来设定粗精加工刀具轨迹。

设工件坐标系原点在工件上表面中心，采用直径为 $\phi 12mm$ 的立铣刀粗精加工该台阶形零件，编制加工程序如下：

```
……
#1=80                              （毛坯直径赋值）
#2=30                              （凸台直径赋值）
#3=5                               （凸台高度赋值）
#4=12                              （立铣刀直径赋值）
#5=0.7*#4                          （行距赋值，取 0.7 倍刀具直径值）
#10=[#1-#2]*0.5+#5                 （刀具半径补偿值赋初值）
G00 X#1 Y0                         （刀具快进）
Z-#3                               （下刀到加工平面）
WHILE [#10GT#4*0.5] DO1            （加工条件判断）
  #10=#10-#5                       （刀具半径补偿值递减）
  IF [#10LE#4*0.5] THEN #10=#4*0.5 （精加工条件判断）
  G10 L12 P01 R#10                 （刀具半径补偿值设定）
  G00 G41 X[#2*0.5] Y[#1*0.5] D01  （建立刀具半径补偿）
  G01 Y0                           （切线切入）
  G02 I[-#2*0.5]                   （圆弧插补）
  G00 Y[-#1*0.5]                   （切线切出）
  G00 G40 X#1 Y0                   （取消刀具半径补偿）
END1                               （循环结束）
……
```

华中宏程序

```
……
#1=80                              （毛坯直径赋值）
#2=30                              （凸台直径赋值）
#3=5                               （凸台高度赋值）
#4=12                              （立铣刀直径赋值）
#5=0.7*#4                          （行距赋值，取 0.7 倍刀具直径值）
#101=[#1-#2]*0.5+#5                （刀具半径补偿值赋初值）
G00 X[#1] Y0                       （刀具快进）
Z[-#3]                             （下刀到加工平面）
WHILE #101GT#4*0.5                 （加工条件判断）
  #101=#101-#5                     （刀具半径补偿值递减）
  IF #101LE#4*0.5                  （精加工条件判断）
  #101=#4*0.5                      （精加工刀具半径补偿值赋值）
  ENDIF                            （条件结束）
  G00 G41 X[#2*0.5] Y[#1*0.5] D101 （建立刀具半径补偿）
```

```
  G01  Y0                              （切线切入）
  G02  I[-#2*0.5]                      （圆弧插补）
  G00  Y[-#1*0.5]                      （切线切出）
  G00  G40  X[#1]  Y0                  （取消刀具半径补偿）
ENDW                                    （循环结束）
……
```

SIEMENS 参数程序

```
……
R1=80                                   （毛坯直径赋值）
R2=30                                   （凸台直径赋值）
R3=5                                    （凸台高度赋值）
R4=12                                   （立铣刀直径赋值）
R5=0.7*R4                               （行距赋值，取 0.7 倍刀具直径值）
R10=(R1-R2)*0.5+R5                      （刀具半径补偿值赋初值）
G00  X=R1  Y0                           （刀具快进）
Z=-R3                                   （下刀到加工平面）
AAA:                                    （程序跳转标记符）
  R10=R10-R5                            （刀具半径补偿值递减）
  IF  R10>R4*0.5  GOTOF  MAR01          （精加工条件判断）
  R10=R4*0.5                            （精加工刀具半径补偿值赋值）
  MAR01:                                （程序跳转标记符）
  $TC_DP6[1,1]=R10                      （刀具半径补偿值赋值）
  G00  G41  X=R2*0.5  Y=R1*0.5  D01     （建立刀具半径补偿）
  G01  Y0                               （切线切入）
  G02  I=-R2*0.5                        （圆弧插补）
  G00  Y=-R1*0.5                        （切线切出）
  G00  G40  X=R1  Y0                    （取消刀具半径补偿）
IF  R10>R4*0.5  GOTOB  AAA              （加工条件判断）
……
```

26.2 零件轮廓倒角

　　如图 26-2 所示，零件轮廓倒角有凸圆角、凹圆角和斜角三种。
零件轮廓倒角的宏程序编程有刀具刀位点轨迹编程和刀具半径补偿
编程两种方法，通过分别研究两种方法的关键编程技术进行比较发
现：以刀具刀位点轨迹编制宏程序时，由于刀位点轨迹较复杂，编
程和理解困难，并且容易出错，仅适用于几何形状比较简单工件的

编程；以刀具半径补偿功能编制宏程序时仅根据工件轮廓编程，无需考虑刀具中心位置，由数控系统根据动态变化的刀具半径补偿值自动计算刀具中心坐标，编程比较简便，效率高，且不易出错。本节采用刀具半径补偿法编程，刀具刀位点轨迹法编程在此不作赘述。

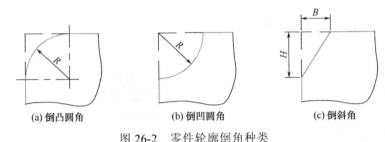

(a) 倒凸圆角　　　　　　(b) 倒凹圆角　　　　　　(c) 倒斜角

图 26-2　零件轮廓倒角种类

（1）零件轮廓倒角铣削加工几何参数模型

零件轮廓倒角可采用球头刀或立铣刀铣削加工，如表 26-2 所示为利用球头刀倒工件轮廓凹圆角和斜角及用立铣刀倒工件轮廓凸圆角、凹圆角和斜角的几何参数模型图。

表 26-2　倒角几何参数模型

刀具及加工类型	几何参数模型图	计算公式
球头刀倒凸圆角		$Z = \left(R + \dfrac{D}{2}\right) \times \sin\theta - R$ $r = \left(R + \dfrac{D}{2}\right) \times \cos\theta - R$ 其中： Z—动态变化的 Z 坐标值 r—动态变化的刀半补值 θ—圆角圆弧的圆心角 D—球刀直径 R—圆角半径

刀具及加工类型	几何参数模型图	计算公式
球头刀倒凹圆角		$Z = -(R - \dfrac{D}{2}) \times \sin\theta$ $r = -(R - \dfrac{D}{2}) \times \cos\theta$ 其中： Z—动态变化的 Z 坐标值 r—动态变化的刀半补值 θ—圆角圆弧的圆心角 D—球刀直径 R—圆角半径
球头刀倒斜角		$Z = \dfrac{B \times \dfrac{D}{2}}{\sqrt{B^2 + H^2}} - h$ $r = \dfrac{H \times \dfrac{D}{2}}{\sqrt{B^2 + H^2}} - \dfrac{B \times (H - h)}{H}$ 其中： Z—动态变化的 Z 坐标值 r—动态变化的刀半补值 B—斜倒角宽度 H—斜倒角高度 D—球刀直径 h—加工深度
立铣刀倒凸圆角		$Z = R \times \sin\theta - R$ $r = \dfrac{D}{2} - (R - R \times \cos\theta)$ 其中： Z—动态变化的 Z 坐标值 r—动态变化的刀半补值 θ—圆角圆弧的圆心角 D—立铣刀直径 R—圆角半径

刀具及加工类型	几何参数模型图	计算公式
立铣刀倒凹圆角	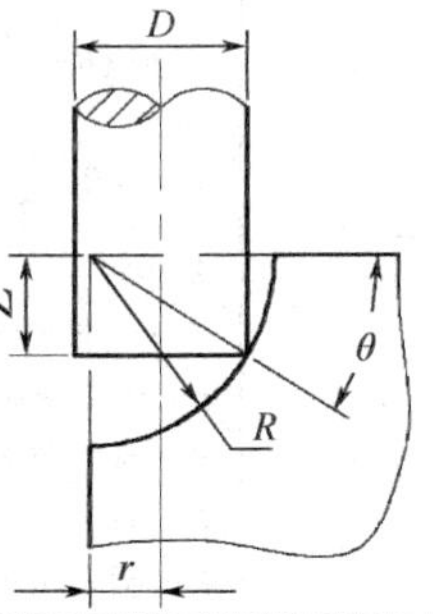	$Z = -R \times \sin\theta$ $r = \dfrac{D}{2} - R \times \cos\theta$ 其中： Z—动态变化的 Z 坐标值 r—动态变化的刀半补值 θ—圆角圆弧的圆心角 D—立铣刀直径 R—圆角半径
立铣刀倒斜角	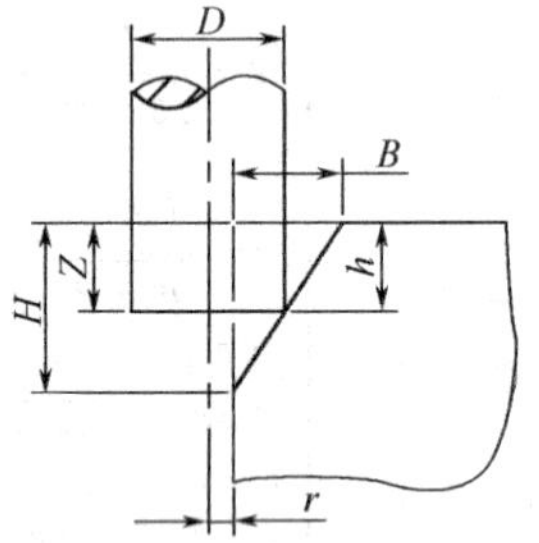	$Z = -h$ $r = \dfrac{D}{2} - \dfrac{B \times (H-h)}{H}$ 其中： Z—动态变化的 Z 坐标值 r—动态变化的刀半补值 B—斜倒角宽度 H—斜倒角高度 D—立铣刀直径 h—加工深度

（2）球头刀刀具半径补偿法铣削加工零件轮廓凸圆角宏程序

倒凸圆角加工属于曲面的加工，曲面加工可在三坐标轴、四坐标轴或五坐标轴等数控机床上完成，其中三坐标轴曲面加工应用最为普遍。曲面加工的走刀路线由参数法、截面法、放射型法、环型等多种走刀路线方式。下面介绍用截面法加工圆角曲面的原理。

截平面法是指采用一组截平面去截取加工表面，截出一系列交线，刀具与加工表面的切触点就沿着这些交线运动，完成曲面的加工。

根据截面法的基本思想加工如图 26-3 中的圆角曲面时，可用一组水平面作为截平面，截出的一系列截交线（俯视图中细实线），然后刀具与加工表面的切触点就沿这些截交线运动，即可加工出圆角曲面，只要控制相邻截面与截面间的距离足够小，即每次的下刀深度足够小，就可以加工出满足加工质量要求的圆角曲面。由图26-3可见这一系列的截交线都是圆角所在外轮廓的等距线，所以为简化编程可采用半径补偿功能进行编制。

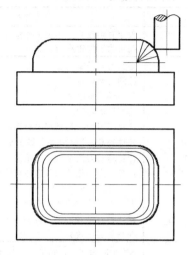

图 26-3　加工圆角曲面的刀具轨迹

为保证加工质量，在加工倒圆角时通过调整角度增量并由下至上加工的方法来实现。采用球头刀铣削加工零件轮廓凸圆角的变量模型如表 26-2 所示，刀具的"半径"和 Z 轴坐标值是动态变化的。HNC-21M 系统中，可编程的动态变化的刀具"半径"用变量#100～#199 表示，刀具半径补偿号必须与"半径"变量中的序号相同，例如刀具"半径"用变量#101 时，刀具半径补偿号必须用 D101。设工件轮廓凸圆角半径 R，球头刀刀具直径为 D，以圆角圆弧的圆心角 θ 为自变量，在当前角度 θ 时球头刀的刀位点（球心）距离上表面 Z，距离加工工件轮廓 r，利用工件轮廓补偿刀具半径补偿值 r 编程沿工件轮廓加工，然后角度 θ 递变，再利用变化后的 Z 值和工件轮廓补偿以变化后的刀具半径补偿值"r"编程沿工件轮廓加工，直到加工完整个圆角。

球头刀刀具半径补偿法铣削加工零件轮廓凸圆角宏程序编程模板分别如表 26-3～表 26-5 所示。

表 26-3　球头刀刀具半径补偿法铣削加工零件轮廓凸圆角宏
程序编程模板（FANUC 系统）

程序内容	注释
……	程序开头部分（要求工件坐标系 Z 轴原点设在加工圆角的工件轮廓上表面）
#10=	球头刀直径赋值
#11=	凸圆角半径赋值
#12=0.5	角度递变量赋值
#20=0	角度计数器置零
#21=#10/2+#11	计算球刀中心与倒圆中心连线距离
WHILE [#20LE90] DO1	条件判断，当#20 小于等于 90°时执行循环
#22=#21*SIN[#20]-#11	计算球头刀的 Z 轴动态值
#23=#21*COS[#20]-#11	计算动态变化的刀具半径补偿值
G10 L12 P____ R#23	刀具补偿值的设定
G00 Z#22	刀具下降至初始加工平面
G41/G42 X____ Y____ D____	建立刀具半径补偿（注意左右刀补的选择和刀补号应与前面一致）
……	XY 平面类的工件轮廓加工程序（从轮廓外安全位置切入切削起点，然后沿工件轮廓加工至切削终点）
G40 G00 X____ Y____	取消刀具半径补偿
#20=#20+#12	角度计数器加增量
END1	循环结束
……	程序结束部分

表 26-4　球头刀刀具半径补偿法铣削加工零件轮廓凸圆角宏
程序编程模板（华中系统）

程序内容	注释
……	程序开头部分（要求工件坐标系 Z 轴原点设在加工圆角的工件轮廓上表面）
#10=	球头刀直径 D 赋值
#11=	凸圆角半径 R 赋值
#12=0.5	角度递变量赋值
#20=0	角度 θ 计数器置零
#21=#10/2+#11	计算球刀中心与倒圆中心连线距离
WHILE #20LE90	循环条件判断

程序内容	注释
#22=#21*SIN[#20*PI/180]-#11	计算球头刀的 Z 轴动态值
#100=#21*COS[#20*PI/180]-#11	计算动态变化的刀具半径 r 补偿值
G00 Z[#22]	刀具下降至初始加工平面
G41/G42 X____ Y____ D100	建立刀具半径补偿（注意左右刀补的选择）
……	XY 平面类的工件轮廓加工程序（从轮廓外安全位置切入切削起点，然后沿工件轮廓加工至切削终点）
G40 G00 X____ Y____	取消刀具半径补偿
#20=#20+#12	角度 θ 计数器递增
ENDW	循环结束
……	程序结束部分

表 26-5 球头刀刀具半径补偿法铣削加工零件轮廓凸圆角参数
编程模板（SIEMENS 系统）

程序内容	注释
……	程序开头部分（要求工件坐标系 Z 轴原点设在加工圆角的工件轮廓上表面）
R10=	球头刀直径 D 赋值
R11=	凸圆角半径 R 赋值
R12=0.5	角度递变量赋值
R20=0	角度 θ 计数器置零
R21=R10/2+R11	计算球刀中心与倒圆中心连线距离
AAA:	程序跳转标记符
R22=R21*SIN(R20)-R11	计算球头刀的 Z 轴动态值
R23=R21*COS(R20)-R11	计算动态变化的刀具半径补偿值
$TC_DP6[1,1]=R23	刀具半径补偿值设定
G00 Z=R22	刀具下降至初始加工平面
G41/G42 X____ Y____ D01	建立刀具半径补偿（注意左右刀补的选择）
……	XY 平面类的工件轮廓加工程序（从轮廓外安全位置切入切削起点，然后沿工件轮廓加工至切削终点）
G40 G00 X____ Y____	取消刀具半径补偿
R20=R20+R12	角度 θ 计数器递增
IF R20<=90 GOTOB AAA	循环条件判断
……	程序结束部分

【例 26-2】　如图 26-4 所示零件轮廓已经加工完毕，试编制其倒 R4 圆角的铣削加工宏程序。

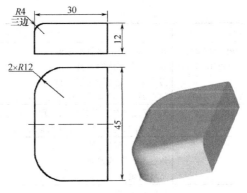

图 26-4 工件轮廓倒凸圆角

FANUC 宏程序

解：设工件坐标系原点在工件上表面右侧对称中心，编制倒圆角宏程序如下。

```
......
#10=8                      （球头刀直径 D 赋值）
#11=4                      （凸圆角半径 R 赋值）
#12=0.5                    （角度递变量赋值）
#20=0                      （角度 θ 计数器置零）
#21=#10/2+#11              （计算球刀中心与倒圆中心连线距离）
WHILE [#20LE90] DO1        （加工条件判断）
#22=#21*SIN[#20]-#11       （计算球头刀的 Z 轴动态值）
#23=#21*COS[#20]-#11       （计算动态变化的刀具半径补偿值）
G10 L12 P01 R#23           （刀具半径补偿值设定）
G00 Z#22                   （刀具下降至初始加工平面）
G41 X10 Y-22.5 D01         （建立刀具半径补偿）
  G01 X-18                 （工件轮廓加工程序）
  G02 X-30 Y-10.5 R12      （工件轮廓加工程序）
  G01 Y10.5                （工件轮廓加工程序）
  G02 X-18 Y22.5 R12       （工件轮廓加工程序）
  G01 X0                   （工件轮廓加工程序）
G40 G00 X50               （取消刀具半径补偿）
#20=#20+#12               （角度计数器加增量）
END1                       （循环结束）
......
```

华中宏程序

```
……
#10=8                               (球头刀直径 D 赋值)
#11=4                               (凸圆角半径 R 赋值)
#12=0.5                             (角度递变量赋值)
#20=0                               (角度 θ 计数器置零)
#21=#10/2+#11                       (计算球头刀中心与倒圆中心连线距离)
WHILE #20LE90                       (循环条件判断)
#22=#21*SIN[#20*PI/180]-#11         (计算球头刀的 Z 轴动态值)
#100=#21*COS[#20*PI/180]-#11        (计算动态变化的刀具半径补偿值)
G00 Z[#22]                          (刀具下降至初始加工平面)
G41 X10 Y-22.5 D100                 (建立刀具半径补偿)
  G01 X-18                          (工件轮廓加工程序)
  G02 X-30 Y-10.5 R12               (工件轮廓加工程序)
  G01 Y10.5                         (工件轮廓加工程序)
  G02 X-18 Y22.5 R12                (工件轮廓加工程序)
  G01 X0                            (工件轮廓加工程序)
G40 G00 X50                         (取消刀具半径补偿)
#20=#20+#12                         (角度计数器加增量)
ENDW                                (循环结束)
……
```

SIEMENS 参数程序

```
……
R10=8                               (球头刀直径 D 赋值)
R11=4                               (凸圆角半径 R 赋值)
R12=0.5                             (角度递变量赋值)
R20=0                               (角度 θ 计数器置零)
R21=R10/2+R11                       (计算球刀中心与倒圆中心连线距离)
AAA:                                (程序跳转标记符)
R22=R21*SIN(R20)-R11                (计算球头刀的 Z 轴动态值)
R23=R21*COS(R20)-R11                (计算动态变化的刀具半径补偿值)
$TC_DP6[1,1]=R23                    (刀具半径补偿值设定)
G00 Z=R22                           (刀具下降至初始加工平面)
G41 X10 Y-22.5 D01                  (建立刀具半径补偿)
  G01 X-18                          (工件轮廓加工程序)
  G02 X-30 Y-10.5 CR=12             (工件轮廓加工程序)
  G01 Y10.5                         (工件轮廓加工程序)
  G02 X-18 Y22.5 CR=12              (工件轮廓加工程序)
  G01 X0                            (工件轮廓加工程序)
G40 G00 X50                         (取消刀具半径补偿)
R20=R20+R12                         (角度计数器加增量)
IF R20<=90 GOTOB AAA                (加工条件判断)
……
```

第27章
特征元

　　构成复杂零件的基本组成单元称为特征元，是一系列可供宏程序编程实现数控加工的典型和基础的零件几何特征，常见复杂件可看作由若干特征元组合变换而成，通过积累和整理可形成一个特征元库。特征元在数控宏程序编程与加工中的作用和地位类似于机械产品中的标准件和通用件。例如图 27-1 所示为数控铣削加工常见的四种型腔特征元。

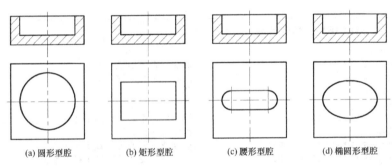

(a) 圆形型腔　　　　(b) 矩形型腔　　　　(c) 腰形型腔　　　　(d) 椭圆形型腔

图 27-1　常见型腔特征元

　　数控加工宏程序编程的任务可看作一系列数控加工特征元与特征变换的编程实现，在特征元库的基础上，建立特征元的变换模型，编写为特征变换宏程序，以方便实际编程加工时的调用。例如图 27-2（b）为腰形型腔特征元的旋转变换，图 27-2（c）为该特征元的沿直线分布。

　　常见的特征变换方式有整体或局部、放大或缩小、平行移动、绕点旋转、矩形阵列和圆周阵列等，图 27-3 为常见特征变换方式示意图。

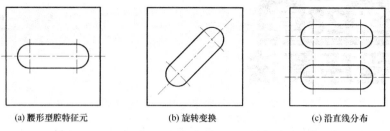

(a) 腰形型腔特征元   (b) 旋转变换   (c) 沿直线分布

图 27-2 腰形型腔特征元的变换示例

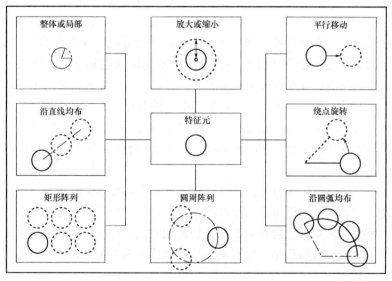

图 27-3 常见特征变换方式示意图

第28章

程序算法

　　任何一个宏程序编写人员都不可避免地要和算法打交道，那么算法是什么？所谓算法就是定义良好的计算过程，它取一个或一组值作为输入，并产生一个或一组值作为输出。其实我们可以理解为算法就是用来解决特定的一个或一类问题的方法，当然这里所谓的问题必须是一个关于计算的问题或者最起码要能抽象成一个关于计算的问题。数控机床说穿了就是计算机，而计算机最初的也是最核心的功能就是用来计算，而我们编写的程序，就是用一种计算机可以明白的语言告诉计算机，你要如何计算，然后告诉我们计算结果。如何计算就是上面所说的算法，这个其实才是宏程序最核心的问题。

　　当然，在编程的过程中，很多时候并不需要完全由我们自己来设计算法，很多程序员也没有能力去设计优秀的算法。我们更多时候所做的是把一些优秀的算法使用到我们的程序中去，让我们的程序正确、高效与简洁，编写出这样的程序是我们的追求。

（1）累加

　　【例28-1】　求 1～10 各整数之和。

　　解：下面以 FANUC 系统为例编制求和宏程序如下。

```
#1=0                    （存储和的变量赋初值 0）
#2=1                    （计数器赋初值 1，从 1 开始）
N1                      （程序段号，跳转标记符）
#1=#1+#2                （求和）
#2=#2+1                 （计数器加 1，即求下一个被加的数）
IF[#2LE10] GOTO1        （如果计数器值小于等于 10，转移到 N1 程序段）
```

（2）交换两变量的值

【例 28-2】 设变量 1 的值为"20"，变量 2 的值为"15"，将两变量的值进行互换。

解： 下面以 FANUC 系统为例采用三种方法来分别实现。

方法一：

```
#1=20                    （#1 赋值）
#2=15                    （#2 赋值）
#3=#1                    （将#1 的值赋给#3）
#1=#2                    （将#2 的值赋给#1）
#2=#3                    （将#3 的值赋给#2，其值为原来#1 的值）
```

本方法中借用了一个零时变量#3，这是一个很容易理解的标准算法。

方法二：

```
#1=20                    （#1 赋值）
#2=15                    （#2 赋值）
#1=#2-#1                 （减运算）
#2=#2-#1                 （减运算）
#1=#2+#1                 （加运算）
```

该方法可称为算术算法，就是通过普通的加和减运算来实现的。该方法的原理是：把#1 和#2 看做数轴上的点，围绕两点间的距离来进行计算。

方法三：

```
#1=20                    （#1 赋值）
#2=15                    （#2 赋值）
#1=#1 XOR #2             （异或运算）
#2=#1 XOR #2             （异或运算）
#1=#1 XOR #2             （异或运算）
```

通过异或运算能够使数据中的某些位翻转，其他位不变。这就意味着任意一个给定的值连续异或两次，其值不变。

（3）冒泡排序

冒泡排序是一种较简单的排序算法，它重复的走访过要排序的数列，一次比较两个元素，如果他们的顺序错误就把他们交换过来。走访数列的工作是重复的进行直到没有再需要交换，也就是说该数列已经排序完成。这个算法的名字由来是越小的元素会经由交换慢慢"浮"到数列的顶端。

【例28-3】 设一数组{49，15，52，34，98}，要求将其按从小到大重新排序。

解：编制程序如下，通过排序后的变量#1最小，#2稍大，#5最大。

```
#1=49                        （赋值）
#2=15                        （赋值）
#3=52                        （赋值）
#4=34                        （赋值）
#5=98                        （赋值）
#10=5                        （数组中数值个数赋值给排序轮数计数器#10）
N1                           （程序跳转标记符）
#20=1                        （变量号计数器置1）
  N2                         （程序跳转标记符）
  IF [#[#20]LT#[#20+1]] GOTO       （相邻两数值大小判断）
  #30=#[#20]                 （将当前变量的值赋值给中间变量#30）
  #[#20]=#[#20+1]            （将下一变量的值赋值给当前变量）
  #[#20+1]=#30               （将中间变量#30的值赋值给下一变量，完成变
                               量值的交换）
  N3                         （程序跳转标记符）
  #20=#20+1                  （变量号计数器递增）
  IF[#20LT#10]GOTO2          （每轮排序条件判断）
#10=#10-1                    （排序轮数递减）
IF[#10GT1]GOTO1              （排序轮次条件判断）
```

（4）多选一

【例28-4】 当#1=0时，#2=50；而当#1=1时，#2=100，试编程实现。

解：编程如下。

```
#2=50
IF [#1EQ0] GOTO1
#2=100
N1
```

【例28-5】 某分段函数，当 X 小于-15时 Y 的值为24.5；当 X 大于等于-15且小于20时 Y 的值为34.5；当 X 大于等于20时 Y 的值为44.5，要求根据 X 的取值求得 Y 的值。

解：采用FANUC系统编程如下。

```
#24=                        （X 赋值）
#25=34.5                    （X 大于等于-15 且小于 20 时 Y 的值赋值给#25）
IF [#24LT-15] GOTO1         （条件判断）
IF [#24GE20] GOTO2          （条件判断）
GOTO3                       （无条件跳转）
N1 #25=24.5                 （赋值给#25）
GOTO3                       （无条件跳转）
N2 #25=44.5                 （赋值给#25）
N3                          （跳转标记符）
```

或者编程如下。

```
#24=                        （X 赋值）
#25=34.5                    （X 大于等于-15 且小于 20 时将 Y 的值"34.5"
                             赋值给#25）
IF [#24LT-15] THEN #25=24.5 （X 小于-15 时将 Y 的值"24.5"赋值给
                             #25）
IF [#24GE20] THEN #25=44.5  （X 大于等于 20 时将 Y 的值"44.5"赋
                             值给#25）
```

（5）奇偶数判断

【例 28-6】 任意给定一数值，判断其是奇数或偶数。

解： 若#10 返回值为 1 时为奇数，返回值为 2 则为偶数，返回值为 0 表示赋值错误。

```
#1=                         （将需要判断的数值赋值给#1）
#2=#1/2-FIX[#1/2]           （求#1 除 2 后的余数）
#10=0                       （若赋值错误，#1 的值为小数时令#10=0）
IF [#2EQ0.5] THEN #10=1     （当余数等于 0.5 时#1 为奇数，令#10=1）
IF [#2EQ0] THEN #10=2       （当余数等于 0 时#1 为偶数，令#20=2）
IF [#1LE0] THEN #10=0       （若赋值错误，#1 的值为负数时令#10=0）
```

奇偶数判断可看作是需要判定的数值能否被"2"整除，所以简单修改本程序可以实现判断是否能被某数整除或者求余数的需求。

（6）正负值

【例 28-7】 令 A（50,40）、B（60，-20），试编程实现从 A 到 B 往返 5 次（"$A \to B \to A$"为往返 1 次）。

解： B 点相对于 A 点的相对值为（10，-60），A 点相对于 B 点的相对值为（-10,60），它们的相对值仅仅是正负符号不同而已，编制程序如下。

```
#1=1                        （正负变换变量赋初值 1）
#10=1                       （往返计数器赋初值）
```

```
G90 G00 X50 Y40                (定位到 A 点)
N1                             (程序跳转标记符)
G91 G01 X[10*#1] Y[-60*#1]     (相对坐标值进给)
#1=-1*#1                       (正负变换)
#10=#10+1                      (往返计数器递增)
IF [#10LE10] GOTO1             (往返条件判断)
G90                            (绝对坐标值)
```

【例 28-8】 某变量的值以"50、0、-50、0、50"周期性变化，试编程实现。

解：本题可用 SIN 或 COS 函数值"+1、0、-1"的周期性变化特性来实现。

```
#1=50                   (正负变化幅值赋值)
#2=90                   (起始角度赋值，控制一个周期内的开始值)
                        (开始值可为正、负或零，分别对应赋值为90、
                         -90、0)
#3=5                    (数值个数赋值)
                        (一个完整周期含5个数值赋值为5，若仅需要
                         3个数则赋值为3)
#4=4                    (周期变化次数赋值)
#10=1                   (周期计数器赋初值)
#11=[#3-1]*90+#2        (终止角度计算，控制一个周期内的终止值)
WHILE [#10LE#4] DO1     (周期判断)
#20=#2                  (起始角度赋初值)
  WHILE [#20LE#11] DO2  (循环条件判断)
  #30=#1*SIN[#20]       (计算当前值，#30 的值呈周期性变化)
  #20=#20+90            (角度递增)
  END2                  (循环结束)
#10=#10+1               (周期计数器递增)
END1                    (循环结束)
```

本程序中将"50、0、-50、0、50"5 个数运行了 4 次，所以#3=5、#4=4，因为开始值"50"为正，所以#2=90；若要求将"-50、0、50"3 个数运行 10 次，则#3=3、#4=10，开始值"-50"所以#2=-90。

（7）数值分离

【例 28-9】 若#100=3040，怎样将"3040"分解为#101=30、#102=40？

解：编程如下。

```
#100=3040            (赋值给#100，可以任意赋给一个整数值)
#1=#100/100          (除以 100，原数值实现了在小数点左右的分离)
#2=0                 (计数器置 0)
```

```
N1                              (跳转标记符)
IF [#1LT1] GOTO2                 (条件判断)
#1=#1-1                          (#1 递减)
#2=#2+1                          (计数器递增)
GOTO1                            (无条件跳转)
N2                              (跳转标记符)
#101=#2                          (将结果赋值给#101)
#102=#1*100                      (将结果赋值给#102)
```

【例 28-10】 将一个任意 4 位整数赋给#100，怎样确定其个、十、百、千位上的数值分别是多少？

解： 思路同上例，编程如下。

```
#100=3156                        (将一任意 4 位整数赋值给#100)
#10=#100/1000                    (除以 1000)
#1=0                             (千位计数器置 0)
N1                              (跳转标记符)
IF [#10LT1] GOTO2                (条件判断)
#10=#10-1                        (#10 递减)
#1=#1+1                          (千位计数器递增)
GOTO1                            (无条件跳转)
  N2                            (跳转标记符)
  #10=#10*10                     (计算千位以下的数值)
  #2=0                          (百位计数器置 0)
  N3                            (跳转标记符)
  IF [#10LT1] GOTO4              (条件判断)
  #10=#10-1                      (#10 递减)
  #2=#2+1                        (百位计数器递增)
  GOTO3                          (无条件跳转)
    N4                          (跳转标记符)
    #10=#10*10                   (计算百位以下的数值)
    #3=0                        (十位计数器置 0)
    N5                          (跳转标记符)
    IF [#10LT1] GOTO6            (条件判断)
    #10=#10-1                    (#10 递减)
    #3=#3+1                      (十位计数器递增)
    GOTO5                        (无条件跳转)
N6                              (跳转标记符)
#101=#1                          (将千位数赋值给#101)
#102=#2                          (将百位数赋值给#102)
#103=#3                          (将十位数赋值给#103)
#104=#10*10                      (将个位数赋值给#104)
```

（8）二进制按位进行逻辑运算

使用二进制按位进行逻辑运算时，系统会把十进制转化成二进制。二进制按位进行逻辑运算符有 AND、OR 和 XOR 三个。AND 是按位与运算符，如果相应的位都是 1，结果位就是 1，否则就是 0。OR 是按位或运算符，如果两个相应的位中有一个是 1，结果位就是 1，两个位都为 0，结果就是 0。XOR 是按位异或运算符，两个相应的位不相同，结果位就是 1，两个位相同，结果位就是 0。

假设 a=57，b=149，c=a AND b，d=a OR b，e=a XOR b，那么 abcde 各字母的值分别是（其中括号内的值为相应数的二进制值）：

```
a= 57（0011  1001）
b=149（1001  0101）
c= 17（0001  0001）
d=189（1011  1101）
e=172（1010  1100）
```

【例 28-11】 设 A（10,10）、B（-10，10）、C（-10，-10）、D（10，-10），要求用变量#111 来选择定位到各点，若#111=0 需分别定位 A、B、C、D 四点；若#111=1 需定位到 A 点；若#111=12 需分别定位 A、B 点；若#111=234 需分别定位 B、C、D 四点；依此类推。

解：编制程序如下，程序中采用的二进制按位进行逻辑运算分析如表 28-1 所示。

```
#111=                              （定位点要求变量#111 赋值）
IF [#111EQ0] THEN #100=0           （#111=0 时将 0 赋值给#100）
IF [#111EQ1] THEN #100=14          （#111=1 时将 14 赋值给#100）
IF [#111EQ2] THEN #100=13          （#111=2 时将 13 赋值给#100）
IF [#111EQ3] THEN #100=11          （#111=3 时将 11 赋值给#100）
IF [#111EQ4] THEN #100=7           （#111=4 时将 7 赋值给#100）
IF [#111EQ12] THEN #100=12         （#111=12 时将 12 赋值给#100）
IF [#111EQ13] THEN #100=10         （#111=13 时将 10 赋值给#100）
IF [#111EQ14] THEN #100=6          （#111=14 时将 6 赋值给#100）
IF [#111EQ23] THEN #100=9          （#111=23 时将 9 赋值给#100）
IF [#111EQ24] THEN #100=5          （#111=24 时将 5 赋值给#100）
IF [#111EQ34] THEN #100=3          （#111=34 时将 3 赋值给#100）
IF [#111EQ123] THEN #100=8         （#111=123 时将 8 赋值给#100）
IF [#111EQ124] THEN #100=4         （#111=124 时将 4 赋值给#100）
IF [#111EQ134] THEN #100=2         （#111=134 时将 2 赋值给#100）
IF [#111EQ234] THEN #100=1         （#111=234 时将 1 赋值给#100）
IF [[#100AND1]NE0] GOTO1           （条件判断）
G00 X10 Y10                        （刀具定位）
N1                                 （跳转标记符）
IF [[#100AND2]NE0] GOTO2           （条件判断）
```

```
G00  X-10  Y10                         （刀具定位）
N2                                     （跳转标记符）
IF  [[#100AND4]NE0]  GOTO3             （条件判断）
G00  X-10  Y-10                        （刀具定位）
N3                                     （跳转标记符）
IF  [[#100AND8]NE0]  GOTO4            （条件判断）
G00  X10  Y-10                         （刀具定位）
N4                                     （跳转标记符）
```

表 28-1　二进制按位进行逻辑运算分析

十进制	二进制	（第1位） #100AND1	（第2位） #100AND2	（第3位） #100AND4	（第4位） #100AND8	运算结果 为0的位数	运算结果不 为0的位数
0	0	0	0	0	0	1234	0（无）
1	1		0	0	0	234	1
2	10	0		0	0	134	2
3	11	1	2	0	0	34	12
4	100	0	0		0	124	3
5	101	1	0	4	0	24	13
6	110	0			0	14	23
7	111	1	2	4	0	4	123
8	1000	0	0	0		123	4
9	1001		0	0		23	14
10	1010	0	2	0	8	13	24
11	1011	1	2	0	8	3	124
12	1100	0	0	4	8	12	34
13	1101	1	0	4	8	2	134
14	1110	0	2	4	8	1	234
15	1111	1	2	4	8	0（无）	1234
16	10000	0	0	0	0	1234	0（无）

第29章
宏程序编程中的数学知识

29.1 三角函数

（1）角度制与弧度制

在平面几何中，角可以看作是一条射线绕着它的端点在平面内旋转形成的。如图 29-1 所示，角 α 就是由一条射线从开始位置 OA 绕着它的端点 O 按逆时针方向旋转到 OB 的位置而形成的。旋转开始时的射线 OA 叫做角 α 的始边，旋转终止时的射线 OB 叫做角 α 的终边，射线的端点 O 叫做角 α 的顶点。

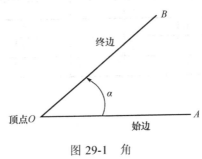

图 29-1　角

一条射线绕着它的端点旋转时有两个相反的方向。习惯上，按逆时针方向旋转形成的角称为正角，按顺时针方向旋转形成的角称为负角。特别的，如果射线没有做任何旋转，我们也认为形成了一个角，把它称为零角。任意大小的正角、负角和零角，统称为任意角。

角的度量有两种不同的制度，一种是以度、分、秒为单位的角度制，另一种是以 rad 为单位的弧度制。把圆周 360 等分，其中一份所对应的圆心角称为 1 度的角，记作 1°；把 1° 的角 60 等分，其中一份所对的圆心角称为 1 分的角，记作 1′；同样把 1′ 的角 60 等分，其中一份所对的圆心角称为 1 秒的角，记作 1″。这种用度、分、秒作单位度量角的制度称为角度制。等于半径长的圆弧所对的圆心角叫做 1 弧度的角，用符号 rad 表示，读作弧度。用弧度作单位来度量角的制度叫做弧度制。

一个周角，用角度制来度量是 360°，用弧度制来度量是 $\frac{2\pi r}{r} = 2\pi rad$。所以，$360° = 2\pi rad$，即 $180° = \pi rad$。由此可得：

$$1° = \frac{\pi}{180} rad \approx 0.01745 rad$$

$$1 rad = \left(\frac{180}{\pi}\right)° \approx 57°17'45''$$

一些常用的特殊角的度与弧度的对应关系见表 29-1。

表 29-1　常用特殊角的度与弧度的对应关系表

度	0°	30°	45°	60°	90°	180°	270°	360°
rad	0	$\frac{\pi}{6}$	$\frac{\pi}{4}$	$\frac{\pi}{3}$	$\frac{\pi}{2}$	π	$\frac{3\pi}{2}$	2π

（2）任意角的三角函数

如图 29-2 所示，设 α 是直角坐标系中的一个任意角，在角 α 的终边上任取不与原点重合的一点 P，它的坐标为 (x, y)，点 P 与原点的距离 $r = \sqrt{x^2 + y^2} > 0$，则：

① 比值 $\frac{y}{r}$ 称为 α 的正弦，记作 $\sin \alpha$，即 $\sin \alpha = \frac{y}{r}$。

② 比值 $\frac{x}{r}$ 称为 α 的余弦，记作 $\cos \alpha$，即 $\cos \alpha = \frac{x}{r}$。

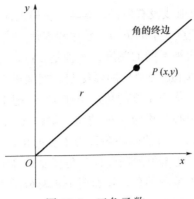

图 29-2　三角函数

③ 比值 $\dfrac{y}{x}$ 称为 α 的正切，记作 $\tan\alpha$，即 $\tan\alpha=\dfrac{y}{x}$。

④ 比值 $\dfrac{x}{y}$ 称为 α 的余切，记作 $\cot\alpha$，即 $\cot\alpha=\dfrac{x}{y}$。

　　除无意义的情况外，对于确定的角 α，上面的四个比值都不会随点 P 在角 α 终边上的位置变化而改变，这几个比值都是唯一确定的。这就是说，正弦、余弦、正切和余切都是以角为自变量，以比值为函数值的函数，它们统称为三角函数。

　　求任意角的三角函数值的问题可通过使用三角函数的诱导公式转化为求锐角的三角函数值的问题。下面是部分三角函数的诱导公式。

$$\sin(-\alpha)=-\sin\alpha$$
$$\cos(-\alpha)=\cos\alpha$$
$$\sin(2k\pi+\alpha)=\sin\alpha \quad （k\in z）$$
$$\cos(2k\pi+\alpha)=\cos\alpha \quad （k\in z）$$
$$\sin(\pi+\alpha)=-\sin\alpha$$
$$\cos(\pi+\alpha)=-\cos\alpha$$
$$\sin(\pi-\alpha)=\sin\alpha$$
$$\cos(\pi-\alpha)=-\cos\alpha$$

$$\sin(2\pi - \alpha) = -\sin\alpha$$
$$\cos(2\pi - \alpha) = \cos\alpha$$

29.2 平面几何

（1）三角形

由不在同一条直线上的三条线段首位顺次相接所组成的图形叫做三角形。组成三角形的线段叫做三角形的边，相邻两边的公共端点叫做三角形的顶点，相邻两边所组成的角叫做三角形的内角，简称三角形的角。三角形的一边与另一边的延长线组成的角叫做三角形的外角。

三角形的种类很多，按边分可分为等腰三角形、等边三角形和不等边三角形等，按角可分为直角三角形和斜三角形。

① 直角三角形 在数控编程中，需要求解的三角形中，99%以上都是直角三角形。如图 29-3 所示，有一个角是直角（90°）的三角形叫做直角三角形，直角 C 所对的边为斜边 c，锐角 A、B 分别所对的边为直边 a、b。

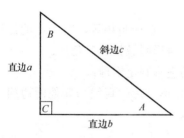

图 29-3　直角三角形

在直角三角形中三个角的关系和边与角的关系是为
$$A + B = C = 90°$$
$$\frac{a}{c} = \sin A = \cos B$$

$$\frac{b}{c} = \cos A = \sin B$$

$$\frac{a}{b} = \tan A = \cot B$$

在直角三角形中，两条直角边 a、b 的平方和等于斜边 c 的平方，即

$$a^2 + b^2 = c^2$$

这称为毕达哥拉斯定理（勾股定理），如图 29-4 所示。

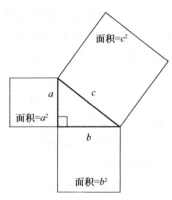

图 29-4　毕达哥拉斯定理

② 相似三角形　对应角相等，对应边的比值相等（或对应边成比例）的两个三角形叫做相似三角形。

相似三角形的基本判定定理：

a．平行于三角形一边的直线和其他两边相交，所构成的三角形与原三角形相似。

b．如果一个三角形的两条边和另一个三角形的两条边对应成比例，并且夹角相等，那么这两个三角形相似。(简叙为：两边对应成比例且夹角相等，两个三角形相似。)

c．如果一个三角形的三条边与另一个三角形的三条边对应成比例，那么这两个三角形相似。(简叙为：三边对应成比例，两个三角形相似。)

d. 如果两个三角形的两个角分别对应相等（或三个角分别对应相等），那么这两个三角形相似。

直角三角形相似判定定理：

a. 直角三角形被斜边上的高分成两个直角三角形和原三角形相似。

b. 如果一个直角三角形的斜边和一条直角边与另一个直角三角形的斜边和一条直角边对应成比例，那么这两个直角三角形相似。

相似三角形的性质定理：

a. 相似三角形的对应角相等。

b. 相似三角形的对应边成比例。

c. 相似三角形的对应高线的比，对应中线的比和对应角平分线的比都等于相似比。

d. 相似三角形的周长比等于相似比。

e. 相似三角形的面积比等于相似比的平方。

相似三角形判断定理推论：

推论一：顶角或底角相等的两个等腰三角形相似。

推论二：腰和底对应成比例的两个等腰三角形相似。

推论三：有一个锐角相等的两个直角三角形相似。

推论四：直角三角形被斜边上的高分成的两个直角三角形和原三角形都相似。

推论五：如果一个三角形的两边和其中一边上的中线与另一个三角形的对应部分成比例，那么这两个三角形相似。

推论六：如果一个三角形的两边和第三边上的中线与另一个三角形的对应部分成比例，那么这两个三角形相似。

③ 斜三角形（一般三角形）　正弦定理是三角学中的一个定理，它指出了三角形三边、三个内角以及外接圆半径之间的关系。在任意三角形中，各边与它所对角的正弦之比相等，并且都等于三角形外接圆的直径，这就是正弦定理。如图 29-5 所示，在△ABC 中，角 A、B、C 所对的边长分别为 a、b、c，三角形外接圆的半径

为 R，则有

$$\frac{a}{\sin A} = \frac{b}{\sin B} = \frac{c}{\sin C} = 2R$$

即在一个三角形中，各边和它所对角的正弦之比相等，该比值等于该三角形外接圆的直径长度。

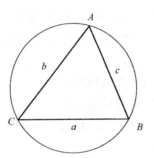

图 29-5　正余弦定理

余弦定理是描述三角形中三边长度与一个角的余弦值关系的数学定理，是勾股定理在一般三角形情形下的推广。余弦定理是指在任意三角形中，任何一边的平方等于其他两边的平方和再减去这两边与它们夹角的余弦乘积的 2 倍，即：

$$c^2 = a^2 + b^2 - 2ab\cos C$$
$$b^2 = a^2 + c^2 - 2ac\cos B$$
$$a^2 = b^2 + c^2 - 2bc\cos A$$

当 C 为 $90°$ 时，$\cos C = 0$，余弦定理可简化为 $c^2 = a^2 + b^2$，即勾股定理。

（2）圆

如图 29-6 所示为一圆心 O 点坐标值（a，b），半径 R 的圆。

①　圆的标准方程

$$(x-a)^2 + (y-b)^2 = R^2$$

②　圆的参数方程　顶点在圆心的角叫做圆心角，用 θ 表示。圆的参数方程为

$$\begin{cases} x = a + R\cos\theta \\ y = b + R\sin\theta \end{cases}$$

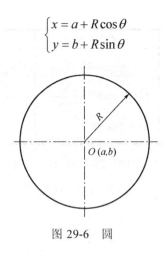

图 29-6　圆

③ 正多边形和圆　正多边形和圆有非常密切的关系。正多边形的外接圆（或内切圆）的圆心叫做正多边形的中心，外接圆的半径叫做正多边形的半径，内切圆的半径叫做正多边形的边心距。正多边形各边所对的外接圆的圆心角都相等。正多边形每一边所对的外接圆的圆心角叫做正多边形的中心角。正 n 边形的每个中心角都等于 $\dfrac{360°}{n}$。

表 29-2 为常用正多边形中对顶角之间的距离 C（外接圆直径）、水平距离 F 和边长 S 的计算公式。

表 29-2　常用正多边形

正方形	正六边形	正八边形

正方形	正六边形	正八边形
$C = F \times \sqrt{2}$ $F = C \times \sin 45°$	$C = \dfrac{F}{\cos 30°} = 2S$ $F = C \times \cos 30° = \dfrac{S}{\tan 30°}$ $S = F \times \tan 30° = \dfrac{C}{2}$	$C = \dfrac{F}{\cos 22.5°} = \dfrac{S}{\sin 22.5°}$ $F = C \times \cos 22.5° = \dfrac{S}{\tan 22.5°}$ $S = F \times \tan 22.5° = C \times \sin 22.5°$

④ 圆弦与圆切线　如图 29-7 所示，圆半径 R，圆心角 A（α 为圆心半角，即 $\alpha = \dfrac{A}{2}$），弓形高 d，圆弦 C，相应计算公式为：

$$R = \frac{C^2}{8d} + \frac{d}{2} = \frac{C}{\sin \alpha \times 2}$$

$$C = \sin \alpha \times 2R = 2 \times \sqrt{2Rd^2 - d}$$

$$d = (1 - \cos \alpha) \times R = R - \sqrt{R^2 - \frac{C^2}{4}}$$

$$A = 2 \times \arccos \frac{R-d}{R} = 2 \times \arcsin \frac{C}{2R}$$

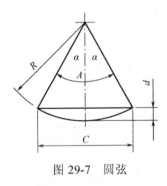
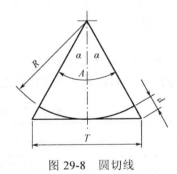

图 29-7　圆弦　　　　　　图 29-8　圆切线

如图 29-8 所示，圆半径 R，圆心角 A（α 为圆心半角，即 $\alpha = \dfrac{A}{2}$），弓形高 d，圆切线 T，相应计算公式为：

$$R = \frac{T}{2 \times \tan \alpha}$$

$$T = 2R \times \tan\alpha = 2 \times \sqrt{2Rd^2 + d}$$

$$d = (\frac{1}{\cos\alpha} - 1)R = \sqrt{R^2 + \frac{T^2}{2}} - R$$

$$A = 2 \times \arctan\frac{T}{2R} = 2 \times \arccos\frac{R}{R+d}$$

29.3　平面解析几何

（1）直角坐标与极坐标

① 直角坐标系　笛卡儿坐标系（Cartesian 坐标系），也称直角坐标系，是一种正交坐标系。在平面"二维"内画两条互相垂直，并且有公共原点的数轴，简称直角坐标系。平面直角坐标系有两个坐标轴，其中横轴为 X 轴(x-axis)，取向右方向为正方向；纵轴为 Y 轴（y-axis），取向上为正方向。坐标系所在平面叫做坐标平面，两坐标轴的公共原点叫做平面直角坐标系的原点。X 轴和 Y 轴把坐标平面分成四个象限（quadrant），右上面的叫做第一象限，其他三个部分按逆时针方向依次叫做第二象限、第三象限和第四象限。象限以数轴为界，横轴、纵轴上的点及原点不属于任何象限。一般情况下，X 轴和 Y 轴取相同的单位长度，但在特殊的情况下，也可以取不同的单位长。

建立了平面直角坐标系后，对于坐标系平面内的任何一点，我们可以确定它的坐标(coordinate)。反过来，对于任何一个坐标，我们可以在坐标平面内确定它所表示的一个点。

如图 29-9 所示为直角坐标系的四个象限，按照逆时针方向，从象限Ⅰ到象限Ⅳ。坐标轴的头部象征着往所指的方向无限的延伸。

在原本的二维直角坐标系，再添加一个垂直于 x 轴和 y 轴的坐标轴，称为 z 轴。假设这三个坐标轴满足右手定则，则可得到三维的直角坐标系（图 29-10）。

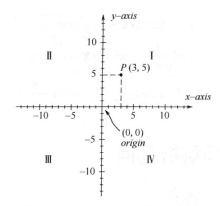

图 29-9　直角坐标系的四个象限

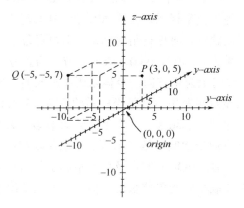

图 29-10　三维直角坐标系（y 轴箭头方向是远离读者）

② 极坐标系　在平面内取一个定点 O，叫极点，引一条射线 Ox，叫做极轴，再选定一个长度单位和角度的正方向（通常取逆时针方向）。对于平面内任何一点 M，用 ρ 表示线段 OM 的长度，θ 表示从 Ox 到 OM 的角度，ρ 叫做点 M 的极径，θ 叫做点 M 的极角，有序数对（ρ,θ）就叫点 M 的极坐标，这样建立的坐标系叫做极坐标系。

极坐标系是一个二维坐标系统。该坐标系中的点由一个夹角和一段相对中心点——极点（相当于我们较为熟知的直角坐标系中的原点）的距离来表示（图 29-11）。极坐标系的应用领域十分广泛，包括数学、物理、工程、航海以及机器人领域。在两点间的关系用夹角和距离很容易表示时，极坐标系便显得尤为有用；而在平面直角坐标系中，这样的关系就只能使用三角函数来表示。对于很多类型的曲线，极坐标方程是最简单的表达形式，甚至对于某些曲线来说，只有极坐标方程能够表示。

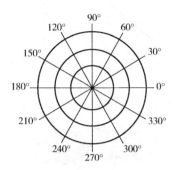

图 29-11　每隔 30° 标记一次角度的极坐标网格

③ 极坐标与直角坐标的互化　极坐标系和直角坐标系是两种不同的坐标系，同一个点可以用极坐标表示，也可以用直角坐标表示。如图 29-12 所示，平面上任意一点 P 的极坐标（ρ，θ）和直角坐标（x，y）之间，具有下列关系：

$$\begin{cases} x = \rho \times \cos\theta \\ y = \rho \times \sin\theta \end{cases}$$

根据上式，又可推导出下列关系式：

$$\begin{cases} \rho = \sqrt{x^2 + y^2} \\ \tan\theta = \dfrac{y}{x} \quad (x \neq 0) \end{cases}$$

（2）曲线方程

圆、椭圆、双曲线和抛物线，它们的方程都是关于 x、y 的二次方程，所以统称为二次曲线，也统称为圆锥曲线，这是因为这些曲线可以看成一个圆锥面被一个不经过圆锥顶点的不同方向的平面所截得（如图 29-13 所示）。表 29-3 列出了椭圆、双曲线、抛物线的方程与几何性质。

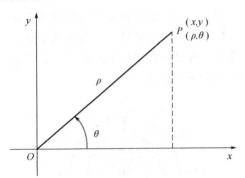

图 29-12　极坐标与直角坐标

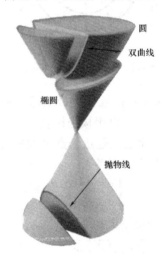

图 29-13　圆锥曲线

表 29-3　椭圆、双曲线、抛物线的方程与几何性质

	椭圆	双曲线	抛物线
定义	到两定点 F_1、F_2 的距离之和为定值 $2a(2a>|F_1F_2|)$ 的点的轨迹	到两定点 F_1、F_2 的距离之差的绝对值为定值 $2a(0<2a<|F_1F_2|)$ 的点的轨迹	

		椭圆	双曲线	抛物线
定义		与定点和直线的距离之比为定值 e 的点的轨迹（$0<e<1$）	与定点和直线的距离之比为定值 e 的点的轨迹（$e>1$）	与定点和直线的距离相等的点的轨迹
方程	标准方程	$\dfrac{x^2}{a^2}+\dfrac{y^2}{b^2}=1$ （$a>b>0$）	$\dfrac{x^2}{a^2}-\dfrac{y^2}{b^2}=1$ （$a>0$，$b>0$）	$y^2=2px$
方程	参数方程	$\begin{cases} x=a\times\cos\theta \\ y=b\times\sin\theta \end{cases}$ （参数 θ 为离心角）	$\begin{cases} x=a\times\sec\theta \\ y=b\times\tan\theta \end{cases}$ （参数 θ 为离心角）	$\begin{cases} x=2pt^2 \\ y=2pt \end{cases}$ （t 为参数）
中心		原点 O（0,0）	原点 O（0,0）	
顶点		（$\pm a$, 0）、（$\pm b$, 0）	（$\pm a$, 0）	（0, 0）
对称轴		x 轴，长轴长 $2a$ y 轴，短轴长 $2b$	x 轴，实轴长 $2a$ y 轴，虚轴长 $2b$	x 轴
焦点坐标		（$\pm c$, 0） $c=\sqrt{a^2-b^2}$	（$\pm c$, 0） $c=\sqrt{a^2+b^2}$	（$\dfrac{p}{2}$, 0）
离心率 $e=\dfrac{c}{a}$		$0<e<1$	$e>1$	
准线				$x=-\dfrac{p}{2}$
渐进线			$y=\pm\dfrac{b}{a}x$	

（3）坐标的变换

坐标的变换有两种方式，一种是坐标平移，另一种是坐标旋转。

所谓坐标的平移，就是坐标轴的方向和长度单位都不改变，只改变坐标的原点。设某点在旧坐标系下的坐标值为（x'，y'），在新坐标系下的坐标值为（x，y），新坐标系原点在旧坐标系下的坐标值为（a，b），则坐标变换前后，新坐标系与旧坐标系中点的坐标关系为：

$$\begin{cases} x=x'+a \\ y=y'+b \end{cases}$$

这个关系式叫做坐标平移公式。

所谓坐标旋转就是坐标系的原点和单位长度都不改变，只是两坐标轴按同一方向绕原点旋转同一个角度 θ。坐标旋转前后，新坐标系与旧坐标系中点的坐标关系为：

$$\begin{cases} x = x'\cos\theta - y'\sin\theta \\ y = x'\sin\theta + y'\cos\theta \end{cases}$$

参考文献

[1] 冯志刚. 数控宏程序编程方法、技巧与实例. 北京：机械工业出版社，2007.

[2] 张超英. 数控编程技术—手工编程. 北京：化学工业出版社，2008.

[3] 韩鸿鸾. 数控编程. 北京：中国劳动社会保障出版社，2004.

[4] 杨琳. 数控车床加工工艺与编程. 北京：中国劳动社会保障出版社，2005.

[5] 杜军. 数控编程习题精讲与练. 北京：清华大学出版社，2008.

[6] 杜军. 数控编程培训教程. 北京：清华大学出版社，2010.

[7] 杜军. 轻松掌握 FANUC 宏程序—编程技巧与实例精解. 北京：化学工业出版社，2011.

[8] 杜军 龚水平. 轻松掌握华中宏程序—编程技巧与实例精解. 北京：化学工业出版社，2012.

[9] 杜军. 轻松掌握 SIEMENS 数控系统参数编程—编程技巧与实例精解. 北京：化学工业出版社，2013.